つながる百科
地球なんでも大図鑑

つながる ひゃっか　ちきゅう なんでも だいずかん

東京書籍

つながる百科
地球なんでも
大図鑑

つながる ひゃっか　ちきゅう なんでも だいずかん

Original Title: DK Children's Encyclopedia
Copyright © 2017 Dorling Kindersley Limited
A Penguin Random House Company

Japanese translation rights arranged with
Dorling Kindersley Limited, London
through Fortuna Co., Ltd. Tokyo.

For sale in Japanese territory only.

Printed and bound in Malaysia

つながる百科　地球なんでも大図鑑
2018年12月12日　第1刷発行

編者	DK社
翻訳者	小寺敦子／瀧口和代／小島純子
日本語版科学分野監修（P76〜281）	大﨑章弘（お茶の水女子大学　サイエンス＆エデュケーションセンター） 榎戸三智子（お茶の水女子大学　サイエンス＆エデュケーションセンター） 貞光千春（お茶の水女子大学　サイエンス＆エデュケーションセンター） 里　浩彰（お茶の水女子大学　サイエンス＆エデュケーションセンター） 本田隆行
デザイン	金子　裕／榊原蓉子（東京書籍AD）
編集協力・DTP	株式会社リリーフ・システムズ
カバー印刷	株式会社リーブルテック
発行者	千石雅仁
発行所	東京書籍株式会社 〒114-8524　東京都北区堀船2-17-1 電話　03-5390-7531（営業） 　　　03-5390-7515（編集）

ISBN978-4-487-81151-9　C0640
Japanese edition text copyright ©2018 Tokyo Shoseki. Co., Ltd.
All rights reserved.
Printed (Jacket) in Japan
出版情報　https://www.tokyo-shoseki.co.jp
禁無断転載。乱丁・落丁の場合はお取替えいたします。

Senior editor　Lizzie Davey
Senior designers　Joanne Clark, Jim Green
Editorial　Anwesha Dutta, Satu Fox, Marie Greenwood, Jolyon Goddard, Radhika Haswani, Deborah Lock, Ishani Nandi, Sam Priddy, Allison Singer, Kathleen Teece, Shambavi Thatte, Megan Weal, Amina Youssef
Design　Ann Cannings, Rhea Gaughan, Rashika Kachroo, Shipra Jain, Anthony Limerick, Fiona Macdonald, Nidhi Mehra, Bettina Myklebust Stovne, Seepiya Sahni, Victoria Short, Lucy Sims, Mohd Zishan
Educational consultants　Jacqueline Harris, Christina Catone
DTP designers　Vijay Kandwal, Vikram Singh
Jacket coordinator　Francesca Young
Jacket designer　Amy Keast
Picture researcher　Sakshi Saluja
Managing editors　Laura Gilbert, Alka Thakur Hazarika
Managing art editors　Diane Peyton Jones, Romi Chakraborty
Production manager　Pankaj Sharma
Senior producer, pre-production　Nikoleta Parasaki
Senior producer　Isabell Schart
Art director　Martin Wilson
Publisher　Sarah Larter
Publishing director　Sophie Mitchell
Design director　Philip Ormerod

A WORLD OF IDEAS:
SEE ALL THERE IS TO KNOW
www.dk.com

執筆協力者

サイモン・アダムス
歴史から芸術、政治まで幅広いトピックについて80冊以上の書籍を執筆し、寄稿している。

ピーター・ボンド
王立天文学会の報道官の経歴を持ち、多くの記事を寄稿・編集し、エディターとして活躍。これまでに12冊の書籍を執筆している。

マリーナ・アブラモヴィッチ
NASAのジェット推進研究所の物理学者。小惑星や惑星について著述し、冥王星へのニュー・ホライズンズ探査計画にもかかわった。

ピーター・クリスプ
子供向け歴史書の作家であり、80以上の著書がある。専門は古代ローマ、古代ギリシャ、神話、伝説。

エミリー・ダッド
テレビ番組『CBeebies』、『Nina』、『Neurons』などの脚本家。科学、野生生物、読み聞かせに情熱を持ち、フィクションやノンフィクションの作家でもある。

ジェームス・フロイド・ケリー
ジョージア州アトランタ出身の作家。3D印刷、ロボット工学、コーディングなど、さまざまな分野で35冊以上の書籍を手がけた。

E・T・フォックス
英国や大西洋地域の海洋歴史と海賊行為が専門分野の歴史作家。講師でもあり、書籍や記事を発表している。また、数多くのテレビ番組も監修している。

カーステン・ジーキー
短編映画や若者向けの映画を専門とする映画プログラマーおよび作家。Into Filmのフィルム・プログラミング・マネージャーであり、the Into Film Festivalの共同キュレーター。『Children's Book of Cinema』のリード・ライターを務めた。

キャット・ヒッキー
ホイップスネイド動物園のラーニングマネージャー。動物園で8年間働き、マダガスカルの研究員としても1年間働いており、キツネザルに関するデータを収集している。

エミリー・ハント
西テキサスA&M大学工学教授。特にナノテクノロジー革命に興味を持ち、機械工学を修めた。

フィル・ハント
ライター、編集者。大人や子供に向けた旅行や交通機関に関する分野の参考図書や雑誌のコンサルタントとしても活動している。

サワコ・イリエ
シェフィールド大学で日本語を教える傍ら、東洋アフリカ研究学院でトレーニングプログラムを運営。現在、日本の文化や言語サービスを提供している。

クリント・ジャヌリス
米軍特殊部隊に従事したのち、医療従事者、サバイバル演習教官に。イギリスのテレビ番組「10000 BC」に専門情報を提供し、オックスフォード大学の考古学博士号プログラムを修了。

ルパート・マチュー
これまでに歴史に関する170以上の書籍を執筆。主に新聞や雑誌に寄稿し、学校での講演も行っている。

ショーン・マッカードル
校長であり小学校教諭。数学を専門としている。多くの出版物や数学のウェブサイトに記事を書いて貢献した。

アンジェラ・マクドナルド
グラスゴー大学オープン研究センターのエジプト学者。オックスフォード大学の博士号を取得した。長年にわたってエジプトへのツアーを指導し、古代エジプトに関する書籍や記事を出版している。

ビル・マクガイア
学者、ブロードキャスター。ポピュラーサイエンスとフィクションのライターとしても活躍。現在、ロンドン大学の地質物理学および自然災害の名誉教授。

マルクス・ウィークス
ミュージシャン、作家。多数の参考書に貢献するだけでなく、哲学、心理学、音楽に関する本も執筆している。

目次

この本の楽しみかた　　10

文化

美術　　12
工芸　　13
文字を書く　　14
本　　15
お話いろいろ　　16
演劇　　18
神話と伝説　　19
ダンス　　20
写真　　21
映画　　22
楽器　　23
音楽のはなし　　24
オーケストラ　　26

社会

政府　　27
法律　　28
旗　　29
商業　　30
お金　　31

服のはなし　　32
仕事　　34
言語　　35
学校のはなし　　36
哲学　　38
宗教　　39
ゲームのはなし　　40
スポーツ　　42

歴史

人のはじまり　　43
石器時代　　44
青銅器時代　　45
住まいのはなし　　46
鉄器時代　　48
古代エジプト　　49
古代ギリシャ　　50
古代ローマ　　51
古代インド　　52
古代中国　　53
祭りのはなし　　54
アステカ　　56
インカ　　57
マヤ　　58
バイキング　　59
城　　60
騎士　　61
ルネサンス　　62

江戸時代の日本	63	化石燃料	91
海賊	64	公害	92
アメリカ先住民	65	水の循環	93
探検家	66	**水のはなし**	94
アメリカ西部の開拓	67	川	96
奴隷	68	湖	97
フランス革命	69	氷河	98
産業革命	70	海	99
オスマン帝国	71	天気	100
第一次世界大戦	72	雲	101
第二次世界大戦	73	暴風雨	102
戦争のはなし	74	気候の変動	103
		リサイクル	104
		農業	105

地球

地球の中身	76	「食」のはなし	106
地球の表面	77	世界	108
地震	78	地図	109
火山	79	方位磁石	110
岩石輪廻	80	北アメリカ	111
侵食	81	南アメリカ	112
山	82	ヨーロッパ	113
ほら穴	83	アフリカ	114
岩石と鉱石	84	アジア	115
宝石の原石	85	オセアニア	116
金のはなし	86	南極	117
貴金属・レアメタル	88	北極	118
化石	89	標準時間帯	119
炭素の循環	90	昼と夜	120

季節	121
変わりゆく地球のはなし	122
潮の満ち引き	124

自然

恐竜	125
先史時代の生きもの	126
微生物	127
植物	128
木	129
花	130
果実と種	131
キノコ	132
動物の分類	133
無脊椎動物	134
昆虫	135
クモ	136
脊椎動物	137
魚類	138
サメ	139
両生類	140
は虫類	141
鳥類	142
卵	143
ほ乳類	144
ネコのなかま	145
ペットのはなし	146
イヌのなかま	148
サルのなかま	149
生息環境	150
草原地帯	151
砂漠	152
サンゴ礁	153
森林	154
多雨林	155
海岸	156
北極と南極	157
食物連鎖	158
動物の家族	159
動物のすみか	160
変態	161
移動する動物	162
冬眠	163
生物の保護	164
動物園	165

科学

科学のはなし	166
いろいろな科学	168
生物学	169
植物・動物の細胞	170
光合成	171
進化	172
食べもの	173
色のはなし	174
化学	176

物質	177
浮く力	178
原子	179
元素	180
金属	181
プラスチック	182
固体	183
液体	184
気体	185
状態の変化	186
混合物	187
物理学	188
力	189
重力	190
摩擦力	191
磁石	192
光	193
電気	194
回路	195
エネルギーのはなし	196
音	198
温度	199
医学と薬	200
ナビゲーション	201
数	202
分数	203
体積	204
形	205
対称	206
物をはかる	207

技術

自転車	208
自動車	209
列車	210
船	211
乗りもののはなし	212
飛行機	214
エンジニア	215
橋	216
建物	217
発明のはなし	218
工場	220
機械	221
エンジン	222
時計	223
ラジオ	224
電話	225
テレビ	226
コンピューター	227
コードのはなし	228
プログラミング	230
インターネット	231
コミュニケーション	232
ロボット	233
人工衛星	234

宇宙

ビッグバン	235
宇宙	236
太陽系	237
水星	238
金星	239
地球	240
月	241
火星	242
小惑星	243
木星	244
土星	245
天王星	246
海王星	247
冥王星	248
隕石	249
彗星	250
銀河	251
天の川銀河	252
恒星	253
太陽	254
ブラックホール	255
星座	256
天文学	257
大気圏	258
宇宙飛行	259
探検のはなし	260
宇宙飛行士	262

人体

人の体	263
人の細胞	264
皮ふ	265
骨格	266
筋肉	267
心臓	268
肺	269
消化	270
脳	271
視覚	272
聴覚	273
味覚	274
嗅覚	275
触覚	276
感情	277
ライフサイクル	278
遺伝子	279
眠り	280
病気	281
参考資料	282
用語集	294
索引	298
謝辞	304

この本の楽しみかた

惑星ってなんだろう？ 化石はどうやってできるのかな？ むかしの人たちはどんなくらしをしていたのだろう？ この図鑑なら、その答えがきっと見つかります。好きなページを読み終わったら、右上の「つながるテーマ」に注目！ あなたが「もっと知りたい！」と思うページにジャンプしましょう。いろんな分野に興味が広がる図鑑です。

分野ごとに紹介
この本は、文化、歴史、科学などの分野ごとにまとめられています。**目次**から知りたいテーマを探してもいいし、好きな分野を気ままに読むのもおすすめです。

「つながるテーマ」でもっとわかる
読んだページがおもしろければ、「つながるテーマ」のページも読んでみましょう。次から次へと知識が広がります。

このページへいくと、つながりのある話題がもっと読めます

p. はページのことです

ページの上下にある線の色は、そのページのジャンルをあらわします。この青緑色の線は、「自然」というジャンルに入ることを示します。ジャンルの色わけは下のとおりです。

ジャンルの色わけ
この本には、右の9つのジャンルがあります。ジャンルごとに色分けして、ページ上下の線の色で示しています。

 文化　 社会　 歴史　 地球　 自然　 科学　 技術　 宇宙　 人体

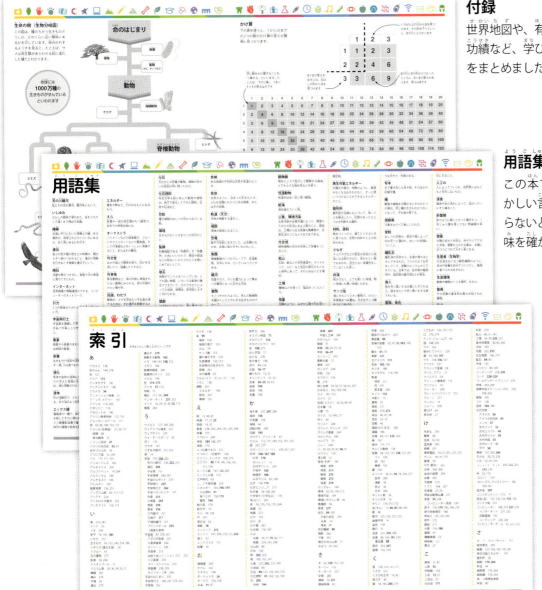

せかいの○○のはなし
ここでは2ページにわたって、1つのテーマをいろいろな見かたで紹介しています。

付録
世界地図や、有名な科学者の功績など、学びに役立つ資料をまとめました。

用語集
この本で使われている、少しむずかしい言葉を説明します。よくわからないと思ったら、このページで意味を確かめてください。

索引
この本に出てくるおもな言葉と、その言葉が出てくるページをあいうえお順にならべました。知りたい言葉は、ここで探せます。

美術

人は、自分たちが住んでいる世界や、想像の世界を表現するため、絵画や彫刻などの作品を残してきました。さまざまな材料や道具を使い、絵画や彫刻をつくることを美術といいます。作品のテーマは生活の中から生まれたり、まったくの想像からも生まれます。

つながるテーマ
工芸…p.13
写真…p.21
石器時代…p.44
古代ローマ…p.51
色のはなし…p.174-175
建物…p.217

絵画

筆に絵の具をつけて、紙や板などに絵を描きます。色を使って細かく描きこむこともあれば、線と形だけであらわすこともあります。

『アルルの寝室』フィンセント・ファン・ゴッホ作、1888年

『セレの風景』フアン・グリス作、1911年

ラス・マノス洞窟の石器時代の手形

洞窟壁画
1万2000年前に南アメリカにある洞窟に描かれた絵画が、今も残っています。手の形や人間、動物が見られます。

具象絵画
具体的な「何か」を絵画の対象として描いた作品のことです。室内画や風景画、人物画、静物画など、いろいろあります。

抽象絵画
目に見える「何か」を描くのではなく、画家の内面を表現するような、目には見えないものを描いた作品のことです。

彫刻

ねんど、木、石、金属などの材料を使ってつくります。作品のテーマは人や物だったり、作者の想像から生まれたふしぎな形だったりします。

古代ローマの彫像

『靴を直す踊り子』エドガー・ドガ作、1890年ころ

デッサン（スケッチ）
鉛筆、木炭、インクなどを使い、目の前の風景や物を大まかな絵にすることです。短い時間で描けるようになると人物の動きを瞬時にとらえたり、イメージをまとめたりするのに役立ちます。

『神奈川沖浪裏』葛飾北斎作、1831年ころ

版画
木版（木の板）などに絵や文字を彫り、インクや絵の具をぬります。それを紙に写しとると版画ができます。江戸時代に生まれた日本の浮世絵はヨーロッパやアメリカにも広がりました。

工芸

人間はむかしから、ねんどやガラスといった、自然や人工の材料を使って物をつくってきました。こうして人の手によって生まれたものを「工芸」といいます。工芸作品には、皿のように生活に使うものや、アクセサリーのように飾るものがあります。

つながるテーマ
美術…p.12
本…p.15
服のはなし…p.32-33
古代ローマ…p.51
発明のはなし…p.218-219

陶芸
土からとれたねんどでつくった皿や器、茶わん、かめなどを「陶芸」といいます。かたどったねんどを「かま」という特別なオーブンに入れ、熱してかたくします。

アフリカの木彫りの人形

木彫り
木を彫って、さまざまな物をつくります。家具や器などの実用品も、装飾品もあります。

ローマ時代のガラスの水差し

ガラス工芸
今から2000年以上前、ローマ帝国ではとけたガラスを鉄のパイプの先につけて、息を吹きこんでふくらませる「吹きガラス」という手法で工芸が発展しました。

赤いテラコッタ（素焼きの陶器）
古代エジプトのかめ

アメリカ先住民の織ったじゅうたん

織りもの
織りものは、毛糸や絹、綿の糸を縦横に組み合わせてつくります。敷物や壁かけ、服など、いろいろな物を織ることができます。

ビーズはいろいろな形、大きさがあります

ビーズ細工
ガラス、貝などをビーズ状（小さな球）にして、糸でつないでアクセサリーにしたり、服にぬいつけたりします。

古代中東地域のビーズ細工

文字を書く

世界にはさまざまな言語があり、文字の書きかたもいろいろです。日本語ではひらがな、カタカナ、漢字を使って、英語ではアルファベットを使って文をつくります。

つながるテーマ
本…p.15
お話いろいろ…p.16-17
言語…p.35
哲学…p.38
コードのはなし…p.228-229

書く向き
文字を書く向きは言語によってさまざまで、左から右へ、右から左へ、上から下へなど、いろいろです。日本語では、上から下へ、または左から右へ書きます。

書く道具
大むかしは、やわらかいねんどに、あしというかたい植物や木片を使って文字を彫りました。今は、鉛筆やクレヨン、ペンなどを使います。書道では毛筆も使います。

毛筆　万年筆　鉛筆

くさび形文字
古代イラクで使われたくさび形文字は、いちばん古い字のひとつです。「くさび」とは「V字の形」をさします。

よい1日を

アルファベット
アルファベットは26文字あります。世界じゅうのいろいろな国で、この文字が使われています。

Have a nice day
よい1日を

漢字
漢字は中国で生まれました。漢字1文字で1つの言葉をあらわしたり、組み合わさって言葉になったりします。

祝你过一个好天
よい1日を

キリル文字
キリル文字は、ロシアや東ヨーロッパ、中央アジアの言語で使われる文字です。

Хорошего дня!
よい1日を

インドの文字
インドのヒンディー語は、美しい特殊なアルファベットを使います。全部で47文字あります。

आप का दिन अच्छा बीते!
よい1日を

中国語の辞書には**4万字以上**の漢字がのっているものがあります！

Emoji（絵文字）
「絵文字」という日本語は、世界でも広く使われています。携帯電話やパソコンで、気持ちや言葉を手早く伝えるのに使います。

本

本は、物語や情報を多くの人に知らせるために書かれるものです。本がなかった大むかし、人びとは物語を口から口へと伝えて、広めていました。紙が発明されてから、数えきれないほどの本が生まれましたが、今ではタブレットなど電子機器で読む本もふえています。

つながるテーマ
文字を書く…p.14
お話いろいろ…p.16-17
言語…p.35
物質…p.177
発明のはなし…p.218-219

本ができたころ
数千年ものあいだ、本は人間が手で書き、かざりをつけてつくっていました。本のページには、「羊皮紙」という、うすくのばした動物の皮を使いました。時間のかかるたいへんな作業でした。

「ハリー・ポッター」シリーズの第1巻は1997年の発売以来、**1億冊以上**売れています

中世ヨーロッパの本

黄金を使った本
ヨーロッパでは、修道士がラテン語で最初の本を書きました。かざりには純金を使いました。

印刷
1445年ころ、ドイツのヨハネス・グーテンベルクが印刷機を発明しました。文字を1つずつ金属片にきざみ、組み合わせて言葉にし、インクをつけて紙に写しました。

1900年代の印刷機

フィクション
作家が架空の人物やできごとについて書いた物語を「フィクション」といいます。「小説」ともいいます。

ノンフィクション
事実を書いたものを「ノンフィクション」といいます。辞書、地図帳、料理本、歴史書、動物の本などは、みんなノンフィクションです。

せかいの
お話いろいろ

人間は大むかしから、世のなかのできごとを知らせるため、世界をよく理解するため、また楽しみのために「お話」を語り、伝えあってきました。お話の長さはいろいろ、内容もさまざまです。本当のことだったり、想像のできごとだったり。

動物が出てくる話
動物を主人公にした物語は、世界中にたくさんあります。動物が人間のように服を着て、言葉をしゃべったりします。「ブレア・ラビット」はアメリカ南部で生まれた物語の主人公です。

人間と同じ服を着ています

ブレア・ラビット

声で伝える
読み書きができなかったむかしの人びとは、お話をたがいに口で伝えあいました。語り手は身ぶりもまじえて話しました。もちろん、今でもこの方法はさかんに行われています。

図書館のおはなし会

古代インドの人びとは、神々をたたえる歌をたくさん集めた「リグ・ヴェーダ」という物語をおぼえて、となえました。歌の数は **1028** もあります

物語
物語とは、想像上の、または実際のできごとや人物が出てくるお話です。物語には始まり、中間部、終わりがあります。中国に伝わる「盤古」の話は、世界が生まれたときの物語です。

始まり
始めに混沌がありました。混沌の中から卵があらわれ、その中から盤古が生まれました。盤古は最初につくられた「もの」でした。

中間部
成長した盤古は、天と地をつくりました。やがて、天と地を分けようとして、そのあいだに立ち、ゆっくりと天を持ちあげました。

終わり
盤古が死ぬと、その息は風となり、声はかみなりとなり、骨は貴重な鉱物となりました。

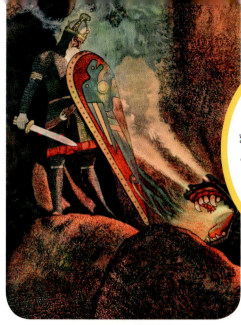

詩

たいていの詩は1行が短く、何行か集まって1つの詩になっています。文の終わりが韻をふんでいることもあります。詩は言葉を大切にあつかい、そこにさまざまな意味や考えをこめます。詩の長さやテーマは自由です。

「ベーオウルフ」は大むかしの英雄をたたえるとても長い詩です

おとぎ話

おとぎ話には、魔法つかいや妖精、鬼、巨人などがよく登場します。善と悪が戦う物語が多く、たとえば『眠りの森の美女』、『アラジンと魔法のランプ』、『マッチ売りの少女』など、日本でも知られている話は数多くあります。

『アラジン』ではランプから魔神があらわれます

魔法のランプ

小説

小説とは、ある人の人生などについて書かれた長い話です。話の舞台は、空想の世界でも本当の世界でもよく、いつのできごとでもかまいません。小説にはいろいろな種類があり、たとえば過去を舞台とした歴史小説を読めば、歴史を知るのに役立ちます。

フランスの作家、マルセル・プルーストが書いた『失われた時を求めて』はとても長い小説で、フランス版は**3000ページ以上**もあります

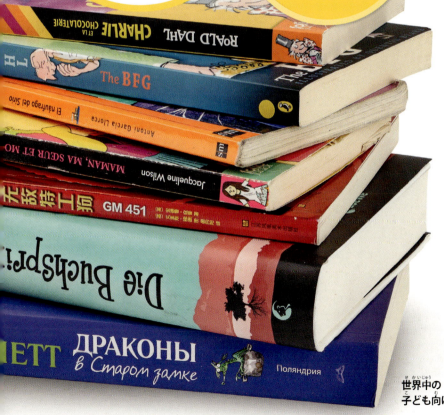

世界中の子ども向けの物語

映画『ロミオとジュリエット』の撮影のひとコマ

映画

物語を映像であらわしたものが映画です。俳優たちは本物そっくりにつくったセット（背景）の中で物語を再現します。ストーリーにそってセリフをしゃべり、本当のできごとのように演じます。

演劇

人間は、数千年も前から物語を演じてきました。これを演劇といい、演劇をおこなう空間を劇場といいます。演じる人は、登場人物を本物らしく、起きることはいかにも本当らしく演じてみせます。

つながるテーマ
本…p.15
映画…p.22
音楽のはなし…p.24-25
服のはなし…p.32-33
古代ギリシャ…p.50
建物…p.217

舞台
劇を演じる場所を舞台といいます。おおぜいの俳優が、同時に舞台に立つこともあります。舞台で使う音楽や効果音、照明が劇をもりあげます。

イギリスの作家、アガサ・クリスティの戯曲『ねずみとり』は**2万5000回以上**上演されています！

俳優
劇のなかで登場人物を演じる人です。

舞台衣装
俳優が着る服を舞台衣装といいます。

舞台
ふつうは観客の前にあります。

小道具
劇で使う剣などの道具。劇を本物らしくします。

古代の劇
最初の劇は、紀元前600年ころの古代ギリシャで書かれました。当時の劇作家は、登場人物が死んで終わる物語（悲劇）をおもに書きましたが、楽しい劇（喜劇）もありました。

悲劇用の仮面
喜劇用の仮面
ギリシャ演劇の仮面

あやつり人形
糸や棒で動かす人形を「あやつり人形」といいます。小型の舞台で、舞台裏にいる演者が人形のセリフを言ったり、物語を語ったりします。人形劇には3000年以上の歴史があります。

中国のあやつり人形。影をスクリーンに映して上演します

神話と伝説

神話も伝説も物語です。人間はむかしから神話をつくり、この世界はどのようにできたか、というような大きな問いに答えてきました。伝説は、神話とちがって事実をもとにした話もありますが、時代とともに内容が大きく変わり、実話の部分は少ししか残っていません。

つながるテーマ
文字を書く…p.14
本…p.15
お話いろいろ…p.16-17
古代エジプト…p.49
古代ギリシャ…p.50

神話に出てくる生きもの

神話には、異なる動物の特徴をまぜたような変わった生きものが登場します。おそろしい怪物もいますが、中国の竜のように親しみやすい生きものもいます。

ミノタウロス
体は人間、頭は牡牛の怪物。古代ギリシャの神話に登場します。

中国の竜
ヘビのような長い体に4本足。中国では、竜は幸運のシンボルです。

グリフォン
体の一部はライオン、一部はワシの怪物。ギリシャ神話に登場する財宝の見張り役です。

伝説の英雄

神話や伝説には、英雄といわれる勇敢な人が出てくる話があります。花木蘭は、中国に伝わる女の英雄です。男のふりをして、年老いた父のかわりに兵士として戦いました。

現代の花木蘭像。花木蘭の物語は、「ムーラン」というタイトルでたくさんの本や映画で語りつがれています

「神話（myth）」の語源であるギリシャ語の「ミトス」は、「物語」や「お話」という意味です

天地創造の神話

神話では、世界がどのようにできたかが語られます。エジプト神話では、羊の頭をしたクヌムという神がろくろをまわして、最初の人間をつくったとされます。

ダンス

世界にはいろいろなダンス（舞踊）があります。動きが決まっているダンスもあれば、自由気ままなダンスもあります。音楽に合わせて楽しく踊れば、友だちと親しくなれるかもしれません！

つながるテーマ
演劇…p.18
音楽のはなし…p.24-25
服のはなし…p.32-33
宗教…p.39
スポーツ…p.42
祭りのはなし…p.54-55

踊りに使うおうぎ

伝統舞踊
多くの国や地域には、その土地特有のダンスがあり、これを伝統舞踊といいます。韓国の「おうぎの舞い」は、おうぎでいろいろな形をつくって踊ります。

足を地面から高く上げる

民族舞踊
アフリカの民族舞踊はたいてい、太鼓の拍子に合わせ、リズムを力強くきざむダンスです。おおぜいで踊ることもあります。

腕は上にかかげる

宗教的なダンス
円を描くように回りつづけるイスラム教のスーフィーダンス。神をより身近に感じるための踊りです。

優雅な腕のポジション

指先の形まで正確に

ボリウッドダンス
インドのボリウッド映画には、決まってダンスの見せ場があります。出演者全員で正確な腕の動き、足さばきを見せるみごとなダンスです。

アクロバットのような動き

ストリートダンス
ヒップホップ・ミュージックなどに合わせて踊る自由なダンス。宙返りをしたり、くるくる回転したりします。

複雑な足さばき

ラテンダンス
ラテンアメリカ（中南米）で始まった踊り。タンゴは、男女がたがいの愛を確かめるように、体を密着させて踊るダンスです。

バレエ
決まった型のある踊りで、美しさと力強さがあります。ダンサーは正確なステップ、ジャンプ、リフトをこなします。

つま先で立つ

写真

写真は、歴史上の重要な人物やできごと、日常生活の一瞬をとらえることができ、目に見える記録として残ります。技術が発展し、カメラを使って撮った画像をデータとして保存しておくこともできるようになりました。

つながるテーマ
美術…p.12
映画…p.22
発明のはなし…p.218-219
電話…p.225
テレビ…p.226
コンピューター…p.227

カメラの歴史
1800年代にフランスで発明された世界初のカメラは、大型で使いにくいものでした。今のカメラは、携帯電話におさまるほど小さくなっています。

1839年、世界で初めて売りだされたカメラです

最初のカメラ（ダゲレオタイプ）
最初のころは、光に反応する金属板を使って写真を撮りました。1枚撮るのに、何分もかかりました。

コンピューターに接続すれば、画像を送ることができます

デジタルカメラ
数百万個もの小さな色の点でできた画像が、ディスプレイ（画面）に映ります。

フィルムカメラ
カメラはしだいに、光に反応する「フィルム」を使うようになります。フィルムに光を当てて、像を写しとります。

フィルムはカメラの中で巻きとられます

世界で**最初の写真**はフランスの発明家、ニセフォール・ニエプスが1826年に撮りました

カメラ付き携帯電話
今では、携帯電話やスマートフォンに組みこまれたデジタルカメラを使って、写真を撮ることが多くなりました。撮った写真は、パソコンに送って見ることもできます。

どこでもパチリ
写真にはいろいろな種類（ジャンル）があります。自分を撮るセルフポートレート（自撮り）、動物写真、旅行写真などです。

セルフポートレート

ペットの写真

旅行先のスナップ写真

映画

映画は、静止画像を高速で次々と送り、画像が動いているように見せます。発明されたのは1800年代後半でした。実写の映画はカメラで撮り、アニメーション映画は手で描いたりコンピューターでつくったりします。

つながるテーマ
美術…p.12
お話いろいろ…p.16-17
演劇…p.18
写真…p.21
機械…p.221
テレビ…p.226

映画の種類
ひとくちに映画といっても、SF映画、ドキュメンタリー映画、アクション映画など、いろいろなジャンルがあります。

『E. T.』（1982年）
SF映画
科学や技術をテーマにして、宇宙などを舞台にした映画。Sはサイエンス（科学）、Fはフィクション（想像の話）の意味で、本当の科学でないこともあります。

『イーグルハンター』（2016年）
ドキュメンタリー（記録映画）
実際にあったことを記録する映画。大自然のすばらしさや、人びとの生活などを撮ります。はじめのころは、このジャンルの映画がよくつくられました。

『スパイキッズ』（2001年）
アクション映画
ヒーローやヒロインが、派手なアクションで大活躍する映画。知恵と勇気で悪人をこらしめます。

インドでは毎年、およそ**2000本**の映画がつくられます

アニメーション映画
絵や人形がスクリーン上で動いているように見せる映画。絵は手描きしたり、コンピューターを使ったりして描きます。人形の動きをコマ撮りしてつくるものを、ストップモーションアニメといいます。

『となりのトトロ』（1988年）

『オズの魔法使い』（1939年）
ミュージカル映画
音楽や歌、ダンスで物語をつなぐ映画。1930年代、映画に音声がついてカラー映像になったころにつくられ、人気となりました。

サイレント映画
最初のころの映画は、白黒の映像で音声のない「サイレント映画（無声映画）」でした。BGM（背景の音）は映画館で生演奏し、俳優は表情や身ぶりで物語がわかるように演じました。

『犬の生活』（1918年）に主演するチャールズ・チャップリン

楽器

音楽を演奏するのに楽器はかかせません。弦をふるわせたり、管に息をふきこんだり、木や皮などの物をたたいたり、楽器の演奏のしかたはいろいろです。音の出しかたによって、楽器は下の４つのグループに分けることができます。

> **つながるテーマ**
> ダンス…p.20
> 音楽のはなし…p.24-25
> オーケストラ…p.26
> 音…p.198
> ラジオ…p.224
> 聴覚…p.273

弦楽器

楽器にはった弦を振動させて、音を出します。ギターは指やピックで弦をはじき、バイオリンは弓で弦をこすります。

バイオリンの弓には、ウマのしっぽの毛が使われています

管楽器

穴から管に息をふきこんで、音を出します。トランペットやフルートなどは金属や木の管でできており、まっすぐな管もあれば曲がっている管もあります。

トランペットは、バルブをおさえて管の長さを変えることにより、音の高さを変えます

鍵盤楽器

ピアノやシンセサイザーは、鍵盤を押しさげて音を出します。ピアノのキーを押すと、小さなハンマーが弦をたたいて音を出すしくみです。

グランドピアノには88の鍵盤があります

打楽器

太鼓やドラムのように、たたいて音を出すものが打楽器です。木琴（シロフォン）は、いろいろな高さの音を出せます。おもちゃのガラガラもこのなかまです。

古くからある太鼓は、たたくところが動物の皮でできています

せかいの
音楽のはなし

人間はむかしから、音楽と深いかかわりをもち、歌ったり楽器を演奏したりして、自分の気持ちをあらわしてきました。音楽でいちばん大切なのは「メロディー」と「リズム」で、美しいメロディーは人を感動させ、ノリのよいリズムは自然と体を動かしたくなります。

ブラジルでのリハーサル風景

合奏
集まって楽器を奏でたり歌ったりするのが合奏です。コンサートを開くような本格的な合奏もあれば、ただ楽しみたくてする合奏もあります。

アメリカ交響楽団のニューヨーク公演

クラシック音楽
クラシック音楽はコンサートホールなどで演奏されます。オーケストラや合唱（コーラス）、少人数グループの合奏（アンサンブル）などがあります。クラシック音楽が生まれたのは何百年も前ですが、今でも作曲され、演奏され、世界中で愛されています。

ポップスとロック
近年、多くの人に親しまれているのがポップスやロックです。以前はクラシックや伝統音楽が中心でしたが、ポップスが生まれると、すぐに世界中に広まりました。だれでも歌いやすい歌詞と、はっきりしたビート（拍子）がポップスの特徴です。

ここで弦の振動を電気的な信号に変えています

歌
歌は、気持ちを言葉であらわすことができます。歌は1人でも歌えるし、ほかの人と合唱することもできます。

ナイジェリアの
トーキングドラム

楽器のはじまり
最初の楽器は、おそらく木や骨でつくったガラガラや太鼓だったと思われます。息をふきこんで音を出す楽器は、4万年以上前からありました。

世界の音楽
世界にはいろいろな音楽と楽器があり、曲も演奏のしかたもさまざまです。アフリカの音楽はとてもリズミカルで引きこまれますし、アジアの音楽はメロディが耳に残ります。

南アメリカの
パンフルート
（パンパイプ）

中央アメリカの
ギロ

骨でできた
フルート

管が長いほど
音が低い

このペグ（糸巻き）を回し、弦をはったりゆるめたりして、音の高さを調節します

弦をおさえる位置を変えると、音の高さが変わります

最初の
エレキギターは
1932年に
発売されました

ギブソン社の
エレキギター

現代のサウンド
楽器はもともと、人間がさわったり息をふきこんだりして、音を出すものでした。今では、電気を使って音をつくる楽器もあります。シンセサイザーは、ほかの楽器の音をまねたり、まったく新しい音をつくりだすこともできます。

楽譜
音楽を書きあらわすときは、5本の線に記号を並べた楽譜を使います。線の上や線のあいだの点（音符）を読むと、どの音を出したり歌ったりすればよいかわかります。

「きらきら星」の楽譜

シンセサイザー

オーケストラ

いろいろな楽器をおおぜいで演奏する集団を「オーケストラ」といいます。オーケストラは、交響曲というクラシック曲を演奏するためにできました。クラシックのほか、映画音楽はよくオーケストラで演奏されますし、ポップスなどでも使われます。

つながるテーマ
ダンス…p.20
映画…p.22
楽器…p.23
音楽のはなし…p.24-25
音…p.198
ラジオ…p.224

クラシック音楽のオーケストラ
弦楽器、木管楽器、金管楽器、打楽器の4つのパートに分かれます。4パートの音を1つにまとめるのが指揮者です。

シンバル、ホルン、グロッケン、トランペット、ティンパニ、トロンボーン、どら、チューバ、コントラバス、フルート、クラリネット、オーボエ、ファゴット、ビオラ、指揮者、チェロ、バイオリン

各パートの紹介

弦楽器
ほぼすべてのオーケストラに、弦楽器パートがあります。第1バイオリン、第2バイオリン、ビオラ、チェロ、コントラバスの5パートに分かれます。

木管楽器
たいていのオーケストラには、フルート、クラリネット、ファゴットなどの木管楽器パートがあります。だいたい弦楽器パートのうしろにすわります。

指揮者
手のふりや指揮棒を使って、演奏者がそろって音を出したり、同じテンポ(速さ)で演奏できるように合図をします。

金管楽器
全パートがそろうフルオーケストラには金管楽器パートがあり、たいてい木管楽器パートのうしろにすわります。トランペット、トロンボーン、ホルン、チューバなどです。

打楽器
打楽器にはたくさんの種類があります。よく登場するのは、ティンパニ、スネアドラム、シンバル、トライアングルなどです。ピアノやグロッケンなども打楽器です。

合奏の楽しみは世界共通
世界には、さまざまなオーケストラがあります。クラシック音楽のオーケストラとはまったくちがう楽器を使う、少人数の合奏もあります。

ガムラン
インドネシアのジャワ島やバリ島で、木琴などの打楽器が集まった合奏を「ガムラン」といいます。

中国の民族楽団
中国の伝統的な楽器を使います。木管楽器、打楽器、弦楽器のパートに分かれます。

中国のどら

政府

政府とは、おおやけに国の仕事をする集まりです。法律という決まりにしたがい、その国の人びとの生活を守ります。ほかの国と平和な関係を保ち、学校や病院のような公共サービスをおこないます。政府は、人びとがよりよい生活を送れるよう努めています。

> **つながるテーマ**
> 法律…p.28
> 商業…p.30
> 仕事…p.34
> 学校のはなし…p.36-37
> 世界…p.108
> 医学と薬…p.200

政府のしくみ

人びとの生活を守るしくみは、国ごとにちがいます。アメリカのように大きな国には、小さな単位の政府（地方政府など）がたくさんありますが、小さな国はもっと簡単なしくみになっています。

地方政府
県や市といった小さな地域を受けもちます。日本では、都道府県や市区町村などの地方公共団体のことを指します。道を整えたり図書館をつくったり、その地域の問題に取りくみます。

国の代表
その国の責任をもつ人で、首相や大統領、王など、国によってさまざまです。国の代表として、ほかの国の人たちと会います。

中央政府
国全体をおさめます。法律をつくり、経済や教育などさまざまな分野を担当する人がいます。日本では単に「政府」といいます。

有権者
多くの国では、選挙によって政府を選びます。投票する人びとを有権者といいます。

いろいろな政府

世界の国のほとんどは民主主義で、国民が政府や国の代表を選びます。選挙によって選ばれていない人が代表となる国もあります。

民主主義
政府と国の代表を選挙で選びます。代表は人びとをおさめ、いろいろなことを決めます。

君主制
王や女王が国の代表を務め、その仕事をおもに親族に引きつぎ、代々伝えるしくみです。

独裁制
支配者が武力によって国をおさめることが多く、自分の思うとおりに人びとを動かします。

> **憲法**
> 憲法とは、国をどのようにおさめるか、こころざしや価値観を書きしるしたものです。アメリカ合衆国憲法がつくられたのは1787年でした。

法律

法律とは、人びとが守るべき決まりです。政府は、国全体を考えて法律をつくります。物をぬすむなど悪いこと（犯罪）を取りしまる法律を「刑法」といいます。また生活を守るための法律もあり、「働きに見合ったお金が払われているか」を見張ったりします。

つながるテーマ
政府…p.27
商業…p.30
仕事…p.34
世界…p.108
変わりゆく地球のはなし
…p.122-123
コードのはなし
…p.228-229

裁判所の法廷

法律を守らない人は罰を受けます。その人が犯罪にかかわったか、罰を受けるべきかどうかは、「裁判」で決まります。ここで紹介するのは、イギリスの刑事裁判のようすです。

被告人
犯罪にかかわったとうたがわれている人。

裁判官
法廷を仕切り、被告人が罪をおかしているか、どのような刑を与えるかなどの最終的な判断をします。

証人
その事件について何かを知っている人です。法廷で自分の知っていることを話します。

弁護人
被告人が不当な刑を受けなくてもすむよう、その理由を主張します。

検察官
被告人がおかしたとされる罪について、どのような刑を与えるべきか、裁判官と陪審員に意見を述べます。

陪審員
一般市民である12人が、その事件について聞き、被告人が罪をおかしたかどうかを判断します。

傍聴人
一般の人も、法廷の中で、裁判のゆくえを見守ることができます。

> イギリスでは、よその家のドアをわざとノックしてこまらせることが、法律で禁止されています

警察

警察は、人びとが法律を守るように努め、法律をやぶったかもしれない人をつかまえます。これを「逮捕」といいます。

犯人を追いかけるときはスピードを出します

パトカー

最初の法律

古代バビロニアのハンムラビ王が書いた「ハンムラビ法典」は、世界最古の法律のひとつといわれています。家族や商い、賃金について定めた282条の法律です。

ハンムラビ法典

旗
はた

旗とは、国や都市、宗教、スポーツチームなどをあらわすために、色やシンボルを組み合わせてデザインされたものです。「SOS」などのメッセージを伝える、「信号旗」という旗もあります。建物の持ち主がわかるように、旗ざおにかかげることもよくあります。

つながるテーマ
政府…p.27
世界…p.108
北アメリカ…p.111
アフリカ…p.114
アジア…p.115
色のはなし…p.174-175

国旗

どの国にも決められた国旗があり、しま模様や星などを使ったものが、よく見られます。旗のデザインは、その国の特徴をあらわしています。

中国
赤い色は政府が共産主義であることを、星は人びととの結びつきをあらわします。

アメリカ
星はアメリカの50の州をあらわします。横しまは最初にできた13州を示します。この旗は「星条旗」とよばれています。

イギリス
イギリスにはイングランド、北アイルランド、スコットランドという地域があり、イギリスの国旗はそれぞれの地域の旗を組み合わせたものです。

ドイツ
黒と赤と金色は、1800年代のドイツ兵の制服をもとにしています。

インド
旗の色は、平和、真実などの理想をあらわします。まん中の輪は、仏教の教えからとったシンボルです。

日本
古くから日本には、自分たちの国を「日出ずる（日がのぼる）国」とする考えかたがあり、赤い「日の丸」は、日の出の太陽をあらわしています。

世界最古の国旗は、**デンマーク**の国旗といわれています

信号旗

船では、事故のときに信号旗を使って助けを求めたり、ほかの船に進入禁止を知らせたりします。

「助けて（SOS）」
「水先案内人が必要」
「近づくな」

商業

商業とは、物を売ったり買ったりすることです。物をつくるための原料（たとえば金属など）や、工場でつくられた製品（たとえばコンピューター）など、商品にはいろいろな種類があります。食べものや服といった「形があるもの」だけでなく、コンピューターのプログラムのように「形がないもの」も売買できます。

> **つながるテーマ**
> 政府…p.27
> お金…p.31
> 仕事…p.34
> 農業…p.105
> 物質…p.177
> 乗りもののはなし
> 　　　　…p.212-213

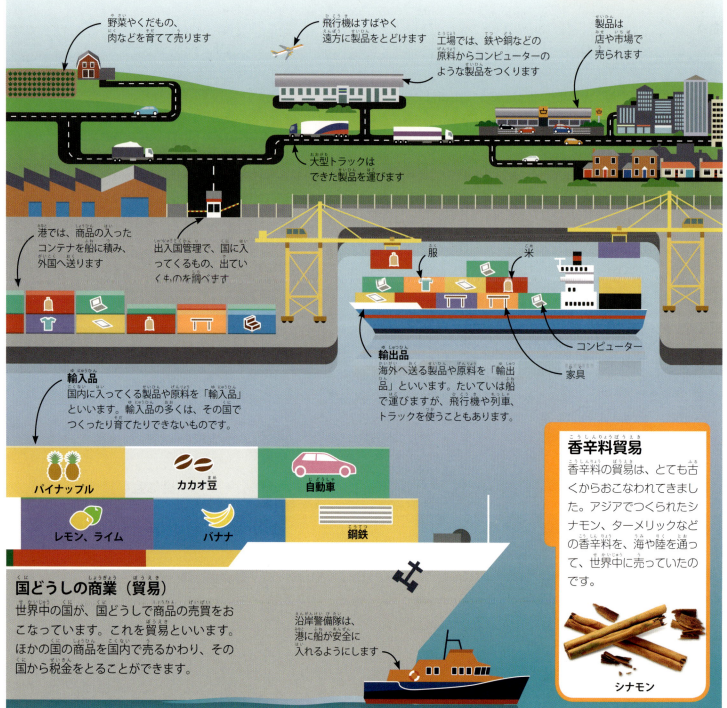

野菜やくだもの、肉などを育てて売ります

飛行機はすばやく遠方に製品をとどけます

工場では、鉄や銅などの原料からコンピューターのような製品をつくります

製品は店や市場で売られます

大型トラックはできた製品を運びます

港では、商品の入ったコンテナを船に積み、外国へ送ります

出入国管理で、国に入ってくるもの、出ていくものを調べます

服　米　コンピューター　家具

輸出品
海外へ送る製品や原料を「輸出品」といいます。たいていは船で運びますが、飛行機や列車、トラックを使うこともあります。

輸入品
国内に入ってくる製品や原料を「輸入品」といいます。輸入品の多くは、その国でつくったり育てたりできないものです。

パイナップル　カカオ豆　自動車
レモン、ライム　バナナ　鋼鉄

国どうしの商業（貿易）
世界中の国が、国どうしで商品の売買をおこなっています。これを貿易といいます。ほかの国の商品を国内で売るかわり、その国から税金をとることができます。

沿岸警備隊は、港に船が安全に入れるようにします

香辛料貿易
香辛料の貿易は、とても古くからおこなわれてきました。アジアでつくられたシナモン、ターメリックなどの香辛料を、海や陸を通って、世界中に売っていたのです。

シナモン

お金

物の売り買いに使われるのが、お金です。お金には硬貨（コイン）と紙幣（おさつ）があり、金額をあらわす数字がしるされています。値打ちの高い物を買うには、よりたくさんのお金が必要です。

つながるテーマ
仕事…p.34
貴金属・レアメタル…p.88
金属…p.181
プラスチック…p.182
数…p.202
物をはかる…p.207

通貨
世界中で使われるいろいろなお金の単位を「通貨」といいます。たとえば、日本では「円」、アメリカでは「ドル」が通貨です。

大むかしの通貨
硬貨ができるまでは、牛や塩、穀物、貝がらがお金として使われ、ほかの物と交換できました。

貝がらも広く交換に使われました

電子マネー
銀行に口座がある人は、その口座にお金を振りこんだり、引き出したりできます。買い物のときには、クレジットカードやスマートフォンで口座のお金が使えます。

古代の硬貨
硬貨がはじめて使われたのは3000年近く前のことで、金と銀でつくられました。古代には、世界のあちこちでさまざまな硬貨がつくられました。

ローマ皇帝アントニヌス・ピウスの顔が硬貨に刻まれています

中国、漢王朝の硬貨
古代ギリシャの硬貨
古代ローマの硬貨
古代エジプトの硬貨

価値とは
つくるのに時間がかかる物や、高い材料を使った物には、高い「価値（値打ち）」があります。安い材料で雑につくった物より、お金がかかるということです。

高価なスポーツカー　　安価なおもちゃの車

今のお金
今の硬貨は、合金という、金属を混ぜあわせたものでつくります。おさつは、綿紙（コットンペーパー）やプラスチックなどでつくります。日本では「みつまた」とよばれる和紙の原料などが使われています。

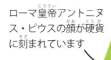

イギリスの20ペンス硬貨
インドの1ルピー銀貨
アメリカの1セント硬貨
デンマークの1クローネ硬貨
ヨーロッパの2ユーロ硬貨
日本の5円硬貨（5円玉）

メキシコの1ペソ硬貨

南アフリカの1ランド銀貨
南アフリカの国獣、スプリングボック

時は金なり
人は時間もお金と交換します。獣医は、動物の病気をなおすために時間をかけ、その時間に応じたお金をもらいます。

犬をみる獣医

せかいの
服のはなし

人が着るものは、時代とともに大きく変わりました。現代のわたしたちが着る服は、綿や羊毛、絹などで織った生地を、人の体に合わせてつくったものです。服は、着る人の住む土地、職業、お金のあるなしを映しだします。人に見せるための服もあれば、仕事で着る服、楽しみのために着る服もあります。

服のはじまり
大むかしの人は、寒さと雨を防ぐために、動物の皮で服をつくりました。やがて、ヒツジの毛をかり、つむいで糸にする方法を見つけ、その糸を織って生地にしました。

絹のドレスには刺しゅうがほどこされています

ローマ皇帝ネロは紫色のトーガをまといました。ほかの人が紫を着ると死刑になりました

トーガは体にまいて左肩にかけます

古代ローマ人の服
古代ローマの人びとは、簡単なつくりのチュニック（円筒形の上衣）を着ました。男性は特別な日に「トーガ」という布をその上にまといました。女性は「パラ」という、毛のショールをはおりました。

宮廷のきらびやかな衣装
16世紀から17世紀にかけて、ヨーロッパの宮廷では男女とも高価な服を着ました。女性は刺しゅうの入った長いドレス、男性はパッドを入れてふくらませた胴衣と短いズボンに、絹の靴下をはきました。

パッドを
入れた胴衣
（ダブレット）

サリーは
8メートル
にもなる
長い布です

綿や絹でできた
長いサリーは、
腰にまき、肩に
かけます

むかしから伝わる服

世界中に、その国だけの服装があります。インドの女性は、国や土地の行事があるときにサリーを着ます。日本の女性は、そでのはばが広く、丈の長い着物を着て、帯をうしろで結びます。

着物

帽子のデザイン
も変わりました

織りもの

綿や絹、羊毛、麻など、服に使う布は、はた織り機で糸を織ってつくります。色のちがう糸をまぜると、チェックやストライプなど、さまざまな模様が織れます。

はた織り機

たっぷりと長く、
ウエストのしまった
ニュールック・スタ
イルのスカート

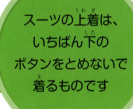

シャツとネクタイ
を合わせます

スーツの上着は、
いちばん下の
ボタンをとめないで
着るものです

ニュールック

第二次世界大戦中（1939〜45年）、服をつくる生地は不足していました。そんな時代に挑戦するように、1947年、パリのクリスチャン・ディオールが生地をたっぷり使うデザインを発表し、世界をおどろかせます。この革命的なスタイルは、「ニュールック」とよばれました。

スーツ

ビジネスマンやビジネスウーマンは、ジャケットとそろいのズボン、スカートを身につけます。スーツはヨーロッパで19世紀に生まれ、仕事にも儀式にも、制服のように着用されています。

仕事

人は仕事をしてお金を得て、そのお金を食べものや住居など必要なものに使います。仕事にはいろいろな種類があって、その多くは訓練して身につけた技を使います。1つの仕事を一生続ける人もいますし、新しい技を身につけて仕事を変える人もいます。

つながるテーマ
法律…p.28
お金…p.31
学校のはなし…p.36-37
農業…p.105
医学と薬…p.200
発明のはなし…p.218-219

いろいろな職業
人がする仕事の種類を「職業」といいます。職業によって必要な技はちがいます。建設現場で働く人もいれば、病院や学校で仕事をする人もいます。

工場で働く人
洗濯機から車や電話まで、あらゆる物をつくります。この仕事は、機械やコンピューターの助けを借ります。

飛行機のパイロット

農場で働く人
米や野菜などの農作物を育てて売ります。ウシ、ブタ、ニワトリといった動物を育てる人もいます。

トラックの運転手

会社で働く人
オフィスや事務所で働く人たちです。いろいろな仕事があって、コンピューターや電話などをよく使います。

先生
子どもや若者が学校で新しい技や知識を学ぶのを助けます。

建設にたずさわる人
新しい建物を建てたり、古い建物をなおしたりします。道をつくり、線路をしき、みぞをほってパイプやケーブルを通します。

道をそうじする人

バスの運転手

科学者
新しい製品や薬をつくります。橋の安全性を確かめたり、血液の検査をしたり、あらゆるものを調べます。

警察官

店で働く人
食べものや服、靴、本、CDなどを客に売ります。

クリエイティブな仕事の人
想像力をはたらかせて、映画や音楽をつくったり、本やポスターをデザインしたり、ウェブサイトをつくったりします。

医療にたずさわる人
病院で働く医者や看護師は、人びとの病気をなおそうと努めます。ホームヘルパーは、助けを必要とする人の世話をします。

市場で働く人
屋台でくだものや野菜、花、家庭用品などを売ります。

言語

世界には7000種類以上の言語（言葉）があるといわれています。数億人が使う言語もあれば、100人しか話さない言語もあります。言語がちがえば聞こえかたもちがい、使われる文字もほとんどちがいます。

つながるテーマ
文字を書く…p.14
本…p.15
お話いろいろ…p.16-17
古代ローマ…p.51
世界…p.108

たくさんの人が使う言語

世界には今、およそ75億人がいますが、その3分の1は、ここにあげる5つの言語のどれかを話します。ふきだしの言葉はすべて、「こんにちは」の意味です。

ニンハオ

中国語
世界一話す人が多い言語です。とくに北京語は、中国全体で使われます。

مرحبا
マルハバ

アラビア語
北アフリカから中東にかけての国ぐにのほか、たくさんの国で使われています。

2億9500万人

नमस्ते
ナマステ

ヒンディー語
インドの公用語のひとつです。南太平洋のフィジーでも使われています。

3億1000万人

Hello
ハロー

英語
アメリカをはじめ、あらゆる大陸の多くの国で使われています。

3億6000万人

Hola
オラ

スペイン語
スペインや、南アメリカと中央アメリカの一部、東アジアやアフリカでも使われています。

4億500万人

9億5500万人

手や体で話す

口で話すかわりに、手の形や体の動き、顔の表情を使うことがあります。これを「手話」といいます。手話は、耳や口の不自由な人の役に立ちます。

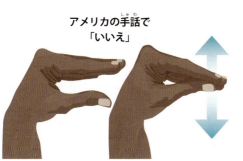
アメリカの手話で「いいえ」

アメリカの手話で「はい」

死語

死語とは、今は使われなくなった言語のことです。むかしローマ帝国で使われたラテン語は、今では死語になっていますが、まだ読み書きには使います。

ローマ帝国時代に書かれたラテン語

けかいの
学校のはなし

子どもたちが通う学校は、読み書きを習ったり、世の中のことを学習するところです。学校に通うと知識や技が身につき、将来、仕事をするときに役立ちます。

マドラサ
イスラム教の社会で、子どもが通う神学校をマドラサといいます。イスラム教の聖典、コーラン（クルアーン）を学び、自分たちの宗教についての知識を深めます。

アメリカとカナダでは子どもがスクールバスを乗り降りするあいだ、まわりの車はとまっていなければなりません

ライトを点滅させて、スクールバスが来たことを子どもに知らせます

最初の学校
古代のギリシャやローマ、中国、インドには、男の子が通う学校がありました。やがてヨーロッパでは、教会が学校をつくるようになります。女の子はいつも学校に通えるわけではありませんでした。

↑古代ローマの学校のようす

サイドミラーをふやして、運転手が子どもに気づきやすいようにしています

学校はみんなのもの
今は、男の子も女の子も5〜6歳ころから学校に通います。最初は読み書きや簡単な算数を習い、大きくなるとほかの科目も勉強します。

大学

大学は、一般的に高校を卒業している人が1つの学問を3〜4年かけて深く学ぶ学校です。卒業すると、「学士」という称号がもらえます。

卒業式の角帽

卒業証書

通学の方法

学校へは歩いて通ったり、バスや電車を利用したりします。スクールバスが走っている学校もあります。アメリカのスクールバスは明るい黄色です。

アメリカでは約200万人の子どもが学校へ行かず、ホームスクーリングで学んでいます

ホームスクーリング

「ホームスクーリング」といって、子どもが学校へ行かず、家で両親から勉強を教わることもあります。学習する科目は、学校での科目と同じです。遠すぎて通えない子どもは、インターネット授業で学ぶこともあります。

持ち運びできる黒板。むかしのイギリスで使われていたもの

勉強の道具

むかしは、小さな黒板とチョークを使って「ノート」をとりました。今では紙のノートがふつうですが、コンピューターやタブレットを使う学校もふえています。

哲学

哲学とは、物ごとに疑問をもち、その答えを探しながら、物ごとを理解しようとする学問です。今から何千年も前、人びとが世界や人生について知りたいと思ったときが、哲学の始まりだといわれます。このような問いに答えを見つけようとする人を、哲学者といいます。

つながるテーマ
- 政府…p.27
- 宗教…p.39
- 古代ギリシャ…p.50
- 古代中国…p.53
- いろいろな科学…p.168

問いかける
世界について知るために、哲学者はいろいろなことを問いかけます。「本当のこととは何か」、「人生をどう生きたらよいか」といった問いです。

答えを探す
哲学者は、あらゆる本質的な問いに答えようとします。じっと考えると、それが本当かうそかわかるようです。

- ぼくはなぜぼくなの？
- 物はどうしてあるんだろう？
- 何が本当かってどうしたらわかるかな？

善か悪か？
あることがらが「善」または「悪」とされる理由を考えることも、哲学の大事な役割です。たとえば、盗みは悪いことだと、みんなが知っています。哲学者は、なぜそれが悪いのかを問うのです。

平等とは？
すべての人びとは、性別や身分に関係なく、等しい存在としてあつかわれるべきであることを、哲学者は説明しようとします。

最初の哲学者
西洋の哲学は、古代ギリシャで生まれました。ギリシャの都市アテネは、ソクラテスやプラトン、アリストテレスなど、古代の偉大な哲学者をを生んだ土地です。

プラトンの胸像

宗教

多くの人にとって、宗教は欠かせないものです。宗教を信じる人は、その教えを受けいれ、教えを守ろうとします。たとえば、「人を愛しなさい」といった教えです。たいていの宗教には「神」がいて、信者は神に祈ります。宗教はまた、「この世はどうしてできたか」などを説明しようとします。

つながるテーマ
ダンス…p.20
古代インド…p.52
祭りのはなし…p.54-55
オスマン帝国…p.71
世界…p.108

仏教
紀元前5世紀ころのインドに生きたブッダの教えを信じる宗教です。心をしずめておだやかにする「瞑想」を大切にします。また、死んでふたたび生まれる「輪廻転生」を信じます。

ブッダの像（仏像）

ユダヤ教
およそ4000年前に始まった宗教で、世界をつくったただ1人の神を信じます（これを「一神教」といいます）。信者はもともと、今のイスラエル人であるヘブライ人でした。

チャヌキアというろうそく立て

シク教
シク教信者は「グル・グラント・サーヒブ」という聖典の教えにしたがいます。「すべての人は等しく大切だ」と信じ、グルドゥワラ（寺院）という立派な建物で祈ります。

グルドゥワラ

世界の宗教
宗教を信じる人の75パーセント以上が、仏教、イスラム教、キリスト教、ヒンドゥー教のどれかを信じています。ユダヤ教とシク教も、世界中に信者がいます。宗教はほかにもたくさんありますが、信者はあまり多くありません。

イスラム教
イスラム教の信者は「ムスリム」といいます。コーラン（クルアーン）という聖典を信じ、ムハンマドを通して語られる神の言葉の教えにしたがいます。

モスク（イスラム教の寺院）

ヒンドゥー教
インドでおよそ2500年前に始まりました。神がたくさんいる「多神教」で、信者はたくさんの神に祈ります。ヒンドゥー教でも「輪廻転生」が信じられています。

ヒンドゥー教の神、シバ

キリスト教
キリスト教は一神教です。信者は、2000年ほど前に生まれたイエスが「神の子」であると信じます。イエスは十字架にはりつけになって死に、そのおかげで人びとは罪を許されたと信じるのです。

十字架のイエス

せかいの
ゲームのはなし

ゲームとは、ルールにしたがっておこなう遊びやスポーツのことで、個人戦とチーム戦があります。ボールやラケットを使って専用のコートでするゲーム（競技）もありますし、ゲーム盤とこまを使って遊ぶボードゲームもあります。

ラケットスポーツ
ラケットを使うスポーツは、たくさんあります。テニスは、ふたりか4人のプレイヤーが、まん中のネットを越えるようにボールを打ち合うスポーツです。バドミントンはシャトルを打ちます。スカッシュは、プレイヤーが壁に向かってボールを打ちます。

テニスラケットはフレーム（わく）にガット（糸）をきつく張ります

ボードゲーム
チェスやバックギャモンは、専用のゲーム盤（ボード）を使います。将棋や碁もボードゲームのなかまです。各プレイヤーは、こまをひとそろい持ち、ルールにしたがって動かします。ボードゲームは、5500年前に古代エジプトで誕生したといわれます。

チェスのゲーム盤には、白と黒のマス目があります

こまをならべたチェス盤

卓球ボール（ピンポン玉）

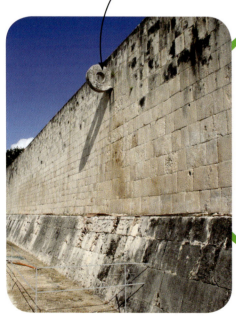

ボールを石の輪に通します

古代の球技
中央アメリカの古代マヤ人は、長い石壁のあるコートで、ボールを使ったゲームを楽しんでいました。壁に取りつけた輪にかたいゴムのボールを通す、というゲームですが、使えるのはおしりと両腕だけで、手首から先や足は使えないルールでした。

石壁のあるマヤ族のコート

オーストラリアンフットボール

ハンドボール

野球ボール

世界初の
オリンピックは
紀元前776年、
古代ギリシャで
開催されました

ラクロス
ボール

オリンピック
スポーツ選手たちは4年に1度、国を代表してオリンピックで競います。陸上競技、体操、球技など、さまざまな種目があります。

オリンピックでの短距離リレー

アメリカン
フットボール

ゴルフボール

世界初のコンピューターゲームは1947年にできました。点のような弾を的に向けてうつものでした

バレーボール

サッカーボール

コンピューターゲーム
コンピューターやテレビのディスプレイ（画面）に映して遊ぶゲームです。ゲームを盛りあげる音楽や、効果音がついています。ひとりでも遊べるし、ふたり以上で遊ぶこともできます。

人気の球技
スポーツの中でも、とくに人気があるのが球技（ボールを使ったゲーム）です。プレイヤーの数はさまざまで、野球は1チーム9人、サッカーは11人で試合をします。スタジアム（競技場）で応援したり、テレビで見られる試合もあります。

バスケットボール

ラグビーボール

子どももコンピューターゲームを楽しみます

スポーツ

スポーツは、得点を競い合う運動競技です。1人で戦う個人競技と、数人のチームで戦う団体競技があります。スポーツにはルールがあり、一定の時間内で得点を競う球技や、技のむずかしさや完成度で記録を競う体操競技など、種目によってさまざまです。

つながるテーマ
ダンス…p.20
学校のはなし…p.36-37
ゲームのはなし…p.40-41
古代ギリシャ…p.50
自転車…p.208

陸上競技
トラックやグラウンドでおこなうスポーツです。オリンピックなどの大きい競技会には、たくさんの種目があります。

観客
スポーツを観戦し、選手を応援します。

アーチェリー
弓を使い、円形の的をねらって矢を射ます。

短距離走
400メートル以下の競走を「短距離走」といいます。

やり投げ
長いやりをできるだけ遠くに投げる種目です。

砲丸投げ
重くて小さい鉄球を投げて、飛んだ距離を競います。

走り高とび
バー（棒）を越えてジャンプする高さを競います。

幅とび
砂場の上をできるだけ遠くまでとびます。

審判

ハードル（障害走）
トラックに置かれたハードルという障害物をとびこえながら走ります。

チームスポーツ
サッカーやラグビーなどは、2チームで戦います。ゴールにボールをたくさん入れたチーム、ボールを持って走り、トライ（得点）を多く決めたチームが勝ちます。

サッカーは足でボールをパスします

バスケットボールは手でパスします

アメリカンフットボールは変わった形のボールを手でパスします

器械体操
体操選手はしなやかな体を使って、宙がえりやさか立ちのような技を見せます。床運動や平均台などの種目があります。

器械体操の選手は、さか立ちしながら美しい動作を見せます

冬のスポーツ
冬には雪や氷を使って、アイススケートやスキー、スノーボード、ボブスレーなどのスポーツができます。むずかしい技を入れながらすべったり、速さを競ったりします。

スキー選手

人のはじまり

最初の人は、ゴリラやチンパンジーのような類人猿に似ていました。何百万年もたつうちに、人は2本足で歩くことをおぼえ、脳が大きくなってかしこくなります。体毛もほとんどなくなり、だんだん今の人と同じようになりました。

つながるテーマ
- 石器時代…p.44
- 化石…p.89
- アフリカ…p.114
- サルのなかま…p.149
- 進化…p.172
- 探検のはなし…p.260-261

大むかしの人びと
今の人は「ホモ・サピエンス」という「種」ですが、大むかしにはその親せきのような種がたくさんいました。同じ時期に生きた種は、おたがいに顔を合わせていたかもしれません。

ヒト族の動物
はじめのころの種は「ヒト族（ホミニン）」とよばれ、サルから進化したものです。ほとんど木の上でくらし、2本足で歩きはじめました。

700万年前

400万年前

サルか人か
アウストラロピテクスは「猿人」の一種で、今のわたしたちと同じように、まっすぐ立って歩くことをおぼえました。

はじめての道具
ホモ・ハビリスは、はじめて石の道具を使って作業をしました。道具を使うことで、食べものが手に入りやすくなりました。

200万年前

 そぼくな石の道具

300万〜250万年前

はじめての火
人の遠い親せきである「原人」はどんどんかしこくなり、肉をたくさん食べました。ホモ・エレクトスは100万年以上前に、火を使って料理をしていたかもしれないといわれています。

20万年前

 手おの

わたしたちの祖先
ホモ・サピエンスがアフリカ大陸にあらわれました。手づくりの道具を使って、環境の変化にうまく適応しながら、この種は世界じゅうに広がり、ほかの種は絶滅しました。

人は進化してきた
人に似た動物は、はじめ背が低く、脳は小さく、ほとんど木の上でくらしました。やがて、地面におりて生活する時間が長くなりました。

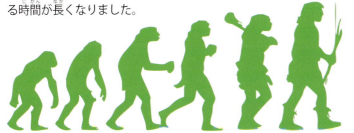

どうやって知る？
大むかしの人の骨や道具が、今も世界じゅうで見つかっています。骨の化石からは、歩きかたや食べたもの、どんな病気にかかったかがわかり、道具は、当時のくらしを知る手がかりになります。

 大むかしの頭がい骨

石器時代

石器時代は、およそ330万年前に始まり、4000年前まで続きました。この時代の人びとは、はじめて石で道具をつくりました。「石器」とよばれるこの道具を使って、肉や草を切ったり、身をかくす場所をつくったりし、時代が進むと、土をたがやすためにも使いました。

つながるテーマ
美術…p.12
人のはじまり…p.43
農業…p.105
食べもの…p.173
建物…p.217

石の道具
さまざまな仕事に合った道具をつくりました。狩りも調理も、道具があれば、すばやく簡単にできます。

石おのでまきを割ったり、土をほったりします

手おので肉を切り、かたい草をきざみます

食べものを探す
生きるためにいちばん大事なことです。野生の植物、陸や海の動物をとって食べました。

ブルーベリー

サーモン

バイソン
大きな動物の狩りは命がけでした。

洞窟の壁画
石器時代の人びとは、洞窟の壁に美しい絵を残しました。狩りをした動物の絵といわれています。壁画は今も見つかることがあります。

絵の具はくだいた鉱物や油だと考えられます

ラスコー洞窟の壁画（フランス）

建造物
石器時代のはじめのころの建造物は、木と動物の皮でできていました。時代の終わりごろには、「巨石」といわれる大きな石の建造物を建てるようになりました。

イギリスのストーンヘンジは、今も残る有名な石器時代の巨石です

青銅器時代

石器時代のあとには、青銅器時代が来ます。およそ5500年前、多くの集落で青銅という金属がつくられるようになり、青銅を使ってさまざまな道具ができました。青銅は金属のスズと銅を混ぜた合金で、どちらかだけを使うよりもじょうぶです。

つながるテーマ
工芸…p.13
文字を書く…p.14
商業…p.30
石器時代…p.44
鉄器時代…p.48
金属…p.181
建物…p.217

青銅器時代の腕輪

青銅でできたやりの穂先

青銅の武器は、この時代に始まった軍隊で使いました

青銅を使う
青銅器を使って、より広い土地をたがやし、作物を育てたりたくわえたりして、いっそう多くの食べものや品物を交換できるようになりました。青銅を使った武器や宝石もつくられました。

ほかの集落と物の交換がさかんになります。交換にはお金を使い、青銅でできた宝石を買う人もいました

村をつくる
人びとはおおぜいで集まって住むようになりました。村はだんだん大きくなり、今でいう都市のような村もできました。

ドイツには青銅器時代の家を復元した建物があります

木で骨組みをつくり支柱で持ちあげます

文字のはじまり
「くさび形文字」という最古の文字は、青銅器時代に生まれました。先をとがらせた葦の茎で、やわらかいねんど板に文字をきざみ、板はやがてかたくなりました。

ねんど板にきざまれたくさび形文字（イラクで出土）

せかいの 住まいのはなし

住まいとは、人が住むための建物のことです。ふつうは木材や石、レンガなどを使って建てますが、かたい岩をけずってつくることもあります。一戸建ての家もあれば、数軒がつながる長屋のような住宅もあります。マンションやアパートといって、1つの建物の中に複数の住まいが入っている共同住宅もあります。

宮殿
ヨーロッパの王族は、お金をかけたぜいたくな宮殿や城に住みました。大広間でごちそうを食べ、謁見室で客をむかえました。

ノイシュバンシュタイン城（ドイツ）

住まいのはじまり
原始時代の人びとは、山や丘の斜面にほった穴に住みました。木を切って建てた小屋を、動物の皮でおおった住まいもありました。

原始時代には草でつくった住まいもありました。草をたばね、積み重ねてつくる方法を草ぶきといいます

ほら穴は、わざわざ建てる必要がありません！

カッパドキアの洞窟の家（トルコ）

環境にやさしく
今は、自然や環境をうまく利用した住まいもあります。今までの家ほどエネルギーを使いません。

屋根のソーラーパネルは、太陽エネルギーを集めます

雨水をためて再利用します

壁を何層にも重ねて、熱が逃げるのを防ぎます（断熱といいます）

3Dプリンターで火星に家を建てる計画

イグルー

雪の家
北極圏に住むイヌイットは、雪のブロックを使って、寒さよけのシェルター（イグルー）をつくります。イグルーは風を防ぎ、中はあたたかいです。

未来の住まい
未来の住まいはどうなるでしょう。もしかしたら、3Dプリンターを使って建てるかもしれません。3Dプリンターとは、プラスチックの層を重ねていって、立体的な形をつくる機械です。

ハウスボート（インド）

アントニオ・ガウディが設計した家

動く住まい
移動式の住まいでくらす人もいます。たとえば、海や川に浮かぶハウスボート、車やウマが引くトレーラーハウスなどです。

建築
「建築」とは建物を設計して建てることです。建築家のアントニオ・ガウディは、スペインのバルセロナで、自然からヒントをもらい、さまざまな材料と色あざやかな模様で建物を飾りました。

鉄器時代

鉄器時代は、およそ3200年前から1000年ほど続きました。この時代には、青銅のかわりに鉄の道具や武器を使うようになります。鉄器はそれまでのものより、強くてじょうぶでした。

つながるテーマ
商業…p.30
青銅器時代…p.45
バイキング…p.59
岩石と鉱石…p.84
農業…p.105
金属…p.181

道具
鉄器のおかげで、農民や大工は作業が楽になりました。畑を広げて収穫をふやしたり、大きな建物を建てたりできるようになりました。

鉄の刃先に木の持ち手をつけ、鎌として使いました。小麦を刈るのに使ったと考えられます

鉄の刃先

武器
鉄器は青銅にくらべて軽く、しかも安くつくれました。うまくつくれば、青銅器より強くもするどくもなります。強力な武器を得たことで、強い軍隊をもてるようになりました。

剣をつくるのはむずかしいので、腕の良い刀工（剣や刀をつくる職人）はたくさんお金をかせぎました

バイキング時代（9世紀～11世紀）のデンマークの鉄剣

ヒルフォート
鉄器時代にヨーロッパでは、ヒルフォートというとりでが、丘の上に建てられました。まわりを土や石の壁でかこみ、敵が近づくのを見張ったり、むかえうつ準備をしました。

とりでのふもとにある壁で、敵を防ぎます

イギリスのドーチェスター州にある鉄器時代のヒルフォート

鉄を形にする
鉄器をつくるには、たいへんな技術と手間が必要です。武器や道具の形にするために、鉄をきわめて高温にしなくてはならないからです。今も、この時代の職人の作業とほとんど同じことをしています。

1. ほりだす
鉄鉱石という鉄のかたまりを地中からほりだします。

2. 熱する
鉄鉱石がとけるまで、高温で熱します。

3. 型に入れる
とけた鉄を型に入れて冷まします。

古代エジプト

エジプトは、紀元前3000年ころから紀元395年まで、ファラオ（王）という力ある支配者の一族がおさめました。人びとはナイル川に近い土地をたがやし、ファラオや神々のためにみごとなモニュメント（記念の建造物）をつくりました。

> **つながるテーマ**
> 政府…p.27
> 川…p.96
> 天気…p.100
> 船…p.211
> 建物…p.217
> ライフサイクル…p.278

ナイル川
ナイル川は、エジプト人のくらしに欠かせない川でした。農民は川の土手にそって作物を育て、人びとは船で国じゅうを旅しました。

船は品物を積んで紅海をわたり、かわりにエジプトにないものを持ち帰りました

ギザのスフィンクス（人の頭をもつライオン像）がピラミッドを守っています

雨は毎年、川を満たし、土地と作物に豊かな水をもたらしました

人びとはナイル川で漁をしました

「王家の谷」にはファラオたちの墓があります

ラムセス2世というファラオは、岩をくりぬいた2つの大神殿をアブ・シンベルに建て、自分を神として神殿にまつらせました

家は日干しの泥レンガで建てました

エジプト社会のしくみ
ファラオは、貴族の助けをかりて国をおさめました。ほかの人びとは、王と貴族のために一生懸命働きました。

- ファラオ
- 貴族
- 農民などの働き手

ピラミッド
ピラミッドは、ファラオの死後を守るために建てられた墓です。ファラオがあの世で使えるよう、宝物でいっぱいでした。もっとも大きいピラミッドは、高さが140メートルもあります。

ミイラは色づけした専用の木の入れものに入れます

ヒエログリフという絵文字が書いてあります

永遠に生きる
エジプト人は死んだあと、ミイラにされました。塩を使って体をかわかし、細い布でぐるぐる巻きにしました。このようにして、永遠に生きつづけることを願ったのです。

古代ギリシャ

古代ギリシャの人びとは、新しいものを創造する力がすぐれていて、すばらしい建築や演劇、政治、文学、科学、スポーツを生みだしました。この時代に生まれた言葉には、今でも使われるものがあります。ギリシャ文明は、紀元前510年から200年ほど栄えました。

つながるテーマ
工芸…p.13
宗教…p.39
ゲームのはなし…p.40-41
スポーツ…p.42
古代ローマ…p.51
建物…p.217

パルテノン神殿
アテネにあるパルテノン神殿は、いちばん有名なギリシャ神殿です。アテネの守り神である女神アテーナーのために建てられました。

アテネを見おろす丘、アクロポリスにあります

白い大理石でできています

46本の主柱が神殿を支えます

ギリシャの陶器
ギリシャの陶器には、よく神話の一場面が描かれています。下のつぼには、英雄ヘラクレスがのりこえた12の試練の1つが見えます。

つぼの中には、香油やワイン、はちみつ、食べものなど、いろいろな物を入れました

オリンピックのはじまり
ギリシャ人は、はじめて運動競技の大会を開きました。オリンピア競技会（今のオリンピック）もそのひとつです。

丸いおもりを投げる「円盤投げ」の競技者の像

ギリシャの神と女神
ギリシャ神話には多くの神が登場します。右は中心となる6神で、みな同じ一族です。

神々の王	愛の女神	音楽の神	海の神	狩りの女神	冥界の神
ゼウス	アフロディーテ	アポロン	ポセイドン	アルテミス	ハーデス

古代ローマ

今からおよそ2000年前、古代ローマは巨大な帝国となり、地中海のまわりの土地をすべて支配しました。ローマ帝国は、社会のしくみがしっかりしていたので、数百年のあいだ続きました。

つながるテーマ

政府…p.27
法律…p.28
奴隷…p.68
戦争のはなし…p.74-75
地図…p.109
ヨーロッパ…p.113
建物…p.217

ローマ社会のしくみ

古代ローマの社会は、いくつかの階級に分かれていました。市民にはさまざまな権利がありますが、奴隷に権利や自由はありませんでした。

皇帝 — 帝国をおさめ、すべての権力をにぎりました。

市民 — 市民階級にだけ投票権があり、政府の役人にもなれました。

解放奴隷 — もとは奴隷で、主人から自由をもらった人です。

奴隷 — 人間なのに「主人の所有物」でした。

「トーガ」という布をまとえるのは、ローマ市民と、それより上の階級だけでした

ローマ帝国とは

現在のイタリアのローマという都市から始まり、ヨーロッパ全域にしだいに拡大していきました。

ローマの兵士

「レギオン」というよく訓練された軍隊を使って帝国をおさめました。「百人隊長」が80人のレギオン兵（歩兵）を指揮しました。

百人隊長は羽飾りのついたかぶとをかぶりました

「鎖かたびら」という金属のよろい

すね当て

ローマ建築

古代ローマ人は建築術にすぐれていたので、多くの建物が今でも残っています。右はポン・デュ・ガールという水道橋で、植民地だったフランスのニームまで飲み水を運びました。

古代インド

インドには、5000年も前に大きな都市がいくつもありました。インダス文明はここから始まり、1526年から1858年まではムガル帝国という大きな国が栄えました。ムガル人は科学的な発明や、美しい芸術品をたくさん残しています。

> **つながるテーマ**
> 美術…p.12
> 宗教…p.39
> 戦争のはなし…p.74-75
> アジア…p.115
> 建物…p.217
> 天文学…p.257

タージ・マハル
タージ・マハルは、皇帝シャー・ジャハーンが妻ムムターズ・マハルの墓として建てたものです。白い大理石の壮大な建物で、2万人の人が1632年から10年以上かけてつくりました。

まん中の丸屋根は35メートルの高さがあります

ムガル帝国
中央アジア出身でインド北部を征服したバーブルが、1526年に建てた帝国です。バーブル一族が300年以上、帝国を支配しました。

皇帝バーブルはゾウの背に乗って軍隊を指揮しました

ゾウ使い

戦争用のゾウ（戦象）は、長い鼻ときばで敵をたおします

バーブルの軍隊には8万人以上の兵士がいました

科学
ムガル人は星を研究して、自分たちの位置を示す真ちゅうの地球儀をつくりました。科学者は髪を洗う石けんや、金属の新しい利用法をあみだしました。

地球儀には星の位置も示してあります

古代中国

中国の文化には、数千年の歴史があります。紀元前202年には、劉邦が中国を統一して、「漢」という王朝を建てました。中国では新しいものがたくさん生みだされ、世界中に広まりました。

つながるテーマ
文字を書く…p.14
商業…p.30
「食」のはなし…p.106-107
発明のはなし…p.218-219
探検のはなし…p.260-261

京劇（中国のオペラ）に出演する女性の絹の衣装

いろいろな発明
およそ5500年前に、絹の服がはじめてつくられました。紙や火薬、印刷技術、機械じかけの時計、コンパス、磁器、かさなどを発明したのも中国人です。

万里の長城
代々の皇帝は、北方の民族から国を守ろうとして、がんじょうな城壁（城のような壁）をつくりました。この「万里の長城」は長さが2万キロもあり、建てられて500年がたちます。

兵士が敵を見つけるための見張り台が2万5000個もありました

山のいただきにあるため、攻撃を防ぎやすい

文字
漢の文字──漢字は紀元前1400年ころに使われるようになりました。漢字は数千種類あり、1つの文字で1つの意味をあらわす漢字もあります。文章は上から下へ、そして右から左へ読みます。

城壁の上は幅が広くなっていて、兵士が行進できます

米づくり
米はおよそ1万年前に、中国ではじめてつくられました。右の棚田のような水田でつくりました。

せかいの祭りのはなし

世界じゅうにいろいろな祭りがあります。クリスマスやイード（イスラム教の祝祭）のように、宗教と結びついた行事もあれば、中国の春節（旧正月）のように、季節に関係した祭りもあります。人びとは、明かりをつけたり、踊ったり、プレゼントを交換したりして楽しみます。

クリスマス

キリスト教では毎年、クリスマスに神の子イエス・キリストの誕生を祝います。教会へ行き、クリスマス・キャロルというお祝いの歌を歌う人もいます。プレゼントを交換し、特別なごちそうを食べ、家族や友だちと過ごすことが多いようです。

クリスマスツリーはてっぺんに星や天使を飾ります

プレゼントはツリーの下に

死者の日

メキシコでは、10月31日から11月2日までを「死者の日」として祝います。古くから続くこの祭りは、亡くなった家族や友だちを思いだすものです。死者のための祭壇をつくり、食べものや飲みものを墓にそなえます。

死者の日にはガイコツ人形が欠かせません

愛らしいガイコツ人形

お祝いの行事で踊られる中国の龍舞

中国の春節（旧正月）

家をきれいにして悪運をはきだし、窓やドアを赤い切り絵で飾り、家族いっしょにごちそうを食べます。通りでは爆竹を投げて鳴らしたり、龍舞がねり歩いたりします。古い習慣では、春節は15日間ほど続きました。今は1週間くらいです。

イード

イスラム教の信者が「ラマダン」という月の終わりを祝う祭りです。ラマダンのあいだは、一日じゅう何も食べないか、日中は食べずにいます。イードの日には祈ったり、お金を寄付したり、家族や友だちを訪ねたり、ごちそうを楽しんだりします。

信者はモスク（イスラム教の礼拝堂）の外で、イードのための祈りをとなえます

> 春節になると、親が赤い袋にお金を入れて子どもに渡します

過ぎ越しの祭り

大むかしにユダヤ人がエジプトでの奴隷生活からぬけだしたことを祝う祭りで、7～8日間続きます。「セデル」という過ぎ越しのための食事では、マッツァーというクラッカーのようなパンなどを食べて祝います。

> 過ぎ越しの祭りはユダヤ人の大切な祭りで、**3000年以上**も続いています

舞い手は色あざやかな龍を長い棒であやつります

皿に盛った食べものは、ユダヤ人が奴隷から解放された物語を伝えています

ディワーリの別名は「光のフェスティバル」。花火が夜空をいろどります

ディワーリ

ディワーリはヒンドゥー教の祭りで、北半球では秋、南半球では春におこないます。光が暗やみに勝ったこと、善が悪に勝ったことを祝います。家や広場に明かりをつけ、花火を上げることもあります。

アステカ

アステカの人びとは、1400年ころから1521年にかけて、中央アメリカに広大な帝国をつくりました。石づくりのすばらしい都市をきずき、農民はトウモロコシやアボカド、七面鳥を育てました。

トルコ石は神の息をあらわしました

つながるテーマ
工芸…p.13
宗教…p.39
インカ…p.57
マヤ…p.58
農業…p.105
建物…p.217

仮面
アステカ人は、仮面を宗教の儀式に使ったり、寺院に飾ったりしました。木でできた左上の仮面は、トルコ石という青緑色の貴重な石でおおわれています。

アステカの都市
各都市のまん中に、寺院を集めて建てました。寺院の多くは、長い階段のある高さ60メートル以上のピラミッドの上に建てられました。

- ピラミッドと宮殿は石で建てました
- 祭司は石のナイフを使い、動物や人間をいけにえとしてささげます
- ピラミッドの上に1対の寺院がならびます
- 祭司といけにえになるものだけが、ピラミッドをのぼります
- 週に1度市が立ちました
- 船を使って商品を運びます
- いけにえの儀式のあいだ、人びとは歌います
- 都市の多くは湖や川のそばにありました
- 商人は長い旅をして仕入れた物を売りました

インカ

インカの人びとは、南アメリカ大陸の西海岸に沿った高山の一帯にくらしました。インカの国は、1438年から1533年のあいだ、世界最大の帝国となります。社会のしくみがうまくつくられ、みんな自分の身分に合った生活をしていました。

つながるテーマ
工芸…p.13
アステカ…p.56
マヤ…p.58
金のはなし…p.86-87
農業…p.105
南アメリカ…p.112

インカの社会
インカをおさめる皇帝はサパ・インカ（「ただひとりの王」という意味）とよばれます。ほとんどの人はやとわれた農民で、皇帝のために働き、食べものや住まいをもらいました。

古代都市マチュ・ピチュは、ペルーのアンデス山脈にあります

神のようにあつかわれたサパ・インカは、いすにすわったまま運ばれます

家は石づくりで、屋根はわらぶきです

みんな、サパ・インカに頭を下げなくてはなりません

農民はイモを育てました

ラマをかって、荷を運ばせたり毛を使ったりしました

トウモロコシは大切な食べものでした

太陽の神
この金の円盤は、「インティ」というインカ族の太陽神をあらわしています。毎年9日間続く祭りでは、人びとは食べたり飲んだりして祝い、太陽神にいけにえをささげました。

インカの工芸品
金や銀で神をあがめる品をつくり、寺院で使いました。ねんど、動物の皮、羽毛でつくったみごとな工芸品もあります。

金のラマ像

マヤ

マヤ族は、古代から16世紀ころまで、中央アメリカに住んでいました。石づくりの都市をつくり、神をうやまう寺院を各地に建て、トウモロコシや豆、かぼちゃを育てました。数学が得意で、独自のカレンダーをつくりました。

つながるテーマ
美術…p.12
宗教…p.39
ゲームのはなし…p.40-41
アステカ…p.56
インカ…p.57
農業…p.105

マヤ族の神
マヤの人びとは、さまざまな神をあがめました。動物も天候も、すべて神々が司るものだと信じていたのです。

頂上につながる階段
頂上の寺院

チチェン・イッツア（メキシコ）にあるマヤのピラミッド

マヤの寺院
寺院は、石づくりのピラミッドの上に建てられました。祭司はここで、いけにえの動物を神にささげ、歌い、踊りました。

マヤのスポーツ
神をうやまう儀式として、球技の試合がおこなわれました。大きなゴムのボールを競技場のあちこちに打って、得点を競うゲームです。使えるのは、ひじから手首までとおしりだけでした。

- 大きな帽子に神をあらわすしるしが飾られています
- 長い鼻とへびのきばがあります
- 神をたたえるお香の玉をたきます

雨の神チャクは太陽の兄弟で、雨はチャクの涙だといわれました

マヤの雨の神 チャク

バイキング

ノルウェーやスウェーデン、デンマークの人びとは、800年ころから、遠い国まで船で出かけ、世界のあちこちを探検しました。この人たちをバイキングといいます。物を売り買いしてくらし、ときには海賊行為をはたらくこともありました。

つながるテーマ
工芸…p.13
神話と伝説…p.19
探検家…p.66
海…p.99
ヨーロッパ…p.113
船…p.211

バイキング船
高速の船に乗って、北極海をわたったり、ヨーロッパの川をさかのぼったりしました。船はオールでこぐか、帆に風を受けて進みます。

1004年、グズリーズ・ソルビャルナルドーティルという女性バイキングが、グリーンランドからカナダまで行ったそうです

- 船のへさきを動物の頭の形に彫った船もありました
- 嵐のときは、マストを下ろせるようになっています
- 四角い帆は浅瀬では巻きあげます
- がんじょうなキール（船の背骨となる竜骨）は、オークの木でできています
- 板を重ねて張り、軽くてがんじょうな船をつくりました
- ロープで帆をあやつりました
- 船員がぬれるのを防ぐ盾
- オール（かい）で船の進む方向を変えられます

バイキングの長い家
バイキングは、木を使って家を建てました。屋根は、板ぶきかわらぶきでした。いくつも部屋があって、家族や奴隷、動物がくらしました。

- 屋根の飾りで家の主がわかります
- わらや羊毛で板のすきまをうめます
- 戦うときはかぶとをかぶります
- 剣は高価な武器でした
- ベルトにつけた小袋に小銭をしまいました

城(しろ)

西洋では、11世紀から15世紀にかけて城が多く建てられました。王やお金持ちの人びとは、敵の攻撃を防ぐ「とりで」として城を建てましたが、大砲が発明されると、城も安全な場所ではなくなりました。今もこわれずに残っている城が、いくつかあります。

つながるテーマ
- 住まいのはなし…p.46-47
- 騎士…p.61
- 江戸時代の日本…p.63
- ヨーロッパ…p.113
- エンジニア…p.215
- 建物…p.217

石づくりの城
ヨーロッパでは、石の壁をめぐらせ、塔のある城を建てるようになりました。数百人の兵士が住めるくらい、大きな城もありました。

- 中庭の空き地で作物を育てました
- いちばん大きい塔をキープ（天守）といいます
- 石づくりの壁は敵がよじ登りにくいものでした
- 羊などの家畜は安全な城の中でかいます
- 敵に気づいたら、はね橋を上げて通れないようにします
- 守りを固めるため、水を満たした堀で囲む城もありました
- 高い見張り台で、敵が近づくのを見張ります

はじめのころの城
ヨーロッパでは「モット・アンド・ベイリー」というタイプの城が、1020〜1200年ころに数多く建ちました。盛り土（モット）に見張り台を建て、中庭（ベイリー）を壁で囲みました。

- 丘の上の塔からは、周囲がよく見わたせます

日本の城
日本の城は木と石でつくられ、その多くは「天守」という立派な建造物もつくられました。城の中心となる天守は、攻められたときに最後のとりでとなりました。

- 姫路城は、「白鷺城」ともよばれています

騎士

中世（5〜15世紀）のヨーロッパには、「騎士」という階級がありました。騎士を目ざす者は、7歳から騎馬術や武術をみがき、一人前の戦士になると、国王や領主のために軍をひきいました。

甲冑

敵の武器から身を守るために、騎士は甲冑（よろいかぶと）を身につけました。はじめは金属の輪をつないだ「鎖かたびら」でしたが、しだいに、はがねの板を体形に合わせてつくった「よろい」に変わりました。

従者

騎士を世話する従者が、騎士1人に1人ずつつきました。よろいの手入れをし、剣をとぎ、馬の世話をします。従者は、のちに騎士になることもありました。

馬上やり試合

人びとが見物するなか、騎士は馬に乗り、「ランス」という刃がない木やりで一騎打ちをします。相手をたたくか、落馬させると点が入ります。

- かぶとは、頭が直接打たれないような形になっています
- 腕の形に曲げてつくり、ひじを守りました
- 試合のときは、よろいをはなやかに飾りました
- 重たい鎖かたびらは身を守ってくれました
- 盾は、使わないときはひもで肩や腕にかけて運びます
- はがねの手袋は40個以上の金属片をつないでつくりました
- ベルトに剣や短剣をさします

つながるテーマ

- 旗…p.29
- 服のはなし…p.32-33
- スポーツ…p.42
- 城…p.60
- 戦争のはなし…p.74-75
- ヨーロッパ…p.113
- 金属…p.181

紋章

騎士には、その家代々の紋章がありました。戦う相手に見えるように、盾に紋章をあしらいます。紋章官という人が、どの騎士がどの紋章かを記録しました。

ルネサンス

イタリアでは、14世紀から16世紀にかけて、科学と芸術の分野で大きな変化が起きました。古代ローマとギリシャの文化に目を向けようというもので、ルネサンス（「再生」の意味）とよばれます。この文化運動はしだいに、ヨーロッパじゅうに広まりました。

つながるテーマ
美術…p.12
文字を書く…p.14
宗教…p.39
古代ローマ…p.51
飛行機…p.214
発明のはなし…p.218-219

建築
むかしのような大きく気品のある建物が建てられました。ルネサンス建築には、たいてい丸屋根と円柱があります。

みごとな丸屋根のフィレンツェの大聖堂（イタリア）。1436年に建てられました

科学
科学者がはじめて実験をおこなったのは、この時代です。天文学や医学の分野で、重要な発見がありました。

レオナルド・ダ・ビンチが設計した飛行機。実際には飛びませんでした

芸術
ルネサンスの芸術家は、本物らしく描く「写実的」な方法で絵を描きました。新しい絵の具や材料が生まれたり、絵に光と影を描きこもうとしたり、道具や技術が変化していきました。

ペルジーノが描いた「聖ペテロへの天国の鍵の授与」という作品

絵の手前にいる人は、奥にいる人より大きく見えます。これを遠近法といいます

江戸時代の日本

江戸時代（1603～1868年）の日本では、徳川将軍家が代々、国をおさめました。将軍は江戸（今の東京）に幕府を開き、全国の「大名」を支配しました。

> つながるテーマ
> 美術…p.12
> 演劇…p.18
> ダンス…p.20
> 楽器…p.23
> 騎士…p.61
> 戦争のはなし…p.74-75

ほまれ高い武士
武士は主君に仕え、きびしいおきてを守りました。その生きかたを武士道（武士の進むべき道）といいます。

→ 武士は刀をもっていました

→ 角のついたかぶとは、よろいとセットです

音楽も大切
音楽はつねに、日本の文化で大きな役割をはたしていました。三味線は、日本舞踊や人形浄瑠璃の伴奏に使います。

→ 四角いボディ（胴）に弦を3本張ります

芸術作品
江戸時代の歌人や画家、戯曲家、職人は、すばらしい作品を残しました。上は、歌川広重が1857年につくった浮世絵です。「名所江戸百景」のなかの1枚で、日本の美しい雪景色が描かれています。

江戸時代の将軍
江戸時代にもっとも政治的権力をもっていたのは将軍でした。天皇は将軍を任命し、将軍は大名という領主をおさめ、大名は武士を従えていました。

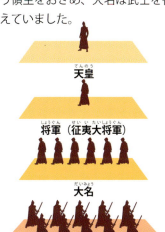

天皇
将軍（征夷大将軍）
大名
武士

海賊

海賊とは、船をおそって力ずくで物をぬすみ、やりたい放題をする者のことです。海賊というと、「財宝をかくして南の島でのうのうとくらす」といったイメージがありますが、実際はそれほど気楽ではありませんでした。

つながるテーマ
旗…p.29
服のはなし…p.32-33
探検家…p.66
海…p.99
地図…p.109
船…p.211

海賊のくらし
海賊は船で何週間も過ごすことがありました。たいくつして乗組員どうしのけんかが始まらないよう、楽器を演奏したり、かけごとや酒盛りをして時間をつぶしました。

1690年から1725年のあいだは、海賊の黄金時代ともいわれます

海賊の旗
死者をあらわすがい骨やどくろを旗に描いて、人びとをおどしました。

- 大きな帽子で日ざしや雨をさえぎりました
- 毛や麻、帆布でつくった服を着ます
- カットラスという短剣は刃がカーブしています
- 革の靴は真ちゅうの留め金でとめます

海賊船
海賊船はスピードが速く、追いかけるのも逃げるのも得意でした。戦いにそなえて、大砲も積んでいました。右は1本マストのスループ帆船です。

- 大きな帆を上げ、船を高速で走らせます

黒ひげ
「黒ひげ」というあだ名の有名な海賊は、アメリカの沿岸で船をおそっていました。しかし、1718年にイギリス海軍と戦って、ついに殺されました。

アメリカ先住民

人類は2万5000年以上前に、アジアからアメリカへ渡りました。ヨーロッパ人がアメリカ大陸を発見した15世紀終わりには、すでに5000万人が、それぞれの部族に分かれて住んでいたと考えられます。この人びとをアメリカ先住民といいます。

つながるテーマ
美術…p.12
ダンス…p.20
宗教…p.39
住まいのはなし…p.46-47
北アメリカ…p.111
北極…p.118

まん中に太陽の神がいます

信仰のための工芸品
アメリカ先住民は多くの神をあがめ、工芸品をとおして信仰心をあらわしました。上のお面はベラクーラ族が彫ったもので、儀式の踊りに使われました。

ヨーロッパ人が持ちこんだ病気のせいで、アメリカ先住民の人口は16世紀はじめごろまでに**40万人**に減ってしまいました

文化の広がり
かつては数百もの部族がアメリカでくらし、その部族だけのならわしがありました。下の地図は、アメリカ先住民の文化の広がりを、10地域に色分けしたものです。同じ地域では、同じような習慣があったようです。

- 高原地帯
- 北西部
- 北極地方
- 亜北極
- 北東部
- 南東部
- 南西部
- 平原地帯
- 大盆地帯
- カリフォルニア地方

食べもの
イモやトウモロコシ、トマトを育てる部族もあれば、バッファローなどの野生動物を狩ったり、木の実などを集めて食べる部族もありました。

住まい
先住民の住まいはさまざまです。北東部に住む農耕部族は、数家族で長い家にくらしました。平原で狩りをする人びとは、ティーピーというテントに住みました。

探検家

異国人との出会いや新しい交易品を求め、探検家はまだ見ぬ土地をめざして旅をします。15世紀前半には、明の武将、鄭和がひきいる中国の大船団が、インドやアフリカへと7回の大航海をなしとげました。いっぽう、旅の途中でたいへんな目にあい、目的をはたせない探検家も多くいました。

つながるテーマ

商業…p.30
地図…p.109
ヨーロッパ…p.113
ナビゲーション…p.201
船…p.211
探検のはなし…p.260-261

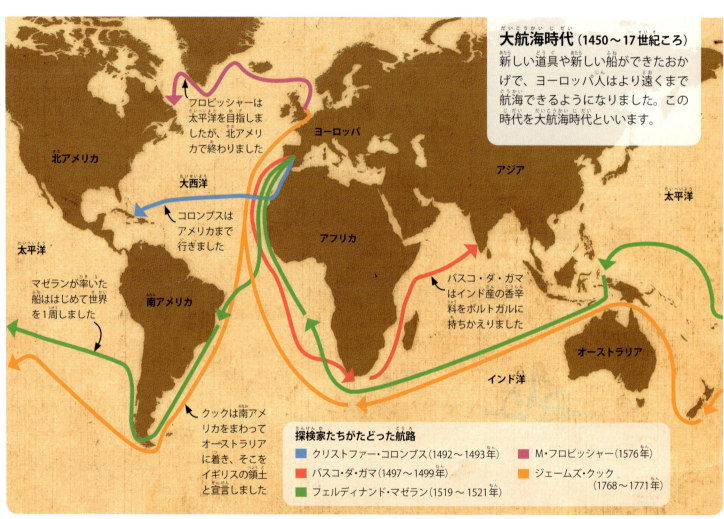

大航海時代（1450～17世紀ころ）

新しい道具や新しい船ができたおかげで、ヨーロッパ人はより遠くまで航海できるようになりました。この時代を大航海時代といいます。

- フロビッシャーは太平洋を目指しましたが、北アメリカで終わりました
- コロンブスはアメリカまで行きました
- バスコ・ダ・ガマはインド産の香辛料をポルトガルに持ちかえりました
- マゼランが率いた船ははじめて世界を1周しました
- クックは南アメリカをまわってオーストラリアに着き、そこをイギリスの領土と宣言しました

探検家たちがたどった航路
- クリストファー・コロンブス（1492～1493年）
- バスコ・ダ・ガマ（1497～1499年）
- フェルディナンド・マゼラン（1519～1521年）
- M・フロビッシャー（1576年）
- ジェームズ・クック（1768～1771年）

貿易

探検家がヨーロッパにないめずらしい食べものや香辛料、貴金属などを見つけてくると、商人がそれを売買しました。コショウは、インドから世界中に広まりました。

シナモン / 黒コショウ / 金塊（金のかたまり）

マゼラン

スペインのマゼランは1519年、アジアへの新しい航路を探す旅に出ました。5隻の船に270人で出発しましたが、帰ってきたのは1隻と18人でした。

アメリカ西部の開拓

1840年から1900年にかけて、アメリカ合衆国東部に住む多くの人びとが、冒険と新しいくらしを夢みて西部に移り住みました。かれらは「開拓者」とよばれ、土地を開いて畑をつくったり、牛の牧場を始めたりしました。金を探して鉱山をほる人もいました。

> **つながるテーマ**
> アメリカ先住民…p.65
> 金のはなし…p.86-87
> 北アメリカ…p.111
> 列車…p.210
> 乗りもののはなし…p.212-213

ほろ馬車隊
開拓者は、ほろ馬車を連ねて西へ向かいました。新しい土地での生活に必要なものは、すべて持っていきました。

ウシやウマが引くほろ馬車には、人だけでなく、日用品も農具もすべて乗っていました

250台もの馬車が続くこともありました

アメリカ先住民との戦い
西部の開拓者とアメリカ先住民のあいだでは、たびたび戦争が起きました。先住民が勝つこともありましたが、結局は負けて、土地をうばわれました。

先住民が勝った「リトルビッグホーンの戦い」を描いた絵

大陸横断鉄道
1869～93年、西部までの鉄道がいくつもしかれました。列車は多くの農民と開拓者を乗せ、町で売るための品物を運びました。

ユニオン・パシフィック鉄道 119列車

燃料を燃やして出る蒸気が煙突からふきだします

奴隷

奴隷とは、自由をうばわれて、所有物のようにあつかわれる人のことです。戦争でとらえられたり、借金があったり、奴隷の親から生まれた人などが、奴隷にされてきました。今は世界のどの国も法律で禁止しています。

> **つながるテーマ**
> 法律…p.28
> 商業…p.30
> 古代ローマ…p.51
> 北アメリカ…p.111
> アフリカ…p.114
> 船…p.211

奴隷の仕事
19世紀のはじめごろ、アメリカの大きな農場では、綿花を摘む作業などを奴隷にさせました。奴隷はひどいあつかいを受けながら、長時間働きました。

奴隷船
15世紀から19世紀にかけて、1200万人ものアフリカ人が船に乗せられて、アメリカへ運ばれました。奴隷として、大農場で働かせるためです。

鎖につながれ、奴隷専用の船につめこまれました

奴隷は今もなくならない
今でも2000万人以上が、強制労働や子どもによる物乞いなど、「現代の奴隷」状態にあるとされていて、奴隷をなくそうという運動が、世界じゅうでおこなわれています。

フランス革命

フランスは長いあいだ、富と権力をほしいままにした王家によって支配されていました。一般の人びとは、ひどい貧しさのなかでくらしていました。1789年から1799年にかけて、人びとは王をたおし、法律を変えました。これがフランス革命です。

つながるテーマ
政府…p.27
法律…p.28
お金…p.31
戦争のはなし…p.74-75
ヨーロッパ…p.113
建物…p.217

マリー・アントワネット
フランス王妃マリー・アントワネットのぜいたくなくらしぶりに怒った人びとは、「王妃は自分たちの苦しみなど、気にもかけないのだ」と考えました。

王にさからった者を捕らえておく監獄でした

バスティーユ
パリのバスティーユは、王家が監獄に使っていた建物です。1789年7月14日、群衆がこの監獄をおそい、中にある武器をうばいました。

国王はギロチン（断頭台）という機械で首をはねられました

1793年、国王ルイ16世はギロチンで処刑されました

アントワーヌ＝ジョゼフ・サンテールが司令官となり、この革命を導きました

王家の終わり
王と王妃は、召使いに変装してフランスから逃げようとします。しかし2人はつかまり、やがておおぜいの前で処刑されました。

産業革命

産業革命とは、新しい機械をとり入れて、産業（物をつくる活動）がめざましく発展した時期のことです。工場がどんどん建ち、たくさんの機械を使って、大量の製品をつくりました。この革命は1760年代にイギリスで始まり、やがて世界中に広がりました。

つながるテーマ
公害…p.92
建物…p.217
発明のはなし…p.218-219
工場…p.220
機械…p.221
エンジン…p.222

活気づく工場
工場の中には大量の機械がならび、織りもの、陶器、鉄やガラス製品などをつくりました。はじめは水力で動かしましたが、やがて蒸気を使うようになりました。

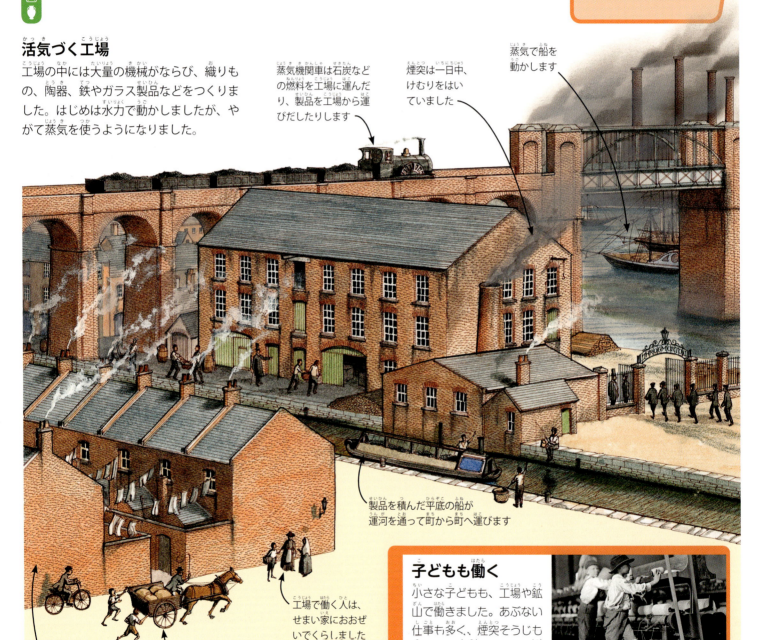

蒸気機関車は石炭などの燃料を工場に運んだり、製品を工場から運びだしたりします

煙突は一日中、けむりをはいていました

蒸気で船を動かします

製品を積んだ平底の船が運河を通って町から町へ運びます

小さい町が工場のまわりにできました

工場に必要なものを荷馬車で運びます

工場で働く人は、せまい家におおぜいでくらしました

子どもも働く
小さな子どもも、工場や鉱山で働きました。あぶない仕事も多く、煙突そうじも子どもの仕事でした。1週間に80時間も働いて、お金はほとんどもらえませんでした。

アメリカ、ジョージア州の紡績工場で働く男の子たち（1900年）

オスマン帝国

トルコ人のオスマン一族は、かつてない大きな国を数百年にわたっておさめました。北アフリカから中東を越え、はるかインド洋まで広がる大帝国です。一族はイスラム教の信者でしたが、さまざまな民族を支配しました。

つながるテーマ
工芸…p.13
旗…p.29
宗教…p.39
ヨーロッパ…p.113
アフリカ…p.114
アジア…p.115
建物…p.217

帝国を築いた人
トルコ人のオスマン1世は1299年、新しいトルコの国、オスマン帝国を築きました。イスラム教国の君主として、この家系は600年も支配を続けました。

オスマン1世は1299年から1326年までトルコの指導者でした

イスタンブール（トルコ）の有名な「ブルーモスク」は、1616年に完成しました

イスラム教の国
オスマン家はイスラム教の信者でした。オスマン帝国はイスラム教国になり、モスクという壮大な礼拝堂が建てられました。当時のモスクの多くは、今でも使われています。

> オスマン帝国の首都コンスタンティノープルは今のイスタンブールです

イズニックの陶器にはよく花模様が描かれます

トルコの美術
トルコ北西の町イズニックは、美しい陶器で有名です。毛織りのじゅうたんやタペストリーもつくられています。

トルコ共和国
オスマン帝国は1922年にほろびました。トルコは次の年に共和国となり、国の指導者は選挙で決めるようになりました。

トルコ共和国の国旗

第一次世界大戦

1914年にヨーロッパで戦争が始まり、世界に広がりました。第一次世界大戦です。飛行機や戦車が、大きな戦争ではじめて使われ、数百万もの兵士が亡くなりました。戦いは4年も続き、休戦が発表されたのは1918年でした。

つながるテーマ
旗…p.29
仕事…p.34
第二次世界大戦…p.73
戦争のはなし…p.74-75
世界…p.108
ヨーロッパ…p.113
工場…p.220

塹壕で戦う

西ヨーロッパの戦場では、にらみ合う両軍が「塹壕」という長く深いみぞをほって戦いました。塹壕は兵士を守るものでしたが、危険でもあり、きたない場所でした。

- 戦うときは塹壕の上まで登ります
- 砂袋は敵の銃撃から兵士を守ります
- とげのついた鉄線で敵の侵入をはばみます
- 銃の先に刃をつけた「銃剣」は、敵を刺すこともできます
- がんじょうな軍隊用の長靴をはきました
- そこらじゅうにネズミがいて、病気をうつします
- 泥でぬかるみ、よく水がたまりました
- 敵が毒ガスを使ったときはガスマスクをかぶります

戦時中の女性
戦場に行った男性のかわりに、女性が工場で働き、武器や弾薬（銃や大砲の弾）をつくりました。農場でも働きました。

連合国と中央同盟国
第一次世界大戦は、連合国と中央同盟国に分かれて戦いました。おもな国は下のとおりです。

連合国

イギリス　フランス　イタリア

ロシア　アメリカ

中央同盟国

ドイツ　オーストリア-ハンガリー帝国　オスマン帝国

第二次世界大戦

1939年、ドイツ軍はポーランドに攻め入り、ヨーロッパで戦争が始まりました。1941年には日本が参戦して、太平洋も戦場になります。戦争は6年続き、今までにない激しい戦いで6000万人が亡くなりました。日本は広島と長崎に原子爆弾を落とされ、一瞬で多くの命が失われました。世界に平和がもどったのは1945年です。

つながるテーマ
宗教…p.39
第一次世界大戦…p.72
戦争のはなし…p.74-75
世界…p.108
ヨーロッパ…p.113
船…p.211
飛行機…p.214

疎開
ユダヤ人を中心とするおよそ1万人の子どもが、ヨーロッパ大陸からイギリスの安全なところへ送られました。今でいう「難民輸送」です。ユダヤ人は、ドイツから命をねらわれていました。

パイロットは操縦席（コックピット）に1人ですわり、銃を撃ちます

イギリス空軍の戦闘機
「スピットファイア」という軍事用の飛行機は、1940年の「バトル・オブ・ブリテン」で、ドイツ軍の戦闘機をたくさん撃ちおとしました。

砲塔（撃ち手を守る囲い）を動かして、敵の戦車をねらい撃ちします

ドイツ陸軍の戦車
ドイツ陸軍は、すぐれた武器をそなえた強力な戦車を大量につくり、西ヨーロッパの戦場やソ連（今のロシア）への攻撃に使いました。

飛行機はいつでも飛べるよう準備しています

敵をあざむくため何色にもぬり分けてあります

アメリカ海軍の空母
アメリカ海軍の空母（飛行機をのせた軍艦）は、太平洋上で日本海軍とすさまじい戦いを何度もくりひろげました。

連合国と枢軸国
4か国を中心とする連合国と、ドイツ、イタリア、日本の3か国が戦いました。ヨーロッパ、アフリカ、アジア、オセアニアが戦場となりました。

連合国

イギリス　フランス　アメリカ　ソ連

枢軸国

ドイツ　イタリア　日本

せかいの
戦争のはなし

「人間の歴史は戦争の歴史」といわれ、いつの時代にも戦いはありました。戦う理由は、お金のため、権力のため、信仰のため、政府をたおすためなど、さまざまです。戦争はたいへんお金がかかるうえ、たくさんの人が殺されます。どんな理由でも人を殺すのはいけないと考え、戦争に反対する人はおおぜいいます。

大むかしの戦い
おのやこん棒、ナイフ、やりで相手を攻め、盾で身を守りました。そろいの服はなく、戦う相手が敵か味方か見わけにくいこともありました。

よろい一式で40キロもありました。辞書40冊分くらいの重さです

ウマには頭、首、横腹を守るよろいをつけます

トロイア戦争のとき、ギリシャ兵は木馬にひそんで町に入りました。こうしてギリシャが勝ち、戦争は終わりました

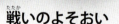
ウマにまたがる騎士

戦争は長びく
戦争は一度始まると、長く続きます。紀元前13世紀ころのトロイア戦争は10年かかり、紀元前5世紀のギリシャ・ペルシャ戦争は50年も争いつづけました。イギリスとフランスで起きた「百年戦争」は、毎日戦っていたわけではありませんが、1337年から1453年まで116年間続きました。

戦いのよそおい
中世のヨーロッパの騎士は、金属のよろいを身につけ、ウマにまたがって戦いに向かいました。よろいは、やりや矢から身を守ってくれますが、重くてまわりが見えにくいものでした。

16世紀のスペイン艦隊は130隻の船に2500丁の銃、3万人の兵士を乗せ、無敵といわれました

スペインの無敵艦隊を描いた絵（1588年）

海で戦う

海の上でも、戦いはよく起こりました。船が沈められると、乗っている人全員が死ぬこともあるため、まさに命がけの戦いです。近づいてきた敵の船によじ登って、戦いつづけることもありました。

内戦

戦争はたいてい国と国のあいだで起きますが、1つの国の中で争うこともあります。これを「内戦」といいます。アメリカは1783年、イギリスから独立するための戦争を終えましたが、その後、1861年から1865年にかけてつらい内戦（南北戦争）がありました。

この旗は、アメリカの南北戦争で南軍が使ったものです

アメリカで最初の公式な旗には、13個の星と13本の横しまが入っていました。これは1777年当時の13州をあらわします

今の小型機関銃は1秒間に20発、**1分間で1200発**も弾を撃つことができます

戦争で亡くなった人の墓地

火薬

火薬は、9世紀の中国ではじめてつくられました。火薬があれば、弾や砲弾を遠くにいる敵軍のところまですばやく飛ばすことができます。

戦争で失うもの

戦争では多くのものが失われ、何よりも人間の命が犠牲になります。兵士が戦場で殺されるだけでなく、戦場に行かない人びとも、まきこまれて殺されることがあります。人を殺したくないという理由で、戦争に行くことをこばむ人もいます。

銃をかまえる兵士

地球の中身

地球は大きく4つの層に分かれています。わたしたちがいるのは「地殻」といういちばん外側の層です。地殻は、深くにある「マントル」というとても高温の岩石の上でゆっくり動きます。マントルは上部と下部で少しちがうふるまいをするものでできています。

つながるテーマ
地球の表面…p.77
火山…p.79
方位磁石…p.110
金属…p.181
磁石…p.192
地球…p.240

地球の層
地球には、玉ねぎのような層があります。深い層ほど温度は高く、まん中の核はなんと6000℃もあります。

上部マントルは熱く、部分的にとけた岩石でできています

外核は、とけた鉄でできています

内核は、かたい鉄のかたまりです

下部マントルは、熱くてかたい岩石でできています

地球が生まれたころ、表面はにえたぎるマグマの海で、地殻はありませんでした

地殻はかたい岩石でできています

マグマと溶岩
地球の表面にとけた岩がふき出て、火山になることがあります。とけた岩は地球の中では「マグマ」といい、表に出たものは「溶岩」といいます。

噴火口 / 溶岩流 / マグマだまり

地球は磁石
外核は液状なので、地球が回るにつれてゆれ動きます。すると、地球のまわりに磁場ができて、人に害を与える宇宙からのエネルギー波をはばみます。方位磁石で方角がわかるのも、磁場のおかげです。

北極 / 南極 / 磁場

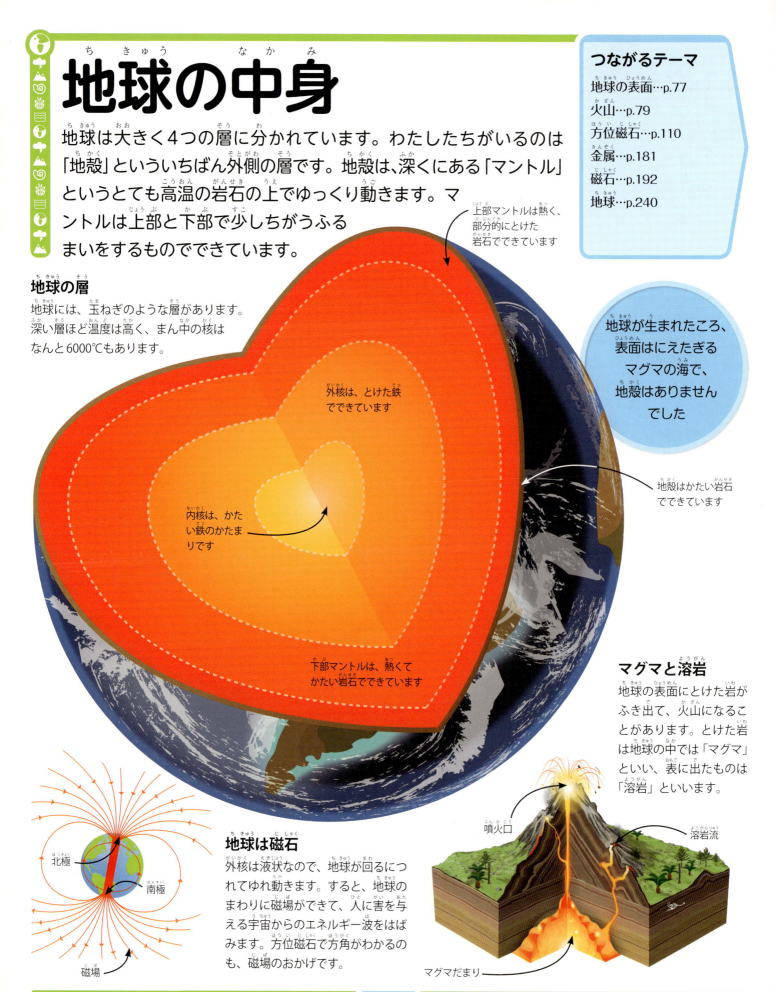

地球の表面

地球の表面をおおう「地殻」は、「プレート」という岩盤が、ジグソーパズルのピースのように合わさってできています。プレートは1年に数センチメートルという速度で、とてもゆっくり動きます。

つながるテーマ
- 地球の中身…p.76
- 地震…p.78
- 火山…p.79
- 山…p.82
- 海…p.99
- 世界…p.108

環太平洋火山帯に沿って、たくさんの火山があります

プレート境界付近には大きな断層（地面がずれるところ）が存在し、地震がよく起きます

太平洋

プレートどうしが接するところを、プレート境界といいます

地球のプレート
地表（地球の表面）には、7つの巨大なプレートと、それより小さなプレートがいくつかあります。最大のプレートは太平洋の底にあり、地表の5分の1以上の大きさです。

凡例
- プレート境界
- 環太平洋火山帯
- 火山

環太平洋火山帯
火山の噴火や地震は、太平洋をかこむプレート境界で多く起こります。このあたりを「環太平洋火山帯」といいます。

山のはじまり
ヒマラヤは2つのプレートの境目にある山脈です。プレートは数百万年かけてたがいに押し合い、地面を押しあげつづけて山脈をつくりました。今も毎年、およそ5ミリメートルずつ持ちあがっています。

地震

地震は、地面がゆれることです。「断層」という地殻の裂けめに沿って起きます。地震は規模が小さいと、人が揺れを感じる程度ですが、大規模になると、建物や道路に大きな被害をもたらすようになります。

> **つながるテーマ**
> 地球の中身…p.76
> 地球の表面…p.77
> 岩石と鉱石…p.84
> 変わりゆく地球のはなし
> …p.122-123
> 建物…p.217

地震はなぜ起きる
地面が押されたり引きのばされたりして、突然ずれ動くことにより、揺れが起きます。このときにできた裂け目を断層といいます。

断層は地殻の岩盤にできた裂けめです

強いゆれはビルをたおし、道路をがたがたにして通れなくします。電気もとまります

地震が始まる震源の真上を「震央」といいます

断層の両側にある地面は、それぞれ反対の方向に動きます

地震の波は外に向かい、いろいろな方向にすばやく広がって地面をゆらします

地震が始まる場所を「震源」といいます

おそろしい津波
いちばん大きな地震は、海の下で起きます。地震で海の表面がもり上がると、津波という巨大な波が起こり、たいへんな被害をもたらします。

海面がもり上がります

津波が建物より高くなることもあります

地震が海の底を押しあげます

サンアンドレアス断層
アメリカのカリフォルニア州を切るように走る大きな裂けめで、2つの巨大なプレートがそこで接しているしるしです。およそ10年ごとに、大きな地震がここで起きています。

火山

火山とは、マグマとよばれる地下でとけている岩石が、地表をやぶり出た場所のことをいいます。マグマは、地表に出てきたら、溶岩とよばれるようになります。世界中で毎年、50から70の火山が噴火しています。

つながるテーマ
地球の中身…p.76
地球の表面…p.77
地震…p.78
岩石輪廻…p.80
岩石と鉱石…p.84

火山の噴火
噴火にはいろいろな種類があります。溶岩がゆっくり流れだすものもあれば、噴水のようにふきだすときもあります。ガスや灰、岩をいきおいよく飛ばす噴火もあります。

溶岩の細かいかけらが火口のまわりにふりつもり、円すい形の山になります

マグマの中のガスが爆風となって、空高く上がります（これを溶岩泉といいます）

噴火直後の溶岩の温度は約1000度です

とけた岩がゆっくり流れて川になったものを「溶岩流」といいます。溶岩流は、通り道にあるものを沈めたり、押しつぶしたりします

火山のいろいろ
火山には、さまざまな形と大きさがあります。いちどの噴火で円すい形の小さな丘になるものもあれば、噴火を重ねて巨大な山になるものもあります。

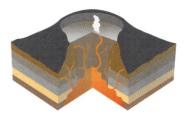

カルデラ
大噴火が「カルデラ」という巨大なクレーター（くぼんだ地形）を残します。水がたまって、湖になることもあります。

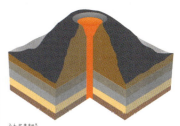

噴石丘
溶岩の冷えたかけら（噴石）が積み重なったものを「噴石丘」といいます。よく見かける、いちばん小さい火山です。

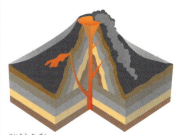

成層火山
灰や溶岩が何度も噴火してふりつもり、層をなしています。傾斜のきつい円すい形の火山です。

岩石輪廻(がんせきりんね)

岩はとてもかたいものですが、ずっと変わらないわけではありません。雨や風、氷が岩を、たえずすり減らします。いっぽう、海の底では、火山によって新しい岩が生まれます。このサイクルを「岩石輪廻」といいます。

つながるテーマ
地球の中身…p.76
地球の表面…p.77
火山…p.79
侵食…p.81
山…p.82
岩石と鉱石…p.84

岩は生まれかわる
マグマが地表近くで冷やされてできる火山岩は、海に流され海底にたまり、押しつぶされて新たな岩となります。さらに地中深くへ沈むと、熱でとけてマグマになります。そして火山から吹き出し、冷やされると火山岩になるのです。

細かくなる
火山岩（マグマが地表近くで冷やされてできた岩）が雨や風、氷でけずられます。細かい岩のかけらは、雨で海に流されます。

積もる
火山岩のかけらは海の底に沈み、押しつぶされて堆積岩という岩になります。

冷える
マグマが地表近くにあらわれ、冷えて固まると火山岩になります。

変わる
堆積岩がじゅうぶん深く沈むと、その上に重なる岩の熱や重さで変成岩になります。

とける
地球の奥深いところはとても熱く、岩はどろどろにとけてマグマになります。マグマが地上へと押し出され、地表にあらわれたものが火山です。

熱で押しつぶされると
どんな岩も、岩にかかる熱や重さによって変成岩になります。屋根のかわらによく使うスレートも、変成岩の一種です。

岩の層
わたしたちのまわりにある岩は、たいてい堆積岩です。古い岩のかけらが、海底で何層にも重なってできたもので、砂岩も堆積岩の一種です。

侵食

侵食とは、岩やもろい石や土が自然にけずりとられ、地形が変わることです。風や川の流れ、氷、海、地すべりなど、いろいろなものが侵食を引きおこします。

> **つながるテーマ**
> 岩石輪廻…p.80
> 山…p.82
> ほら穴…p.83
> 川…p.96
> 氷河…p.98
> 天気…p.100
> 砂漠…p.152

侵食の進みかた

侵食は大量の岩や土を動かし、地形をつくりだします。雨や雪が多い山では、地形が変わるのが早く、砂漠のようなかわいた土地ではおそくなります。

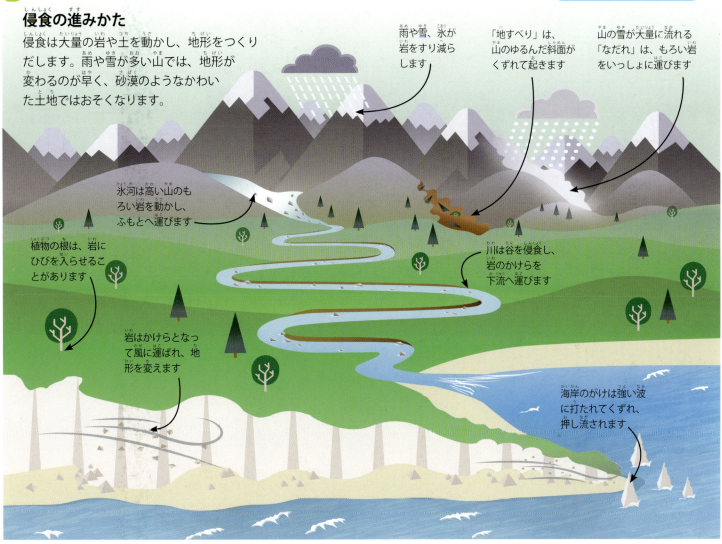

- 雨や雪、氷が岩をすり減らします
- 「地すべり」は、山のゆるんだ斜面がくずれて起きます
- 山の雪が大量に流れる「なだれ」は、もろい岩をいっしょに運びます
- 氷河は高い山のもろい岩を動かし、ふもとへ運びます
- 植物の根は、岩にひびを入らせることがあります
- 岩はかけらとなって風に運ばれ、地形を変えます
- 川は谷を侵食し、岩のかけらを下流へ運びます
- 海岸のがけは強い波に打たれてくずれ、押し流されます

風の彫刻

砂漠の強い風が吹きつけ、風に運ばれた岩や石のかけらが表面をけずったりして、長い年月をかけて、岩の形を変えてしまうことがあります。まるで風の彫刻です。

風が彫った岩

氷河の力

氷河は氷でできた川です。山の上のほうから、とてもゆっくり流れ落ちます。岩をまきこんで下ると、岩は地表をこすり、けわしい谷をけずりだします。

山(やま)

山は、地表からつき出た、岩の多い地形です。けわしい斜面があり、景色の中でひときわ高くそびえ立っています。山のてっぺんは頂上といい、高い山の頂上は、夏でも雪が残っています。

つながるテーマ
地球の表面…p.77
火山…p.79
岩石輪廻…p.80
岩石と鉱石…p.84
氷河…p.98

山は世界中に
どの大陸にも山があります。山がつらなった「山脈」は、長さが数千キロメートルにもなります。

アンデス山脈は、南アメリカ大陸のはしからはしまで続いています

山はどのようにできる
山は、何百万年もかけて形成されます。地殻の巨大な岩盤がたがいに押し合ううち、ぶつかるところの地面がもりあがって、山脈となります。

マッターホルンのとがった形は、氷が数千年前、ゆっくりと流れたなごりです

頂上

高い山のくらし
高山の動物は、酸素の少ないけわしい岩山で生きています。シロイワヤギは、がけをかけのぼるのがうまく、草木やコケを食べます。

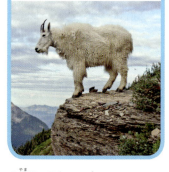

この山は、ヨーロッパのアルプス山脈にあるマッターホルンです

山の斜面に木がはえるいちばん高い場所を「高木限界」といいます

ほら穴

ほら穴（洞窟）は、地中に自然にあいた大きな穴です。水が何百万年も流れつづけ、岩をけずりだして、中をからっぽにしました。大むかしの人は、身を守るためにほら穴を使いました。イタリアのマテーラという地域では、今でもほら穴を住まいにする人びとがいます。コウモリなどのすみかにもなります。

つながるテーマ
住まいのはなし…p.46-47
侵食…p.81
岩石と鉱石…p.84
氷河…p.98
動物のすみか…p.160

中は別世界

地中のやわらかい石灰岩が雨水にとかされると、ほら穴ができます。鍾乳石や石筍といった美しい岩が、よく見られます。

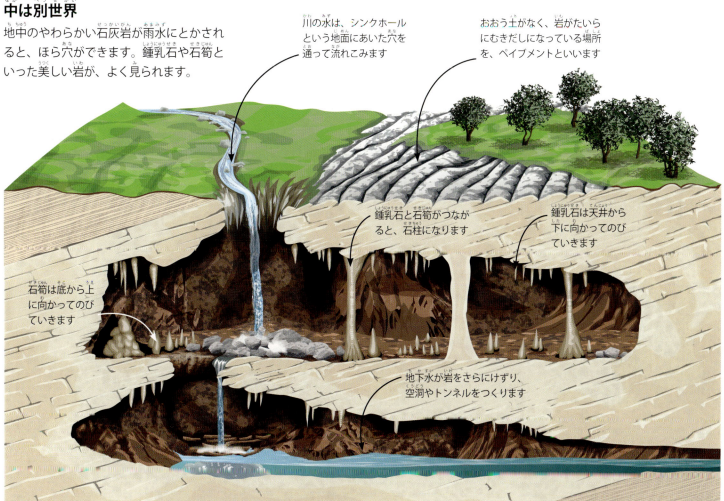

川の水は、シンクホールという地面にあいた穴を通って流れこみます

おおう土がなく、岩がたいらにむきだしになっている場所を、ペイブメントといいます

鍾乳石と石筍がつながると、石柱になります

鍾乳石は天井から下に向かってのびていきます

石筍は底から上に向かってのびていきます

地下水が岩をさらにけずり、空洞やトンネルをつくります

氷のほら穴

氷河はとてもゆっくりと流れる氷の川です。中にほら穴がある氷河もあります。氷河の中を通りぬける水の流れがつくりだしたほら穴です。

アイスランドの氷河にあいた氷のほら穴

世界一大きいほら穴

ベトナムにあるソンドン洞の高さは、40階建てのビルと同じ、大きさは世界一です。中には川や森があり、雲も発生します！

巨大なほら穴を通る川

岩石と鉱石

地表（地球の表面）は、自然の岩石でできています。岩石は、鉱石という物がまざり合ってできます。マグマが冷えて固まった岩石を火成岩といいます。そのうち、地表付近で急速に冷えて固まった岩石を火山岩、地下の深いところで時間をかけて固まった岩石を深成岩といいます。

つながるテーマ
地球の表面…p.77
火山…p.79
岩石輪廻…p.80
宝石の原石…p.85
元素…p.180
金属…p.181

岩石のいろいろ
岩がどのようにできたかによって、種類が分かれます。堆積岩、火成岩、変成岩の3種類があります。

堆積岩
鉱石の粒子がふりつもり、たがいに押しつぶし合って、ゆっくりと生まれます。

変成岩
地球の奥深くで、猛烈な熱と圧力によってできます。

火成岩
とけた岩石が冷えてかたまったものです。

鉱石のいろいろ
鉱石は自然に形づくられたものです。元素でできており、これ以上は分解できません。岩石は鉱石がたくさん寄せ集まってできています。

地球には**4000種類**くらいの鉱石があります

光る岩石
日の光ではわからないのに、「紫外線」を当てると色が変わる鉱石があります。下の岩石の写真で光っている鉱石は、方解石とケイ酸亜鉛鉱です。

蛇紋石　アメジスト　ガーネット　オパール

宝石の原石

宝石の原石は鉱石です。原石をカットして（切って）みがくと、かがやく宝石になります。指輪やブローチなどのジュエリーには、宝石がよく使われています。多くの宝石には色がありますが、ダイヤモンドのように、色のない宝石もあります。

つながるテーマ
お金…p.31
岩石と鉱石…p.84
金のはなし…p.86-87
貴金属・レアメタル…p.88
元素…p.180
金属…p.181

宝石をカットする
原石を宝石にするには、カットして、形を整えなければなりません。よく切れる道具で石を注意深くカットし、美しい形にしあげます。

カットする前のルビー

カットしたルビー

ジュエリーには宝石を
金や銀などの貴金属には、よく宝石がはめこまれます。ブローチやイヤリングといった、さまざまなジュエリーにも宝石が使われます。

ヘソナイト・ガーネット
レッド・オパール
ピンク・ルビー
アメジスト
ブルー・ダイヤモンド
スミソナイト
ガーネット
スペサルティン・ガーネット
レッド・ルビー
杉石（スギライト）
ブルー・サファイア
アイオライト
ターコイズ
エメラルド
トパーズ
トルマリン

切るとできる小さい面のことを「ファセット」といいます

ブルー・ダイヤモンドのように、びっくりするほど高価な宝石もあります

四角く切った形を「ステップ・カット」といいます

ハートのような形は「ハートシェイプ・カット」といいます

ファセットをたくさんつくると、宝石はきらきらかがやきます

色とりどりの宝石
原石の色は、鉱石の中にまざりこんだ「不純物」によって決まります。サファイアとルビーは、どちらも鋼玉という鉱石で、青や赤に見える不純物が入っています。

ダイヤモンドは、地球の奥深くで巨大な力によって押しつぶされた炭素からできました

せかいの
金のはなし

金は貴重な金属で、むかしからジュエリーや飾りものに使われてきました。ほんの少ししか取れないため、たいへん高価なものです。金にはきらびやかな歴史があり、今でも世界中で人気があります。

金の雨が降る
地球ができたころ、金やほかの金属は地球のまん中の「核」まで深く沈みました。地表近くで見つかる金は、そのあと宇宙からやってきたものです。たくさんの小惑星が地球にはげしくふりそそいで、金をもたらしました。

この金のマスクは、ギリシャ神話の英雄アガメムノンだといわれます

ゴールドラッシュ
金のかたまり1つで、人の一生が変わった時代があります。アメリカでは1800年代に金鉱（金がとれる鉱山）が見つかり、「ゴールドラッシュ」が始まりました。何十万人もの採掘者が、金をほりあてて金持ちになろうと、アメリカに押しよせたのです。

金のかたまり

世界でもっとも金を保有している国は**アメリカ**です

大きな金鉱では、地中深くにものすごく大きなあなをほります

金のほりかた
地表でときおり見つかる金のかけらは、手で集めることができます。地中の深くにある大きなかたまりは、「採鉱」というやりかたでしか、ほりだせません。今は大型の機械を使い、わずかでも金をふくんだ岩のかたまりをほります。

永遠のかがやき
装飾品として使われた最古の金属は、金だといわれています。金は美しくかがやき、やわらかくて曲がりやすいので、細やかなかざりのある指輪や腕輪、ネックレスなどをつくるのにぴったりです。

世界でいちばん古い硬貨は、金と銀をまぜた「こはく金」でつくりました

金の硬貨
世界で最初の金貨は、紀元前7〜6世紀ころにリュディア国でつくられたといわれます。むかしは、金や銀などの貴金属で硬貨をつくりましたが、今はたいてい、銅やニッケル、亜鉛といった安い金属でつくります。

金ぱくでかざった聖典の写本（手で書き写した本）

金ぱく
金は何百年もむかしから、寺院や芸術品、オブジェなどをかざるのに使われてきました。金はかたまりでも使いますが、うすく引きのばして、美しい紙のような「金ぱく」にして使うこともあります。金ぱくは、本や絵をかざるのに使われます。

1969年に月面着陸した宇宙船の模型

金色の宇宙船
宇宙船や人工衛星の一部に、厚めの金ぱくをはることがあります。宇宙で太陽光線を浴びると宇宙船がいたみますが、金はこれをはね返して、宇宙船を守ってくれるのです。

宇宙用ヘルメットのひさし（バイザー）には、飛行士を熱から守る金がうすくはってあります

このマスクは、考古学者が1876年に古い墓所で見つけました

貴金属・レアメタル

貴金属やレアメタルとは、貴重で価値の高い金属のことです。地中にあるか、ほかの元素とくっついて岩の中に見つかります。貴金属の中で、金と銀はとくに人気が高く、むかしから大切にされてきました。めったに見つからないレアメタルには、プラチナやパラジウムなどがあります。

> **つながるテーマ**
> お金…p.31
> 岩石と鉱石…p.84
> 金のはなし…p.86-87
> 元素…p.180
> 金属…p.181
> 飛行機…p.214

金
純金（まじりけのない金）はとてもやわらかい金属です。かたいほうが使いやすいため、ほかの金属を少しまぜて使います。

携帯電話はごくわずか、0.025グラムほど金を使います

金のイヤリング

古代エジプト人の棺のマスク（面）には、金ぱくがはってあります

最高級のフルートは純銀でできています

フォークとナイフ

銀
銀は金や水銀とならぶ貴金属で、大むかしから使われてきました。DVDや鏡、フォークやナイフにも、銀が使われています。

銀は今も、いろいろな電池に使われます

DVD

もっとも価値の高い硬貨には、むかしから金を使いました

鏡

プラチナののべ棒

車につける触媒コンバーター（車が出したガスをきれいにする装置）には、プラチナを使います

ペースメーカー（心臓の動きを保つ装置）にもプラチナを使います

ジュエリーにはプラチナをよく使います

プラチナを使った腕時計

プラチナ
プラチナは1年に数百トンしか取れないので、大切に少しずつ使います。

> ### ベリリウム
> ベリリウムは青みがかった灰色の金属で、めったに見つかりません。コンピューターや飛行機、医療機器などに使われます。
>
> **戦闘機**

88

化石

化石は、大むかしの植物や動物の死がいで、多くは骨や貝がらが石になったものです。ビルくらいの大きさの化石もあれば、特殊な装置を使わないと見えないくらい小さな化石もあります。

つながるテーマ
岩石輪廻…p.80
化石燃料…p.91
恐竜…p.125
先史時代の生きもの…p.126
骨格…p.266

きめ細かい岩の中では、きれいなまま見つかります

恐竜の化石
動物の体が、まるごと化石でみつかることがあります。これはコエロフィシスという小さな恐竜の骨格です。

するどい歯を見れば、肉食だとわかります

大むかしに恐竜がいたことがわかるのは**化石のおかげ**です

骨格まるごとの化石は、とてもめずらしいものです

化石ができるまで

化石になるには、動物や植物が死んで、すぐ何かにおおわれなければなりません。それから何百万年という時間がかかります。

1億4700万年前

死ぬ
死んだ恐竜の体が、川のそばのやわらかいぬかるみに沈みます。

1億年前

うまる
どろや砂、灰が恐竜をおおい、肉はくさってなくなります。

200万年前

石になる
うまった骨格が、だんだん石になります。

5年前

発見される
化石になった骨格が、数百万年して見つかります。

炭素の循環

炭素という元素がなければ、この世界はこおってしまい、生きものもいなくなります。炭素は、動植物や大気、海、陸地のあいだを、いつもめぐっています。これを「炭素の循環」といいます。

つながるテーマ
化石燃料…p.91
公害…p.92
気候の変動…p.103
元素…p.180
気体…p.185
大気圏…p.258

炭素は動く
炭素は空気中で酸素と結びつき、二酸化炭素（CO_2）という気体になります。

炭素は二酸化炭素となって大気中にいます

植物は日光と二酸化炭素を取りこんで栄養にします

動物は二酸化炭素をはき出します

工場は大気中に二酸化炭素をはき出します

植物は、出すよりも多く二酸化炭素を取りこみます

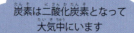

海は二酸化炭素を取りこみます

動物は植物を食べて炭素を取りこみます

動物は死んだあと、またはふんから二酸化炭素を出します

海の生きものの死がいは、二酸化炭素を出したり、岩や、石油などの化石燃料になります

かれた植物はくさり、長い時間をかけて、石炭などの化石燃料になります

化石燃料をほり出して燃やすと、二酸化炭素が出ます

その他の元素 17%
炭素 18%
酸素 65%

体内の炭素
人の体のおよそ5分の1は、炭素でできています。人が死ぬと、体は土にかえり、炭素はひとりでに循環します。

地球の温度を保つ
大気中の二酸化炭素は、地球のまわりを毛布のようにつつみ、太陽の熱を閉じこめます。二酸化炭素がなければ、地球はずっと寒かったでしょう。

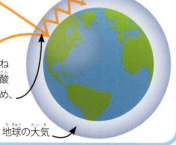

太陽

日光の一部ははね返り、一部は二酸化炭素が閉じこめ、熱を保ちます

地球の大気

化石燃料

化石燃料とは、生物の死がいが何億年もかけて地中で変化してできた燃料のことです。化石燃料を地下からほりだしたり、くみ出したりして、それを燃やすと、乗りものを動かしたり、電気をつくりだすエネルギーになります。化石燃料には、石炭、石油、天然ガスの3種類があります。

つながるテーマ
産業革命…p.70
化石…p.89
炭素の循環…p.90
公害…p.92
気候の変動…p.103
恐竜…p.125

どうやってできる
海の生物の死がいや、植物のくさったものからできます。これらが長いあいだ、積み重なった岩や土の層の下に深くうまり、土の熱や重みによって化石燃料に変わります。

石炭
深い地下にある炭鉱（石炭がとれる鉱山）や、地上のおおがかりな露天掘の炭鉱からほりだされます。

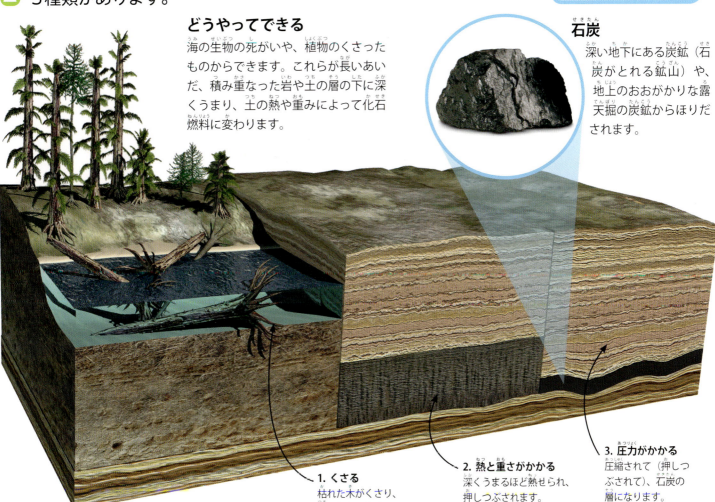

1. くさる
枯れた木がくさり、土にうまります。

2. 熱と重さがかかる
深くうまるほど熱せられ、押しつぶされます。

3. 圧力がかかる
圧縮されて（押しつぶされて）、石炭の層になります。

電気をつくる
発電所で化石燃料を燃やして電気をつくります。燃やすと空気がよごれることは、もう何十年も前からわかっています。

発電所の冷却塔

石油と天然ガス
石油は地面にあなをあけて、地中からくみ出します。乗りものの燃料や、プラスチックの材料にします。天然ガスも地中から取りだし、建物の暖房などに使います。化石燃料には限りがあり、使いつづければ、やがてなくなります。

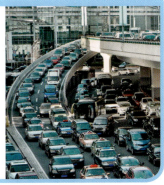

公害

生きものに害のあるよごれた物質が、あちこちにはき出されることを、「公害」といいます。野生動物が死んだり、人が病気になったりしますし、自然ゆたかな土地がよごれたり、住んでいた場所に住めなくなったりします。公害は、地球の温度も上げています。

つながるテーマ

産業革命…p.70
気候の変動…p.103
リサイクル…p.104
農業…p.105
自動車…p.209
工場…p.220

空気をよごす
自動車や工場、発電所などは、よごれたガスを空気中にはき出します。このガスが病気を引きおこし、川や海をよごし、地球の温度を上げます。

土をよごす
ごみすて場から出る有害な物質は、土にしみこみ、川に入ります。農薬はミツバチなどの虫を殺し、作物を食べた人を病気にすることもあります。

水をよごす
プラスチックのごみは海に流れつき、海の生きものが飲みこんでしまいます。工場から出るよごれた水や、家庭の下水は、川や海をよごします。

海にたまるごみ
海にすてられたプラスチックは、海流に乗って、大量のごみが集まる一帯（ごみベルト）に流れつきます。北太平洋に浮かぶ「太平洋ごみベルト」は、今やアメリカの陸地より広いといわれます。

水の循環

地球にある水の量はいつも同じで、海、川、帯水層（土の中の水がたまる層）、氷河、大気のあいだを、つねに動いています。止まることのないこの水の動きを「水の循環」といいます。

つながるテーマ
水のはなし…p.94-95
川…p.96
湖…p.97
氷河…p.98
海…p.99
雲…p.101

水はめぐる

大気や海、陸にある水は、つねに変化しています。

大気中の水は、小さい水や氷のつぶで雲を形づくっています

雲に水がじゅうぶんたまると、雨や雪、ひょうになって大地にふります

雨水や雪どけ水は土にしみこみ、帯水層という地下の湖ができます

海の水は蒸発して（気体となって）大気にうつります。植物は蒸散というはたらきで、大気中に水蒸気を出します

雨水や雪どけ水は川に流れこみ、海にたどりつきます

水がささえる命

地球に水がなければ、生きものはいなくなってしまうでしょう。かわいた砂漠の植物や動物でさえ、生きるためには水が必要です。

水の循環を止める

人間はさまざまな方法で、水の循環を止めています。ダムで川をせきとめ、地下から水をくみ上げ、洗濯したり、さらを洗ったり、飲んだりするために、水を使うからです。

せかいの 水のはなし

水は、身のまわりのどこにでもあります。地球上の海や湖、川、雪、氷、空の雲まで、みんな水からできています。人間もふくめ、あらゆる生きものはほとんど水でできており、水なしでは地球に命は生まれません。

青い惑星

地球のおよそ4分の3は海です。陸地にも、川や湖があちこちにあります。北極と南極に近い極地方は、氷や雪といった凍結した水（固体の水）におおわれています。

水のなりたち

水は、「分子」というとても小さい物質からなります。1個の水分子は、酸素原子（O）1個と水素原子（H）2個がくっついてできているため、水はH_2Oともいいます。

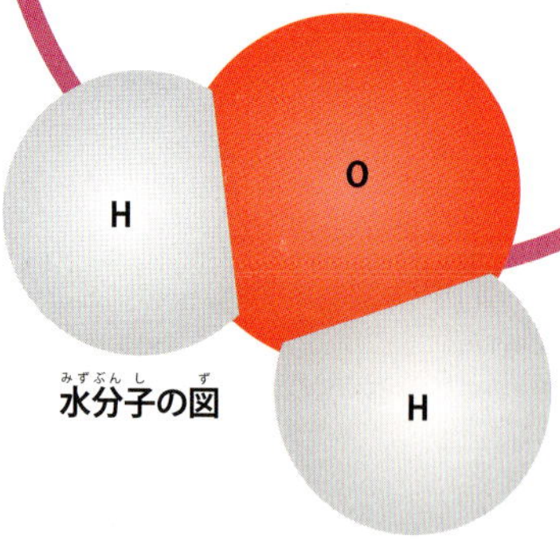

水分子の図

魚はえらという器官を使い、酸素を水から取りだして呼吸しています

地表のすべての水のうち、96パーセント以上は塩からくて飲めません

地球

水の力

水をはげしく流してエネルギーをつくろうと、水力発電の巨大なダムが、世界中にあります。水は、ダムを通りぬけることでタービン装置を速く回し、電気を生みだします。

水力発電をするダム

地上の氷や雪のおよそ90パーセントは、南極点を囲む南極大陸にあります

地球の水のうち、真水はたった2.5パーセントしかありません。そのほとんどは、川か湖、氷河です

小麦をひいて粉にする石

メソポタミア産の麦

川が育てた都市

世界でいちばん古い文明は、チグリス川とユーフラテス川のほとりのメソポタミア（今のイラクのあたり）で生まれました。川のおかげで、飲み水や、作物を育てる水が手に入り、人や物の行き来もできました。

作物を刈る石のかま

カヤック

ウォータースポーツ

もし水がなかったら、楽しみはずいぶん減るでしょう。泳ぐ場所はないし、サーフィンやカヤックやヨットといったウォータースポーツもできません。雪がなければ、スキーもそりもできないし、雪だるまもつくれません。

スポーツやレジャーで汗をかくと、体内の水が減ります

環境に悪いこと

1年に2000億本以上のペットボトルが、世界中で使われます。ペットボトルは、つくるたびに有害なガスを空気中に出し、リサイクル（再利用）されるのは5本のうちたった1本。残りはごみになります。

つくりすぎのペットボトル

川(かわ)

山の上で生まれた小さな流れが、下っていくうちに川となり、海まで流れていきます。たくさんの命が、川にはぐくまれます。人は、川を使って物を運び、作物を育てます。ヨット遊びや魚つりの楽しみも、川があればこそです。

つながるテーマ
水の循環…p.93
水のはなし…p.94-95
湖…p.97
氷河…p.98
天気…p.100
農業…p.105

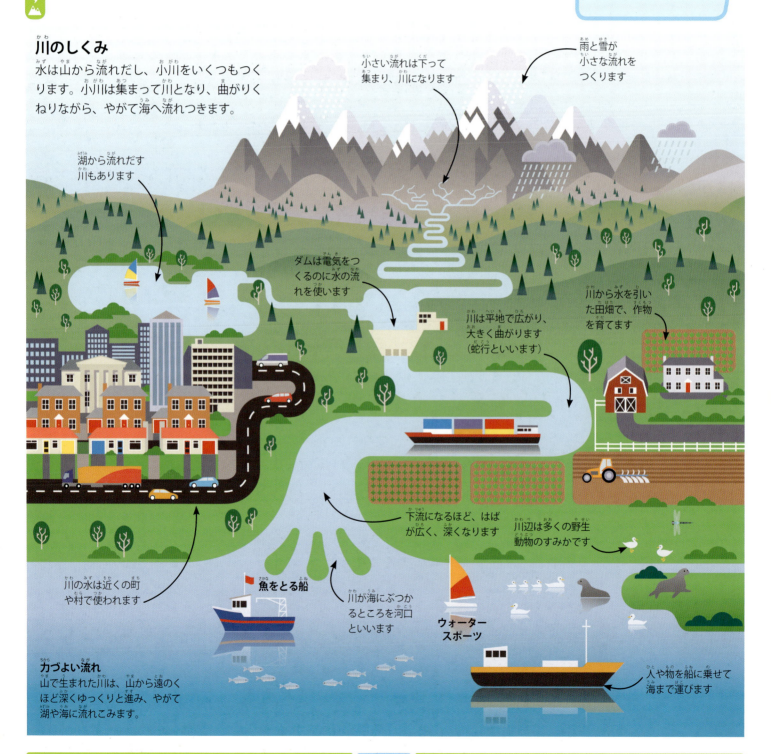

川のしくみ
水は山から流れだし、小川をいくつもつくります。小川は集まって川となり、曲がりくねりながら、やがて海へ流れつきます。

力づよい流れ
山で生まれた川は、山から遠のくほど深くゆっくりと進み、やがて湖や海に流れこみます。

湖
みずうみ

湖とは、まわりを陸地に囲まれた大きな水たまりです。たいてい真水ですが、塩水の湖もあります。山がちな土地や大きい川のそばによくあり、まわりの川から水が流れこみます。ほとんどの湖は自然にできたものですが、貯水池のように人がつくった湖もあります。

> **つながるテーマ**
> 水の循環…p.93
> 水のはなし…pp.94-95
> 川…p.96
> 気候の変動…p.103
> 農業…p.105
> 工場…p.220

湖のめぐみ

湖は工場や畑に水をあたえ、エネルギーも生みだします。ウォータースポーツや家庭でも、湖やその水を使います。

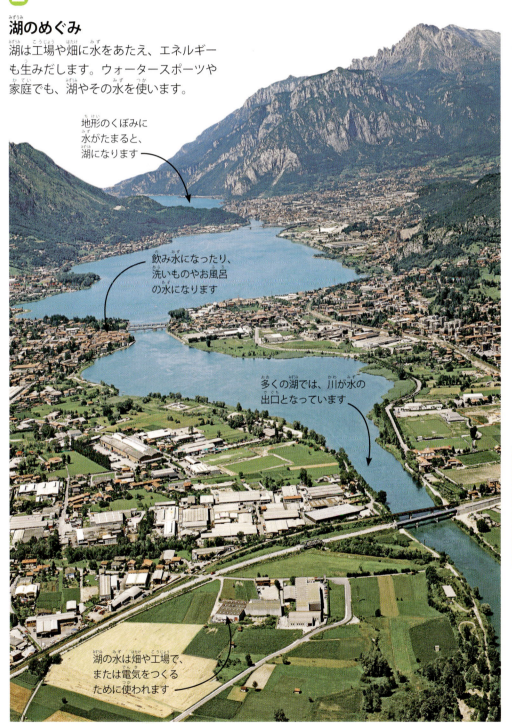

- 地形のくぼみに水がたまると、湖になります
- 飲み水になったり、洗いものやお風呂の水になります
- 多くの湖では、川が水の出口となっています
- 湖の水は畑や工場で、または電気をつくるために使われます

三日月湖

川は、流れる道すじを変えることがあります。曲がった部分が、流れから切りはなされると、三日月のような形になります。これが三日月湖です。

流れが大きく曲がり、蛇行をします

川は近道をつくって、流れる道すじを変えます

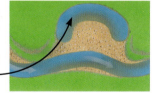

新しい流れがもとの流れから切りはなされ、三日月湖ができます

消える湖

雨の降らない日が続いたり（干ばつ）、気候が変わると、湖は干上がることがあります。雨が降れば回復しますが、干上がったままの場合もあります。

氷河

氷河は、ゆっくりと動く氷の川です。山の高いところや、北極、南極などの極地にでき、低いほうへ流れます。氷河がとけると、川や湖になります。海岸までたどりつくと、巨大なかたまりがわれてくずれ、氷山となって海に浮かびます。

つながるテーマ
侵食…p.81
山…p.82
気候の変動…p.103
南極…p.117
北極 p.118
変わりゆく地球のはなし
　…p.122-123

氷河のなりたち

氷河はもともと、雪が積みかさなって氷になったものです。氷がふえると、やがて山を下って流れはじめます。

表面の黒いすじは、氷河に引きずられた岩です

とけた氷は、氷河の先でよく湖になります

山の斜面がすり減って、ピラミッドのような形ができることもあります

氷河の跡

世界には、むかしはもっと寒くて、氷河におおわれていた地域があります。気候があたたかくなるにつれ、氷河はとけてなくなりましたが、地形の中に、氷河があったとわかる跡が残っています。

U字型の谷
氷河の氷と岩が、山の中腹をけずり、切り立った谷をのっぺりしたU字型にしました。

とがった尾根
やせ尾根（アレート）といい、むかし氷河があった谷を2つに分けるとがった岩の尾根です。

巨大な岩
氷河は巨大な岩をひろいあげ、はるか遠くまで運び、落としました。これを迷子石といいます。

海

海は、地球の3分の2以上をおおっています。世界中の水のほとんどは海にあり、いろいろな形と大きさの生きものをはぐくみます。海のいちばん深い部分は、まだよく調べられていません。

つながるテーマ
水のはなし…p.94-95
潮の満ち引き…p.124
サンゴ礁…p.153
海岸…p.156
探検のはなし…p.260-261

海の深さによって
深さによって、海はいくつかの層（ゾーン）に分かれます。いちばん深い層は、海面から10キロメートル以上も下です。

有光層
日光をたくさん受けるところで、海の植物と動物がもっとも多くすんでいます。

薄光層（透光層）
日光はあまりとどきません。ここにすむ生きものの多くは、体の一部が暗やみで光ります。

無光層
1000メートル以上も深いところです。光を発する生きものがいるほかは、まっ暗やみです。

深海層
海のいちばん深い層で、まっ暗やみの中に、風変わりな生きものがすんでいます。

世界の海
地球には大きな海が5つあります。太平洋はいちばん大きく、世界の塩水の半分はここにあります。いちばん小さいのは北極海で、こおりついたところもあります。

海中にふき出るけむり
熱いお湯が海底のところどころからふき出し、ブラックスモーカーという煙突のような形になることがあります。ふき出すお湯は、まわりの水がふくむミネラルによって、白かったり黒かったりします。

天気

天気とは、大気や空の状態のことをいいます。晴れたりくもったり、風が強かったりおだやかだったり、雨が降ったり霧が出たり、さまざまな現象が起こります。熱帯は一年じゅう暑く晴れていますが、それより北や南の地域では、その日によって天気が変わります。

つながるテーマ
水の循環…p.93
雲…p.101
暴風雨…p.102
季節…p.121
変わりゆく地球のはなし
　　　　…p.122-123
大気圏…p.258

晴れる
太陽がまぶしくかがやくときは、たいていあたたかく、すんだ青空が広がります。植物はこういう天気のもとでよく育ちますが、暑すぎたりかわきすぎたりすると、かれてしまいます。

風がふく
風は空気の流れです。どこからふくかによって、風はあたたかくなったり、冷たくなったりします。風があまりに強いと、建物がこわれたり木が倒れたりします。

雨が降る
雨は、雲から落ちる水の小さなつぶです。雨は植物が育つのに必要ですが、降りすぎると洪水が起きます。気温がとても低いとき、雨は雪になります。

霧が出る
霧ともやは水の小さなつぶで、雲が地上に降りてきたようなものです。濃いほうが霧、うすいほうがもやです。車で霧の中を走るのは、前がよく見えないので、注意が必要です。

雲

雲は、水や氷の小さなつぶでできています。しめった空気が上昇して冷えると、雲になります。雲は、雨や雪やひょうを降らせるだけでなく、地球の気温を上げたり下げたりします。

つながるテーマ
水の循環…p.93
水のはなし…p.94-95
天気…p.100
暴風雨…p.102
気体…p.185
温度…p.199

雲のいろいろ

雲には、いろいろな種類があります。高い空に浮かぶ雲、地面にはりつくようにただよう雲、白くてふわふわした雲もあれば、黒くあらあらしい雲もあります。

地上10キロメートルくらい

巻雲（すじ雲）
大気のとても高いところにできる、かぼそい雲です。

巻積雲（うろこ雲）
秋の空でよく見られます。

高層雲（おぼろ雲）
空にうすい膜を張りわたします。

地上5キロメートルくらい

巻層雲（うす雲）
氷の小さな結晶でできたうすい雲です。5～10キロメートルの高さによくできます。

高積雲（ひつじ雲）
小さくちぎれて、ヒツジの群れのようになります。

地上2キロメートルくらい

層雲（きり雲）
うすく広がった雲で、乱層雲と同じくらい低いところにできます。

層積雲（うね雲）
大きい雲で、空にでこぼことした重なりをつくります。

積乱雲（かみなり雲）
大きくもくもくと立ち上がる入道雲で、雷雨のときによく見かけます。

乱層雲（あま雲）
高くはり出した灰色の雲で、雨や雪を降らせます。

積雲（わた雲）
ふわふわと重なる雲で、そよ風のふく晴れた日によく見かけます。

温度の管理人

雲は太陽から来る熱をはねかえし、地球が熱くなりすぎるのを防ぎます。また、雲より低い場所の温度を保つので、雲の多い夜は、晴れた夜とくらべてあたたかくなります。

太陽から来る熱をはねかえします

地球がはねかえす熱を閉じこめます

UFO？

山など高地の後ろに守られた空気の中では、動かない雲がレンズのような形になります。まるでUFO（未確認飛行物体）みたいですね！

暴風雨

暴風雨（あらし）ははげしい風をふかせ、雨や雪やひょうを降らせ、かみなりやいなづまをともない、ちりや砂などをふきあげます。洪水などの大きな被害をもたらすこともあります。暴風雨は、地域によって台風とよばれたり、ハリケーンとよばれたりします。

> **つながるテーマ**
> 侵食…p.81
> 水の循環…p.93
> 天気…p.100
> 雲…p.101
> 気候の変動…p.103
> 電気…p.194

熱帯生まれの巨人
台風やハリケーンは、暑い地方のあたたかい海の上で生まれ、たいへん大きな被害をもたらします。小さいあらしが集まって、大きなうずまきになると発生します。

うずのまん中はおだやかで、風はほとんどありません。ここは「台風（ハリケーン）の目」とよばれます

いちばん強い風は、台風やハリケーンの目のまわりでふきます

ハリケーンにはアレックス、マシュー、パトリシアなど、人の名前がつけられます

雷雨
夏のあらしには、かみなりといなづまがつきものです。大雨やひょうを降らせ、物をこわし、洪水を引き起こします。

竜巻
竜巻はものすごい速さでまわる「空気の柱」で、はげしい雷雨のときに生まれます。竜巻は、通り道にあるすべてのものをまきあげ、こわしていきます。

気候の変動

気候とは、ある土地の平均的な天気のことです。人のくらしかたのせいで地球の気候が変わり、少しずつあたたかくなっています（温暖化といいます）。このことが、雨がいつまでも降らない干ばつや、はげしい暴風雨など、今までにはあまりなかった天気を引きおこします。多くの国は今、気候の変動をおさえようとこころみています。

つながるテーマ
産業革命…p.70
炭素の循環…p.90
化石燃料…p.91
公害…p.92
暴風雨…p.102
北極…p.118

1年間に **350億トン以上** もの二酸化炭素が出ています

温暖化の原因
発電所や工場、自動車などが、大量の二酸化炭素（CO_2）を大気中に出します。これが毛布のように地球をくるみ、太陽の熱を閉じこめて、地球をあたためるのです。

自動車の排気ガスは、気候を変える大きな原因のひとつです

気候は変わっている
以前とくらべて、夏が暑くなっています。また、洪水や干ばつ、とてもはげしい暴風雨がふえています。地球の温暖化によって、寒い地方の氷がとけ、海面が上がっています。

ニューオーリンズの洪水（アメリカ）

今できること
燃やすと二酸化炭素を出す燃料を、なるべく使わないようにするのが大事です。太陽光や風、水などのエネルギー源を使えば、二酸化炭素の量を減らせます。

ソーラーパネルは太陽光からエネルギーをつくり、害のあるガスを出しません

リサイクル

リサイクルとは、ごみを燃やしたりうめたりしないで、もう一度使ったり、新しくつくりなおすことです。紙やガラス、金属、プラスチックから、電話やコンピューターまで、なんでもリサイクルできます。リサイクルがふえるほど、地球にあたえる害を減らせます。

> **つながるテーマ**
> 公害…p.92
> 気候の変動…p.103
> 変わりゆく地球のはなし
> 　　　　　…p.122-123
> 金属…p.181
> プラスチック…p.182
> コンピューター…p.227

紙と段ボール
使った紙と段ボールは、水につけてとかし、引きのばしてたいらにし、かわかします。そうすると、新しい紙製品につくりかえることができます。

食べのこし
食べのこしたものは、ブタやニワトリのえさになったり、作物を育てる肥料に使ったりできます。

プラスチック
ごみとしてすてられても、細かく切ってとかせば、新しくつくりかえることができます。

金属
飲みものや缶詰の缶は、とかして、もう一度缶にしたり、ほかの金属製品をつくったりできます。

ガラス
ガラスのびんは、きれいに洗ってまた使うか、とかして新しい物につくりかえられます。

電化製品
電話やパソコンは、修理して使ったり、貴金属の部品を取りはずして、また使ったりできます。

農業

農業とは、食料にするための作物や動物を育てることです。よくつくられる農作物には、米や小麦、野菜、くだものなどがあります。農場では、ウシやブタ、ニワトリ、ヒツジ、ときには魚も育てます。食肉だけでなく、ウシからは牛乳、ニワトリからは卵がとれます。

つながるテーマ
インカ…p.57
「食」のはなし
　　　　…p.106-107
植物…p.128
果実と種…p.131
魚類…p.138
食べもの…p.173

穀物をつくる
小麦や大麦、トウモロコシは広い畑でつくります。米は、あたたかい地方の田んぼで育ちます。これらの作物は「穀物」とよばれます。

動物を育てる
ウシ、ブタ、ニワトリなどを、大きな小屋や野外の牧場で育てます。ヤギやヒツジ、ラマなどは、荒地や山の多い土地でもかわれています。

野菜やくだものをつくる
ジャガイモやパイナップルは、野外でつくります。イチゴやピーマンは、一年じゅう、温室やビニールハウスで育ちます。

魚を養殖する
サーモン、タラなどの魚は海でとりますが、今では養殖（人工的に育て、ふやすこと）も多くなっています。あみの囲いやおりに入れ、湖や川、海でかって育てます。

せかいの「食」のはなし

食べると、体が元気になる栄養を取りいれられます。考えたり、歩いたり、遊んだり、働いたりするエネルギーのもと、それが食べものです。食べるのがきらいな人は、あまりいないでしょう。

食べものは世界をめぐる
むかしは、近くで育てたものを食べるだけでしたが、今では世界中のものが食べられます。それぞれの国に、伝統的な料理のレシピ（つくりかた）があり、好みの食べものがあります。

豆と野菜をそえたリブステーキ（アメリカ）

パエリア（スペイン）

ピザ（イタリア）

ケバブ（トルコ）

ドーサ（インド）

大むかしの食べもの

人の祖先は、肉や魚をもとめて狩りをし、くだものや木の実、根菜などを探しまわりました。火を使って、煮たり焼いたりして食べるようになったのは、40万年ほど前のことです。

火は料理に欠かせません

食べもののアレルギー

ある食べものを食べると、具合が悪くなる人がいます。その食べものに対して「アレルギー」があるのです。たとえば、貝、ピーナツ、乳製品などです。

ピーナツ

焼きそば（中国）

弁当（日本）

世界で13億以上の人が農業でくらしています

農業

農業は、今から約1万年前から行われていました。今では、世界の陸地のおよそ半分が、農地として使われています。肉や牛乳、卵をとるために動物を育てたり、米や小麦などの穀物を植えます。

小麦を刈りとるコンバイン

虫のたんぱく質

ミルワームなど、昆虫の幼虫を食べる国は、世界にたくさんあります。虫にも、動物と同じたんぱく質が多くふくまれているのです。虫を育てるのは、動物を育てるよりも場所をとらず、環境にもやさしいといわれます。

食用のミルワーム

宇宙で食べる

宇宙飛行士の食べものは、食べやすく、軽く、こぼれず、手早くつくれるようにできています。フリーズドライ（こおらせて乾燥させる）して袋に入れ、食べる前に水でもどします。

宇宙食

世界

地球上には、人間とすべての生きものがすむ世界があります。そのすがたは、地図で見ることができます。世界の4分の1ちょっとは陸地で、7つの大陸に分かれています。残りは水、つまり海です。

つながるテーマ
地球の表面…p.77
気候の変動…p.103
地図…p.109
変わりゆく地球のはなし…p.122-123
地球…p.240

人の住むところ

7つの大陸すべてに人が住んでいます。大陸は多くの国々の領土になっていますが、南極大陸はどこの国の領土でもありません。

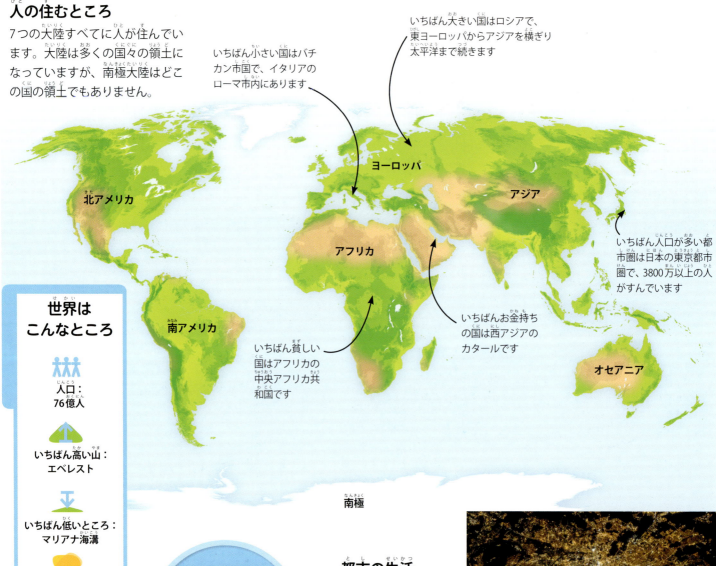

いちばん小さい国はバチカン市国で、イタリアのローマ市内にあります

いちばん大きい国はロシアで、東ヨーロッパからアジアを横ぎり太平洋まで続きます

いちばん人口が多い都市圏は日本の東京都市圏で、3800万以上の人がすんでいます

いちばんお金持ちの国は西アジアのカタールです

いちばん貧しい国はアフリカの中央アフリカ共和国です

北アメリカ
南アメリカ
ヨーロッパ
アジア
アフリカ
オセアニア
南極

世界はこんなところ

人口：76億人

いちばん高い山：エベレスト

いちばん低いところ：マリアナ海溝

いちばん大きい砂の砂漠：サハラ砂漠

いちばん長い川：ナイル川

世界にはおよそ76億の人びとがおよそ200の国にくらしています

都市の生活

世界の人のおよそ半分は、都市でくらしています。1000万人以上が住む「巨大都市」は36都市あります。

宇宙から撮った巨大都市——パリ（フランス）の夜景

地図

地図とは、その場所に何があるか、どうなっているかを示した図で、鳥になって上から見たように描かれます。世界地図から建物の見取り図まで、いろいろなものが地図になります。

> **つながるテーマ**
> 探検家…p.66
> 方位磁石…p.110
> ナビゲーション…p.201
> 物をはかる…p.207
> 乗りもののはなし
> 　　　…p.212-213
> 探検のはなし
> 　　　…p.260-261

地図を使うと
地図を見ると、その土地の高さがわかります。また、道の行く先や鉄道の路線を知ったり、病院や学校までの道を探したりするときに役立ちます。

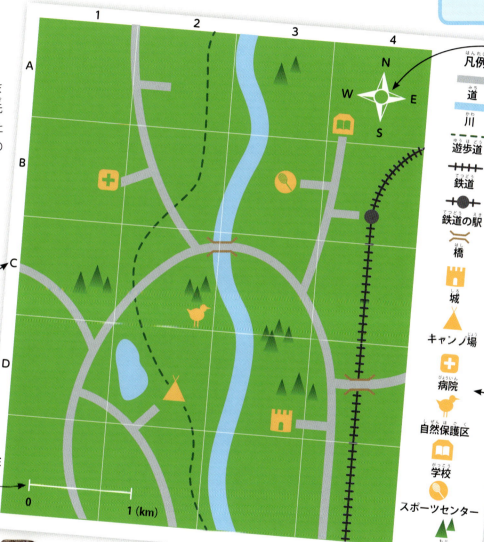

縦と横の格子（四角）で区分けされています

スケールバーを目やすにすれば、実際の距離がわかります

方位記号は方角をあらわします。「N（北）」とだけ書いた方位記号もあります

線や記号を使って、そこに何があるかを示します

ここにあげた記号は、日本の記号と少しちがいます

凡例: 道／川／遊歩道／鉄道／鉄道の駅／橋／城／キャンプ場／病院／自然保護区／学校／スポーツセンター／森

大むかしの地図
大むかしの地図は、あまりあてになりませんでした。左は2500年前の石の地図で、これを見ると、バビロン（今のイラク）の人びとが世界をどう見ていたかがわかります。

バビロンが世界の中心になっています

どうなる紙の地図？
紙の地図を使う人は、前よりも減っています。自動車ではカーナビが道を教えてくれますし、携帯電話（スマホ）やパソコンで地図をよびだして見ることもできるからです。

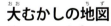

スマートフォンで見る地図

方位磁石（ほういじしゃく）

方位磁石（コンパス）は方角を教えてくれる道具です。行きたい方向を探す手がかりになります。まるいものが多く、ひとりでにまわる磁気を帯びた針がついていて、針はいつも北と南を指しています。

つながるテーマ
古代中国…p.53
地球の中身…p.76
地図…p.109
磁石…p.192
ナビゲーション…p.201

方位磁石の使いかた
磁石をたいらなところに置き、針の先がN（北）という文字の上にくるように、磁石を回して合わせます。北の方角がわかれば、ほかの方角もわかります。

進行矢
自分の行きたい方角をさすように、向きを変えられます。

羅針図
文字盤には、すべての方角が記してあります。これを羅針図といいます。

おもな方角
おもな方角は、北(N)、東(E)、南(S)、西(W)で、四方位といいます。

くわしい方角
東西南北のあいだにあるくわしい方角——北東(NE)、南西(SW)などが示されています。

方位磁針
磁気を帯びた針は、地球の磁場を見つけ、北－南の向きにそって止まります。北をさす針の先には、色かマークがついています。

方角は角度であらわします。たとえば、南西（SW）は225度です

プレートコンパス
プレートコンパスは底がすけているので、地図の上に置いて使えます。自分の今いるところや、行こうとする方角を知るのに、とても便利です。

新しい方位磁石
携帯電話（スマートフォンなど）には、たいてい磁気センサーが入っています。地球の磁場を見つけるので、方位磁石として使えます。

方角を示す携帯電話のコンパス

北アメリカ

北アメリカは、寒い北極地方から暑い中央アメリカまで、長くのびる大陸です。プレーリーという大草原が広がり、つらなる山々に森、砂漠もあり、五大湖とよばれる大きな湖のグループがあります。

つながるテーマ
アステカ…p.56
アメリカ先住民…p.65
アメリカ西部の開拓…p.67
南アメリカ…p.112
北極…p.118

北アメリカはこんなところ

人口：
5億7900万人

いちばん高い山：
デナリ（マッキンリー）

いちばん低いところ：
バッドウォーター

いちばん大きい砂漠：
グレートベースン

いちばん長い川：
ミズーリ川

自由の女神の像
93メートルの高さから、ニューヨーク港を見おろしています。1886年に建てられた彫像で、じつはフランスからアメリカへの贈りものでした。

ミシシッピ川
ミシシッピ川は北アメリカを流れるとても広い川です。物を運ぶ船も通るし、外輪船という川船で旅をする人もいます。

南アメリカ

南アメリカは、北のはしが北アメリカとつながるほかは、海に囲まれた大陸です。大陸の3分の1は、アマゾン熱帯雨林という、とほうもなく広いジャングルです。アンデス山脈が、大陸の西側にそってはるかにのびています。

つながるテーマ
インカ…p.57
探検家…p.66
世界…p.108
北アメリカ…p.111
両生類…p.140
多雨林…p.155

ガラパゴスゾウガメは150年以上も生きることがあります
ゾウガメ

南アメリカはこんなところ

人口：4億2250万人

いちばん高い山：アコンカグア

いちばん低いところ：カルボン湖

いちばん大きい砂漠：アタカマ砂漠

いちばん長い川：アマゾン川

平和の聖母像
食虫植物
アナコンダ
アマゾナス劇場
カヌー
ボゴタの大聖堂
ピラニア
パンヤの木（カポック）
カピバラ
クアレア・グランディフローラ
ケーナ
アンデスコンドル
ラマ
葦で編んだ船
サッカー
オサガメ
塩湖
パンパスグラス
コルコバードのキリスト像
ポロ（馬上の競技）
アンデスガン
ペリト・モレノ氷河
マゼランペンギン

アマゾンの熱帯雨林

世界最大の熱帯雨林で、数百万種の植物や動物がすんでいます。多くの先住民（ここに生まれた人びと）もくらしています。

石けん石（滑石）でできた高さ39メートルの像が、リオデジャネイロ（ブラジル）の町を見おろします

組み合わされた石がぴたりとはまるように建ててあります

マチュ・ピチュ

ペルーのマチュ・ピチュは、インカ帝国の皇帝パチャクテクが15世紀に建てた、山の上のみごとな都市です。毎年、とても多くの観光客がおとずれます。

モウドクフキヤガエルの皮ふには、強い毒があります

ヨーロッパ

ヨーロッパ大陸は、アジアにつながる東側をのぞいて、海に囲まれています。多くはたいらな土地ですが、アルプス山脈やピレネー山脈、カルパチア山脈といった高い山脈もあります。

つながるテーマ
古代ギリシャ…p.50
古代ローマ…p.51
第一次世界大戦…p.72
第二次世界大戦…p.73
アジア…p.115

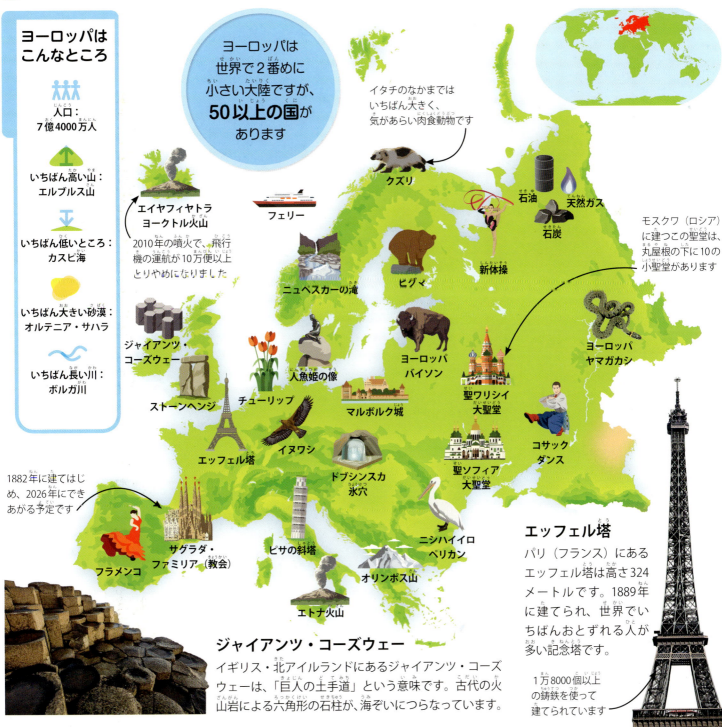

ヨーロッパはこんなところ

人口：7億4000万人

いちばん高い山：エルブルス山

いちばん低いところ：カスピ海

いちばん大きい砂漠：オルテニア・サハラ

いちばん長い川：ボルガ川

ヨーロッパは世界で2番めに小さい大陸ですが、**50以上の国**があります

イタチのなかまではいちばん大きく、気があらい肉食動物です
→ クズリ

エイヤフィヤトラヨークトル火山
2010年の噴火で、飛行機の運航が10万便以上とりやめになりました

フェリー

石油／天然ガス／石炭

新体操

モスクワ（ロシア）に建つこの聖堂は、丸屋根の下に10の小聖堂があります
→ 聖ワリシイ大聖堂

ニュペスカーの滝

ヒグマ

ヨーロッパバイソン

ヨーロッパヤマガカシ

ジャイアンツ・コーズウェー

ストーンヘンジ

チューリップ

人魚姫の像

マルボルク城

コサックダンス

聖ソフィア大聖堂

エッフェル塔

イヌワシ

ドブシンスカ氷穴

ピサの斜塔

ニシハイイロペリカン

1882年に建てはじめ、2026年にできあがる予定です
→ サグラダ・ファミリア（教会）

フラメンコ

オリンポス山

エトナ火山

ジャイアンツ・コーズウェー

イギリス・北アイルランドにあるジャイアンツ・コーズウェーは、「巨人の土手道」という意味です。古代の火山岩による六角形の石柱が、海ぞいにつらなっています。

エッフェル塔

パリ（フランス）にあるエッフェル塔は高さ324メートルです。1889年に建てられ、世界でいちばんおとずれる人が多い記念塔です。

1万8000個以上の鋳鉄を使って建てられています

アフリカ

アフリカはとても暑い大陸で、砂漠とかわいた大平原がどこまでも広がります。大陸のまん中は、多雨林におおわれています。この大陸は、数百万年前に人間がはじめて生まれた土地です。

つながるテーマ
人のはじまり…p.43
古代エジプト…p.49
世界…p.108
砂漠…p.152
生物の保護…p.164

砂漠に住むトゥアレグの人びとは、むかしから伝わる青いターバンを頭にまきます

レイヨウのなかまですが、数はとても少ないです。角が長く、120センチメートルもあります

ベドウィン族の人びとは、ラクダを使って、サハラ砂漠で品物を売り歩きます

マダガスカル島にすむサルです

アフリカはこんなところ
人口：12億1600万人
いちばん高い山：キリマンジャロ
いちばん低いところ：アッサル湖
いちばん大きい砂漠：サハラ砂漠
いちばん長い川：ナイル川

アフリカの動物
この大地には、さまざまな動物がすんでいます。人が管理する広い地域で、動物はのんびりと歩きまわります。野生の動物を見にくる観光客もいます。

キリンは世界一背の高い動物で、オスは5.5メートルあります

アフリカゾウは陸でいちばん重い動物です

古代のピラミッド
エジプトのピラミッドは、ファラオというエジプト王の墓で、4500年ほど前に建てられました。

数百万個の石を切り出して、ここまで運びました

アジア

アジアは地球でいちばん大きい大陸で、世界の人口の60パーセント以上がこの大陸に住んでいます。雪のとけない山々や、焼けつくほど暑い砂漠、おいしげる多雨林や砂浜の海岸まで、じつに地形の豊かな大陸です。

つながるテーマ
古代インド…p.52
古代中国…p.53
世界…p.108
地図…p.109
ほ乳類…p.144
建物…p.217

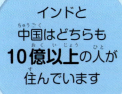

インドと中国はどちらも **10億以上** の人が住んでいます

アジアの北東部には、ヤクートとよばれる民族が住んでいます

- モモンガ
- ヤクートの人びと
- クロスカントリースキー
- バイカルアザラシ
- カムチャツカの温泉
- 重量あげ
- サイガ（オオハナレイヨウ）
- フタコブラクダ
- 紫禁城（故宮）
- タヌキ
- 東京スカイツリー
- スナネコ
- ブルジュ・ハリファ
- ヤク
- カラカル
- ジャイアント・パンダ
- イヌカラマツ
- 米
- 砂丘
- タージ・マハル
- インドゾウ
- シュエダゴン・パゴダ
- オランウータン
- ラフレシア
- トラジャ族の家

アジアのほとんどの国が、米を主食にしています

アジアはこんなところ

人口：44億3000万人

いちばん高い山：エベレスト

いちばん低いところ：死海

いちばん大きい砂漠：アラビア砂漠

いちばん長い川：長江

タージ・マハル
タージ・マハルは、インドでもっとも有名な白い大理石の建物で、1640年にできあがりました。皇帝シャー・ジャハーンの妻、ムムターズ・マハルの墓です。

パンダ
パンダは、中国の山にすむ、白と黒のめずらしい動物で、ほとんど竹を食べて過ごします。中国では平和と友情のシンボルです。

オセアニア

オセアニアは、オーストラリア大陸とニュージーランド、パプアニューギニア、フィジーなどの島からなります。太平洋の熱帯の島々も、オセアニアにふくまれます。カンガルーやコアラ、カモノハシ、キーウィなど、世界でもめずらしい野生動物のすみかです。

つながるテーマ

スポーツ…p.42
世界…p.108
アジア…p.115
鳥類…p.142
ほ乳類…p.144
砂漠…p.152
サンゴ礁…p.153

ニューギニアという島は、オセアニアとアジアに分かれます

オスはあざやかな色の羽で、メスをさそいます

極楽鳥（フウチョウ）

- ホオジロザメ
- アオバネワライカワセミ
- カモノハシ
- タツノオトシゴ
- ウォンバット
- ディンゴ
- イリエワニ
- グレートバリアリーフ
- イルカ
- ウルル
- コアラ
- オオボクトウの幼虫
- オパール
- セアカゴケグモ
- クリケット
- オーストラリアンフットボール
- スリー・シスターズ
- サーフィン
- タスマニアデビル
- マッコウクジラ
- タラナキ山
- キーウィ
- オールブラックス（ラグビーニュージーランド代表）

3000近いサンゴ礁が、集まってできています

地中にすみ、木の根を食べ、12センチメートルにもなります

犬くらいの大きさの、気のあらい肉食動物で、タスマニア島だけにすみます

じょうぶな足で走ったり、なわばりを争ったりします

ウルル（エアーズ・ロック）

オーストラリア大陸中央部にそびえるウルルは、砂岩でできた巨大な岩石です。数千年前からくらすアボリジニの人びとにとって、ここは特別な場所です。

キーウィ

ニュージーランドにすむ飛べない鳥です。ニワトリくらいの大きさですが、卵はニワトリの卵の6倍もあります。

オセアニアはこんなところ

人口：4030万人

いちばん高い山：ウィルヘルム山

いちばん低いところ：エーア湖

いちばん大きい砂漠：グレートビクトリア砂漠

いちばん長い川：マレー川

南極

南極は、世界で5番目に大きい、いちばん南の大陸です。とても寒くて、風が強く、陸地のほとんどは巨大な氷におおわれて、それが海まで続きます。冬はマイナス90℃にもなり、あらしのときは時速320キロメートルという、信じられないほどの風がふきます。

つながるテーマ
探検家…p.66
氷河…p.98
気候の変動…p.103
北極…p.118
変わりゆく地球のはなし
　　…p.122-123
鳥類…p.142

マジェランアイナメ

南極は**隕石の宝庫**です。黒い石は白い雪の中でめだちます

スイショウウオ

調査船

オオトウゾクカモメ

ユキドリ

ワタリアホウドリ

氷山は南極の氷床から大きくくずれ、北のほうへただよいます

氷山

ミンククジラ

シダの化石があるということは、大むかしの南極はもっとあたたかかったということです

ウエッデルアザラシ

シダの化石

マウント・ヴィンソン

南極点

ボストーク湖

ナンキョクオキアミ

氷のずっと下にあるボストーク湖まで、新しい生きものを探して、4キロメートルもほりすすんでいます

南極はこんなところ

人口：
4000人（夏季）

いちばん高い山：
マウント・ヴィンソン

いちばん低いところ：
ベントリー氷河底地溝

いちばん大きい砂漠：
南極大陸全体

いちばん長い川：
オニックス川

南極点をめざして

1911年、ノルウェーの探検家、ロアール・アムンセンは、イギリスのロバート・スコットと、どちらが早く南極点に着くかを争いました。勝ったのはアムンセンで、スコット隊は帰り道で迷い、全員が帰らぬ人となりました。

ヒョウアザラシ

スコット基地

エレバス山

アデリーペンギン

アムンセンは犬ぞりを使いました

大きなペンギン

南極のコウテイペンギンは、世界でいちばん大きなペンギンです。エサの魚やイカをもとめて、500メートルももぐります。

ヒナは海水の氷の上で大きくなります

北極

北極は、北極点を囲むこおりついた地域です。ほとんどは海で、ほぼ一年じゅう氷に閉ざされます。グリーンランドの大部分と、北アメリカ、ヨーロッパ、アジアの、いちばん北の地域もふくまれます。

つながるテーマ
海…p.99
気候の変動…p.103
世界…p.108
南極…p.117
北極と南極…p.157

寒い北極圏にすむには

北極圏は、アメリカ合衆国のおよそ倍の大きさです。ここにすむ動物は、寒さにたえて生きていかなければなりません。陸の動物は厚い毛皮や、空気をふくみやすい羽毛をもち、海の動物には、ぶあつい脂肪の層があります。

レミングはネズミのなかま。草食で、巣あなをほってすみます

ロシア極北地方に住むネネツの人びとは、トナカイの群れをかい、トナカイの皮でつくったテントでくらします

北極はこんなところ

人口：
夏は50万人以上。
冬は夏より少ない

いちばん高い山：
ギュンビョルン山
（グリーンランド）

いちばん低いところ：
北極海

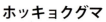
いちばん大きい砂漠：
北極砂漠

5500万年も前、北極はとても暑くて、氷はなく、海にはワニがいたそうです

北極海の氷がとける

地球はどんどんあたたかくなり、北極海の氷はとけつづけています。今では、北極海を船でわたり、大西洋と太平洋を行き来できるほどです。

ホッキョクグマ

ホッキョクグマは、北極の海氷の上を動きまわり、アザラシをつかまえてくらします。気候変動のせいで氷がとけつづけているため、ホッキョクグマは生活する場所が減り、アザラシをつかまえるのもむずかしくなっています。

標準時間帯

今このとき、世界中の時計が、同じ時間をさしているわけではありません。同じ時間にすると、正午なのに暗い地域や、午前0時なのに明るい地域ができてしまいます。それではこまるので、世界の時間は「時間帯」という24の地域に分けられています。となり合う時間帯では、1時間の差があります。

つながるテーマ
世界…p.108
地図…p.109
昼と夜…p.120
飛行機…p.214
時計…p.223
太陽…p.254

世界は今、何時？
時間帯は、ロンドン（イギリス）にあるグリニッジの時間をもとにしており、グリニッジ標準時といいます。グリニッジより西では、時間が標準時より先に進み、東ではあとになります。

ロンドン　正午

パリ　午後1時

ベルリン　午後1時

北京　午後8時

ニューヨーク　午前7時

ロサンゼルス　午前4時

マラケシュ　正午

モスクワ　午後3時

シドニー　午後10時

カイロ　午後2時

リオデジャネイロ　午後6時

ケープタウン　午後2時

ロシアはとても大きな国なので、ロシアの中だけで**時間帯が11**もあります

日時計
時間帯が考えだされる前、人びとは日時計を使い、太陽が空のどこにいるかで時間を割りだしました。日時計の文字盤に落ちる針の影で、時間がわかります。

針の影が時間を示します

時差ボケ
海外旅行をするとき、短いあいだに時間帯をいくつも通ると、体がおかしくなります。時計の時間と体内のリズムがずれるからです。これを「時差ボケ」といい、つかれたり、頭が痛くなったり、眠れなくなったりします。

昼と夜

明るい昼と暗い夜があるのは、地球が自分で回転しているからです。これを「自転」といいます。回転しながら、太陽のほうを向いている面は昼になり、太陽の反対側にいる面は夜になります。地球が1回転して、昼と夜が1回ずつ過ぎると「1日」になります。

つながるテーマ
季節…p.121
潮の満ち引き…p.124
光…p.193
太陽系…p.237
地球…p.240
月…p.241
太陽…p.254

昼と夜はどうしてできる

地球が回るにつれて、太陽の光が当たる部分と、当たらない部分ができます。明るいところは昼で、暗いところが夜です。

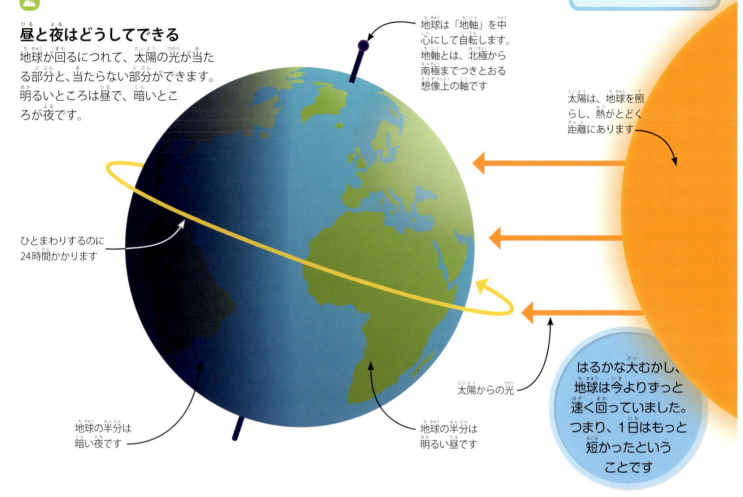

地球は「地軸」を中心にして自転します。地軸とは、北極から南極までつきとおる想像上の軸です

太陽は、地球を照らし、熱がとどく距離にあります

ひとまわりするのに24時間かかります

太陽からの光

地球の半分は暗い夜です

地球の半分は明るい昼です

はるかな大むかし、地球は今よりずっと速く回っていました。つまり、1日はもっと短かったということです

太陽は動いて見える

太陽は東からのぼり、空を横ぎって、西に沈みます。太陽が動いているように見えるのは、地球が自分で回っているからです。夏の太陽は、冬よりも、空の高いところに見えます。

日食

月は地球のまわりを回っています。月が昼に空を通りすぎるとき、太陽をさえぎることがあり、空が少しのあいだ暗くなります。これを「日食」といいます。月が太陽とそっくり重なるときは「皆既日食」といいます。

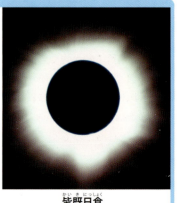

皆既日食

季節

世界の多くの地域では、1年のあいだに、春、夏、秋、冬の4つの季節があります。天気や気温も、昼と夜の長さも、植物や動物のくらしかたも、その季節ごとにすべて変わります。暑い地域へいくと、季節が2つしかないこともあります。

つながるテーマ
天気…p.100
気候の変動…p.103
昼と夜…p.120
木…p.129
冬眠…p.163
太陽系…p.237

めぐる季節

寒い冬のあいだ、植物はあまり育ちません。春になるとふたたびのびはじめ、動物には赤ちゃんが生まれます。いちばん暑いのは夏で、秋になると多くの木は葉の色を変え、やがて葉を落とします。

冬　春　夏　秋

なぜ季節があるのか

地球は、太陽のまわりを回っています。地球は少しかたむいているので、光が強く当たる場所と、弱く当たる場所ができます。地球が回るにつれて、光のとどく量が変わり、季節が生まれるわけです。

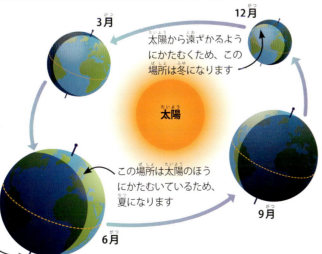

太陽から遠ざかるようにかたむくため、この場所は冬になります

この場所は太陽のほうにかたむいているため、夏になります

地軸　太陽　3月　6月　9月　12月

熱帯気候

赤道に近い地域は一年じゅうあたたかく、雨が多いです。南アメリカのアマゾンのようにとくに雨の日が多い熱帯雨林気候では、森林が生い茂っています。

変わりゆく地球のはなし

地球は生まれてからずっと、溶岩におおわれたり、氷につつまれたりしてきました。生きもののいない熱い地球は、45億年かけて、命あふれる水の惑星へと変わりました。

地球が生まれる
太陽の軌道を回る岩がぶつかり合い、くっついて地球ができました。はじめは有毒な大気につつまれ、火山とクレーターだらけの地形でした。

地球の誕生

動く大陸
地球の大地は、大陸というまとまりに大きく分かれました。地球の歴史のなかで、大陸は位置を変えつづけてきました。今ある7つの大陸は、むかしからこのとおりだったわけではありません。

山は、大陸どうしがぶつかり合ってできたものです

当時の大陸は、パンゲアとよばれる1つにまとまった「超大陸」でした

2億5000万年前

マーレラという5億4000万年前の生きもの

命のはじまり
地球にははじめ、生きものはいませんでした。はじめて生まれたのは40億年前です。生きものの数はだんだんとふえ、今では数百万種の生きものがすみ、76億以上の人がくらします。

1億2000万年前

パンゲアは2つに分かれ、北はローラシア大陸、南はゴンドワナ大陸になりました

氷の時代
200万年前、北ヨーロッパと北アメリカの大部分は、とほうもなく大きな氷でおおわれました。わたしたちは今、それよりもあたたかい時代に生きています。

アンデス山脈が生まれたのは4500万年前です

変わりゆく地表
地表はたえず変化します。大陸がぶつかり合っては分かれ、山脈が押しあげられてはすり減ります。多雨林はこおりついた荒野になり、海は広がったかと思うとちぢみ、氷河は砂漠にすがたを変えます。

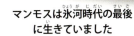

マンモスは氷河時代の最後に生きていました

海面の高さがもし5億年前と同じなら、ロンドン、ニューヨーク、シドニーは海の下になります

人が地球を変える
人のくらしが地球の気候を変えています。エネルギーを得るために、石炭や石油、天然ガスといった化石燃料を燃やすからです。害のあるガスを大気に出し、地球の気温を上げているのです。

大西洋は、北アメリカとヨーロッパを押しのけて広がりました

アフリカは北へ動きつづけ、ヨーロッパにぶつかりました

8000万年前

燃やされる化石燃料

潮の満ち引き

海面の高さは、毎日変わります。これは、月が地球を引っぱる見えない力（引力）によって起こります。海面の高さが高くなるときを満潮（満ち潮）といい、低くなるときを干潮（引き潮）といいます。

つながるテーマ
海…p.99
昼と夜…p.120
海岸…p.156
重力…p.190
月…p.241
太陽…p.254

干潮
月の引力が弱いと、海面は低く、潮は引きます。

満潮
月の引力が強いと、海面は高く、潮は満ちます。

月と潮の関係

月に面した海は、月の引力を受けます。月が海を引っぱり、海面が上がって、潮が満ちるのです。地球は回りながら、月のほうを向いたり反対を向いたりするため、潮の満ち引きが起こります。

満潮は月に近い場所のまわりで起きます

地球　　　月

満潮は地球の両側で起きます

干潮は月の引力がいちばん弱い場所で起きます

潮間帯にくらす

海岸では、潮の満ち引きのたび、海に沈んだり陸になったりする部分（潮間帯）があります。ここには生きものが多くすみ、満潮のときは波に打ちつけられ、干潮では日光と空気にさらされながら、たくましく生きています。

岩にすむムール貝は、干潮のときに殻を閉じます

恐竜
きょうりゅう

恐竜は、今からおよそ2億2500万年前から6500万年前まで、地球にすんでいたは虫類です。どうもうな肉食恐竜とおとなしい草食恐竜がいました。死んで化石になったものを手がかりに、恐竜の研究がすすめられています。

つながるテーマ
岩石と鉱石…p.84
化石…p.89
先史時代の生きもの
　　　　　…p.126
は虫類…p.141
鳥類…p.142
小惑星…p.243

角竜類
草食恐竜のなかま。頭のうしろに、身を守るためのフリルがあります。

敵と戦うとき、トリケラトプスはフリルで首を守ります

角は敵から身を守るときに使います

恐竜の化石
恐竜の化石は、岩石の中から見つかります。恐竜が最後に食べたエサが、残っていることもあります。

始祖鳥の化石

恐竜の化石は、南極大陸をふくむ**すべての大陸**で見つかっています

するどいくちばしで、かたい植物をちぎります

がんじょうな足で、車4台分の体重を支えています

トリケラトプス

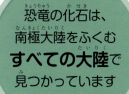

ティラノサウルス

するどい歯で肉を骨からはぎとります

獣脚類
気性のあらい肉食恐竜です。現在の北アメリカ大陸のあたりにすんでいました。

長い尾でバランスをとります

長い首をのばして、高い木のこずえの葉を食べます

竜脚類
巨大な草食恐竜です。大きな体を保つため、つねに食べつづけなくてはなりませんでした。

ブラキオサウルス

先史時代の生きもの

人間が文字を使いはじめる前、はるか遠いむかしを「先史時代」といいます。地球は何億年も変動を続け、植物や動物、人間にとって、いつもすみやすい環境とはかぎりませんでした。この時代のことを知るには、残された化石を手がかりにするしかありません。

つながるテーマ
人のはじまり…p.43
化石…p.89
海…p.99
恐竜…p.125
生息環境…p.150
地球…p.240

アンモナイトは殻のついた動物で、水中にすんでいました

海
最初の生命は海の中で生まれました。水生植物や原始的な動物です。

森林
地球があたたかくなると、陸に植物が育ち、森林はさまざまな動物に食べものを提供しました。

恐竜は先史時代の森林に生きていた動物の代表です

氷河時代
地球が冷えて、氷でおおわれた時代です。動物は生き残りをかけて、気候に適応しなければなりませんでした。

全身を毛でおおわれたマンモスは、その毛皮のおかげで氷河時代を生きのびました

石器時代
最後の氷河時代のあと、地球は今と同じくらいのあたたかさになりました。何万種類もの植物や動物が、砂漠や森林など、地球のさまざまな場所に生存するようになります。

原始人は狩りをし、食べものをたくわえる方法をおぼえ、長生きできるようになりました

微生物

微生物は、とても小さな生きものです。わたしたちの体内や、水中、空気中など、どこにでもいます。微生物はとても小さいので、顕微鏡という機械を使わないと見えません。

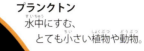

つながるテーマ
無脊椎動物…p.134
食物連鎖…p.158
発明のはなし…p.218-219
人の細胞…p.264
病気…p.281

いろいろな微生物
微生物には、たくさんの種類があります。病気を広めるものもあれば、おなかの中の細菌のように消化を助けるものもあります。

プランクトン
水中にすむ、とても小さい植物や動物。

ウイルス
植物や動物の細胞を攻撃して、病気をひきおこします。

細菌
消化を助ける細菌がいれば、コレラや破傷風などの病気をひきおこす細菌もいます。

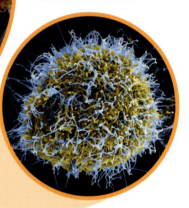

顕微鏡
顕微鏡は、レンズを使って見たいものを拡大します。肉眼では見えない小さなものも、見ることができます。

スライドグラス（ガラス板）に見たいものの一部をのせ、顕微鏡でくわしく調べます

人間の体内にはぼう大な数の細菌がいて、体のはたらきを助けています

ダニは昆虫ではなく、クモやサソリのなかま

チリダニ
チリダニはどこにでもいます。人の家にすんで、はがれおちた皮ふの破片を食べます。

127

植物

植物は、太陽から取りこんだエネルギーを栄養に変えて育つ生きものです。たいていの植物は、土の中に根をはり、ずっとその場所にいます。

つながるテーマ
- 木…p.129
- 花…p.130
- 果実と種…p.131
- 昆虫…p.135
- 光合成…p.171
- 食べもの…p.173

植物の種類

ハイビスカスやアサガオなどの花や、サクラやマツのような木、コケやシダのように花がさかない植物など、種類はさまざまです。

針葉樹
おもに木となる植物で、球果の中に種があります。まつぼっくりは球果のなかまです。

コケ
暗くしめった場所に育つ緑色の植物。

シダ
花はさきません。生まれたとき、葉は小さく巻いていますが、のびるにつれてまっすぐになります。

花がさく植物
ほとんどの植物は花がさき、種をつくります。

花がさくと種ができ、その種から新しい植物が育ちます

花がひらく前の状態をつぼみといいます

葉は栄養をつくり、植物が成長するのを助けます

茎は、植物が上に向かってのびるのを支えます。葉にミネラルや水分を送る役目もあります

植物は、**すべての大陸**に生息する生きものです

食虫植物

下の写真のハエトリグサのように、虫などをつかまえて食べる植物がいます。なかにはカエルをとる植物も！

あまいみつで虫をさそいます

虫の重みでとじるしくみ

虫から体液をまるごとしぼりとります

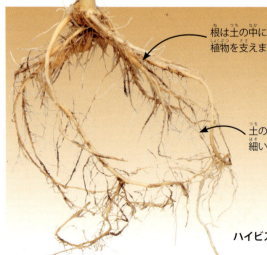

根は土の中にのびて植物を支えます

土の中のミネラルや水分を細い根毛から取りこみます

ハイビスカス

木

木は幹のある植物で、南極大陸をのぞく世界中に見られます。大きく分けて、木には落葉樹と常緑樹の2種類があります。

つながるテーマ
植物…p.128
果実と種…p.131
生息環境…p.150
森林…p.154
光合成…p.171
物質…p.177

落葉樹
秋になると葉がかれて落ち、春にはふたたび葉が出ます。

葉
木の成長に必要な栄養をつくっています。木の種類によって、さまざまな形と大きさがあります。

針葉
とがった針のような葉が、上を向いています。

常緑樹
一年中、葉をつけている木です。葉はとがったものや、ひらたいものがあります。

シチリアモミ

ナラの木

樹皮
幹をおおうかたい樹皮が、木を守っています。

年輪
幹を切った断面にある輪の数が、その木の年齢です。年輪1つが、1年をあらわします。

花 (はな)

花には、新しい種をつくるための「花粉」という細かいつぶがあります。花粉は、虫や風に運ばれて広がります。花は、そのあざやかな色の花びらで、虫たちの目をひくのです。

つながるテーマ

- 植物…p.128
- 木…p.129
- 果実と種…p.131
- 昆虫…p.135
- 生息環境…p.150
- 形…p.205

花のつくり

花にはおしべとめしべがあります。おしべの花粉が別の花のめしべにくっつくと、種ができます。

柱頭
めしべの先の部分。花粉がくっつきやすいように、ねばねばしています。

やく
おしべの先の部分。花粉の細かいつぶでおおわれています。

花糸
細長い軸でやくを支えます。

花びら
あざやかな色で虫をおびきよせます。

子房
めしべの根もとの部分。ここで新しい種をつくります。

虫のはたらき

虫は花粉を、やくから別の花の柱頭へ運びます。虫の体にくっついてきた花粉が、めしべの柱頭に移ると、子房で種がつくられます。

花の形はいろいろ

花の形によって、さそわれる虫もさまざまです。細長い花にうまくとまる虫もいれば、大きい花びらに寄ってくる虫もいます。

> ショクダイオオコンニャクは、世界最大の花をつけます。その高さは**3メートル**を超えます

ドーム状

円すい形 　 放射状 　 ロゼット（バラのような形） 　 ベルの形

果実と種

新しい植物が芽を出すとき、必要な栄養はすべて種にたくわえられています。果実は、中の種を守っています。種は果実といっしょに運ばれ、種が落ちた場所で芽が出るのです。

つながるテーマ
- 天気…p.100
- 「食」のはなし…p.106-107
- 植物…p.128
- 木…p.129
- 花…p.130
- 動物の分類…p.133

果実
植物に花がさくと、果実がなります。果実はたいてい甘いので、人間や動物のごちそうになります。

リンゴの種は、果実のまん中の芯にあります

リンゴ

リンゴの種は芽が出るまでに **80日**ほどかかります

エンドウマメのさや

さやの中に種があります

植物の発芽と成長
たいていの植物は種から育ちます。水分と空気があって、温度が適切であれば、種から芽が出ます。その後は、水分と日光と栄養のある土があれば、植物は大きく育ちます。

豆(の種)がふくらみはじめます

根が出て土の中の種を支えます

茎が光のほうへ、上向きにのびはじめます

土を押しのけて、地面の上に顔を出します

葉がひらき、茎がまっすぐになります

葉が植物の栄養をつくりはじめます

種を散らす
植物はいろいろな方法を使って、種をほうぼうへ散らします。

風にふかれて…
羽つきの種は、風に運んでもらいます。

動物が食べて…
果実を食べた動物が別の場所で種を排せつします。

さやをはじけさせて…
さやがはじけたいきおいで、種を空中に飛ばします。

キノコ

キノコは菌類のなかまで、動物でも植物でもありません。動物や植物の生きているもの、死んだものをエサにします。毒のあるキノコが多いので、さわったり、とったりしてはいけません。

つながるテーマ
植物…p.128
果実と種…p.131
動物の分類…p.133
色のはなし…p.174-175
ライフサイクル…p.278

ベニテングタケ（毒があります。食べられません）

かさ
キノコの頭部。裏側のひだを守ります。

ひだ
やわらかなつくりのひだに胞子があります。

ベニテングタケはどこをとっても**有毒**で、むかしはハエ取りに使われました

キノコのつくり
小さな種に似た胞子をまきちらして、なかまをふやします。あざやかな色をしたものもあります。

つば
ひだを守ります。かさが育つとはがれます。

柄
かさを支え、キノコに必要な水分と栄養を取りこみます。

根
地下にのびて、水分と栄養を集めます。

いろいろなキノコ
キノコにはたくさんの種類があります。草がおいしげった野原や、日のささない森など、しめった場所にはえます。
（下のキノコも食べてはいけません）

タコスッポンタケ　**ロクショウグサレキン**　**ニカワホウキタケ**

胞子
胞子はとても小さな細胞です。かさがはじけると、中から飛びだし、風にのって運ばれます。落ちた場所で、胞子は新しいキノコになります。

ホコリタケ

動物の分類

動物は、体の特徴によって、いくつかのグループに分けられます。見た目が似ていて、同じような行動をとる動物が、同じ種類と考えられます。

つながるテーマ
無脊椎動物…p.134
昆虫…p.135
クモ…p.136
脊椎動物…p.137
魚類…p.138
動物の家族…p.159

緑色の外わくの中にいるのは脊椎動物です

両生類
皮ふが湿っていて、水中や水辺にすみます。卵から生まれ、体の形を変えておとなになります。

鳥類
羽があります。羽は体をあたたかく保ち、空を飛ぶときに使います。くちばしでエサをとったり、ついばんだりします。

無脊椎動物
無脊椎動物には、昆虫、ナメクジ、クモ、甲殻類など、いろいろななかまがいます。

動物の種類
動物は、背骨のある「脊椎動物」と、背骨のない「無脊椎動物」に分かれます。それぞれの中で、さらに細かく分かれます。

魚類
水中にすんでいます。体はうろこでおおわれ、えらを使って呼吸します。

は虫類
皮ふはうろこのようです。外界の温度によって体温が変わる変温動物なので、太陽の熱で体があたたまらないと動けません。

ほ乳類
赤ちゃんは母親の乳を飲んで育ちます。やわらかい体毛や、人間には髪の毛があります。

無脊椎動物

背骨のない動物を無脊椎動物といいます。昆虫や軟体動物など、さらに細かいなかまに分かれます。地球上の動物の98パーセントは無脊椎動物です。

> **つながるテーマ**
> 動物の分類…p.133
> 昆虫…p.135
> 脊椎動物…p.137
> 生息環境…p.150
> 動物のすみか…p.160

昆虫類
体はかたくおおわれ、足は6本。昆虫の多くは飛ぶことができます。

触角でまわりの動きを感じとります

はねがあります

前足で小さな虫をつかまえて食べます

カマキリのなかま

枯れ葉のように見せかけて、ほかの動物から見つかりにくくしています

> 全動物の種類の80％以上は、昆虫類、鋏角類、甲殻類などの**節足動物**です

かたい殻がやわらかい体を守っています

カタツムリのなかま

軟体動物
骨格も足もない、やわらかな体をしています。水中やしめった土にすんでいます。

ミミズのなかま

環形動物
細長くやわらかい体で、足がありません。体は「体節」といういくつもの部分に分かれています。

毒のある針

サソリのなかま

鋏角類
昆虫とちがって、足が6本ではなく8本あります。クモ、サソリ、ダニなどです。

はさみ

かたい甲ら

カニのなかま

甲殻類
かたい殻をもち、足は8本以上あります。多くは水中にすんでいます。

ヒトデのなかま

体のうらにある吸盤は、岩にはりつくのに便利です

きょくひ動物
体の中心となる円ばん状の部分が、等しい間かくで分かれています。海にすむ生きものです。

昆虫

昆虫は、数も種類も多く、世界中にすんでいます。3組の足とかたい外骨格が特徴です。昆虫の多くははねがあり、飛ぶことができます。

つながるテーマ
動物の分類…p.133
無脊椎動物…p.134
卵…p.143
変態…p.161
移動する動物…p.162

チョウ
生まれてから死ぬまでのあいだに、体が何度も変化します。卵から生まれて幼虫になり、幼虫がさなぎになり、やがてチョウとなってあらわれます。

アゲハのなかま

触角でみつのにおいをかぎつけたり、体のバランスをとったりします

多くの昆虫にははねがあり、飛ぶことができます

色とりどりの模様の羽で、「食べてもまずいぞ」とほかの動物に知らせています

世界には**90万種以上**の昆虫がいます

体のつくり
昆虫の体は、頭、胸、腹の3つの部分からなります。3組の足は胸部から生え、1組の触角が頭部にあります。

胸部 / 頭部 / 腹部

アリ
ヨーロッパアカヤマアリ

数千ひきの働きアリと1ぴきの女王アリとで、集団になってくらします。アリは小さくても力が強く、体重の20倍の重さをもちあげられます。

バッタ
サバクバッタの若虫

バッタは体長の20倍の距離をジャンプでき、時速13キロの速さで飛びます。

甲虫
カブトムシ

甲虫は陸にも水中にもいます。かたくてつやつやした前ばねが、やわらかい後ろばねをおおって守ります。

クモ

クモは8本足で、体は2つの部分からなります。小さな虫をつかまえて食べます。エサはかまずに、とかしてすすります。

つながるテーマ
動物の分類…p.133
無脊椎動物…p.134
昆虫…p.135
食物連鎖…p.158
動物のすみか…p.160
視覚…p.272

タランチュラ
世界最大のクモの一種です。成長するにつれ、古い皮をぬいで新しい皮になります。

毒のあるきばでかみつきますが、人間にとっては、ハチの針ほどの害はありません

足にはえた毛で、近くにいる生きものの気配を感じとります

クモの足はとれても、次に脱皮するときにまたはえてきます

ならんだ目で、どの方向も見のがしません

ハエトリグモ
体長の30倍の高さをとべます。よく見える目でえものを見つけます。

アシダカグモ
巣をつくらず、虫を探しながら狩りをします。メスはエサを食べずに3週間も生きられます。

すばやく動ける体つき

クモの巣
クモの多くは、体内でつくる糸で巣をはります。巣はえものをとらえたり、たくわえたりするのに使います。

脊椎動物

脊椎動物は背骨のある動物で、体の動きを支える骨格をもっています。人間をふくむほ乳類や、両生類、は虫類、魚類、鳥類は、みな脊椎動物です。

つながるテーマ
- 無脊椎動物…p.134
- 魚類…p.138
- 両生類…p.140
- は虫類…p.141
- 鳥類…p.142
- ほ乳類…p.144
- 骨格…p.266

頭がい骨は中にあるやわらかい脳を守ります

たがいにつながった小さな背中の骨を脊椎骨といいます

ほ乳類
ほ乳類はみな、似たような骨格をもっています。頭がい骨と関節でつながる下あごの骨をもつのは、ほ乳類だけです。

尾はたくさんの小さな骨からなり、しなやかによく動きます

胸部の骨格は肺を守ります

トラの骨格

がんじょうな足の骨のおかげで、トラは力強くジャンプできます

カエルの骨格

両生類
カエルにはろっ骨がありません。足には、とびはねるためのじょうぶな骨があります。

水中ですいすいと泳げるのはひれのおかげ

魚の骨格

魚類
魚の多くは、かたい骨格をもちます。サメの骨格は、「軟骨」という弾力性のある骨でできています。

鳥類
多くの鳥は、飛びやすいように、骨が軽くできています。ペンギンの骨は、水中深くにもぐりやすいように、重くできています。

体をなるべく軽くするために、鳥の骨格はすきまだらけです

あごには骨がよけいにあります

ろっ骨の数も多い

トカゲの骨格

は虫類
ほかの動物より骨が多い骨格なので、体がしなやかに曲がります。

ペンギンの骨格

魚類

魚類は水中にすむ動物です。水の中で呼吸し、ひれを使って泳ぎます。世界にはおよそ2万〜3万種の魚がいるといわれています。

つながるテーマ
海…p.99
脊椎動物…p.137
ペットのはなし …p.146-147
海岸…p.156
ライフサイクル…p.278

「うろこ」といううすい骨が体をおおっています

えらを使って水中の酸素を取りいれます

ひれを使ってかじをとります

金魚
ペットとしてとても人気のある魚です。生まれたばかりのときは茶色ですが、1年くらいたつと金色に変わります。

ミノカサゴ
ミノカサゴは、長いとげでほかの動物から身を守ります。夜に行動し、小魚、カニ、エビなどをとって食べます。

猛毒のひれでほかの動物をやっつけます

ハナミノカサゴ

子育てする魚
魚はたいてい産んだ卵の世話をしませんが、タツノオトシゴのオスは、卵をおなかのふくろに入れて、生まれてくるまで育てます。

ウツボはかむときに毒を出します

ウナギのなかま
ヘビのように長い魚。背骨に100個以上の骨があり、くねくねと曲がりやすくなっています。

ゼブラウツボ

青い斑点によって、毒をもっていることをアピールしています

尾は毒のあるとげが1〜2本あります

アカエイ
浅くてあたたかい海にすんでいます。一日中、砂にもぐって、えものに飛びかかるチャンスをねらっています。

ヤッコエイ

サメ

サメは魚のなかまで、ほとんどが肉食です。1億年以上前に地球に出現した生きものです。世界には400種類以上のサメがいて、世界中の大きな海や川で見られます。

つながるテーマ
海…p.99
先史時代の生きもの …p.126
魚類…p.138
食物連鎖…p.158
生物の保護…p.164

光がないところでも、よく見える目

ホホジロザメ
おもに魚をとって食べますが、カメやイルカ、アザラシも食べます。

日本には**約130種類**のサメが生息しています。

エサのにおいをかぎつける、とがった鼻

えものを引きさくするどい歯

胸びれは、泳ぐスピードをゆるめることができます

尾びれを左右に動かして進みます

体のバランスをとるしりびれ

ジンベイザメ
世界最大の魚です。1年間に何千キロも泳ぎます。

種類によって斑点の模様がちがいます

シュモクザメ
横に長い頭を使って、アカエイを海底におさえつけます。

目がはなれているので、遠くのえものを見つけやすい

絶滅が心配されるサメ
サメのひれや歯、油は役に立つので、人間に捕獲されて数が減っています。サメを助けようという研究が始まっています。

両生類

両生類は、水中や水辺で生活する動物です。水中で卵から生まれますが、成長するにつれて肺が育ち、陸にあがって呼吸するようになります。水辺にすむのは、皮ふがしめっていなければならないからです。両生類は大きく3つのグループに分けられます。

つながるテーマ
水のはなし…p.94-95
無脊椎動物…p.134
は虫類…p.141
卵…p.143
変態…p.161
皮ふ…p.265

イモリやサンショウウオのなかま
長い尾をもつイモリやサンショウウオは、体のきずついた部分を再生できます。目や足や尾は、数週間で生まれかわります。

あざやかな黄色のまだら模様で、毒をもつことを敵に知らせます

ファイアサラマンダー

アシナシイモリのなかま
ミミズみたいに見えますが、アシナシイモリは両生類です。水の中や地下のあなにもぐってすみます。

コンゴアシナシイモリ

いつまでも子ども？
アホロートルは、死ぬまで水中で生きるめずらしい両生類です。おとなになっても、オタマジャクシのようなひれと羽毛のようなえらがあります。

アホロートル

カエルのなかま
両生類でよく知られるのは、アマガエルやヒキガエルなど、カエルのなかまです。アマガエルはヒキガエルとくらべて、体が小さく、しめっていて、皮ふはなめらかです。

大きなふくらんだ目でどの方向も見られます

両生類は皮ふで呼吸ができます

アマガエル

ヒキガエルはイボのあるかわいた皮ふをしています

水かきのついた後ろ足で泳ぎます

チョウセンスズガエル

は虫類

は虫類は、うろこ状の皮ふをもった変温動物です。多くは、やわらかい革のような殻の卵を産みます。赤ちゃんは卵の中で育ち、やがて出てきます。は虫類は、大きく4つのグループに分けられます。

つながるテーマ
南極…p.117
恐竜…p.125
両生類…p.140
卵…p.143
砂漠…p.152
進化…p.172
太陽…p.254

カメレオン

は虫類の皮ふは、うろこ状です

2つの目を、同時にちがう方向に動かせるものもいます

トカゲのなかま
トカゲのなかまは、いろいろな技をもっています。カメレオンは、皮ふの色を変えることができます。壁をかけのぼるトカゲや、危険なときに尾を切ってにげるトカゲもいます。

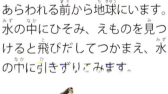

かたい甲ら

ワニのなかま
ワニは大きなは虫類で、恐竜があらわれる前から地球にいます。水の中にひそみ、えものを見つけると飛びだしてつかまえ、水の中に引きずりこみます。

がんじょうなあご

カメのなかま
水にすむカメと、陸にすむカメがいます。甲らは体を守ってくれますが、重いので、陸上でのカメの動きはゆっくりです。

は虫類は南極大陸をのぞく**すべての大陸**にすんでいます

ヘビのなかま
舌を使ってにおいをかぎ、えものをまるごと飲みこみます。毒のあるヘビもいますが、たいていのヘビは人間に危険はありません。

ひなたぼっこ
変温動物のは虫類は、体に必要な熱をまわりから取りこみます。ひなたぼっこをするのは、そのためです。暑くなりすぎると、日かげに入ります。

鳥類

鳥類（鳥のなかま）は、羽とくちばしをもつ動物です。かたい殻の卵を産み、中からひながかえります。多くの鳥は空を飛び、世界中にすんでいます。

つながるテーマ
恐竜…p.125
果実と種…p.131
動物の分類…p.133
卵…p.143
多雨林…p.155
飛行機…p.214

あざやかな色の羽は、森の中でも目につきます

曲がったくちばしは、食べものをついばみやすいです

ナッツや種をついばみやすい短いくちばし

キイロアメリカムシクイ

コンゴウインコ

鳴き鳥
世界中の鳥は、たいていこのなかまに入ります。鳴きかたは鳥ごとにちがいます。

インコ・オウムのなかま
美しく、あざやかな色の羽をもつなかまが多く、さわがしく鳴きます。果実、ナッツ、種などを食べます。

枝を飛びうつるときに使う強いかぎづめ

長い尾羽で方向を変えます

えものを引きさくくちばし

空高く飛べる大きなつばさ

猛きん類
くちばしがするどく、速く飛び、魚などのえものは足でつかみます。

ハクトウワシ

世界にはおよそ**1万種類**の鳥がいます

エサを探すのに便利な、長く曲がったくちばし

歩いてエサをとる鳥
長い足でぬかるみや水中を歩き、カニなど小動物を探してエサにします。

水中を歩きやすい、水かきのついた足

ショウジョウトキ

泳ぐ鳥もいる
飛べない鳥もいます。ペンギンは飛ぶかわりに泳ぎます。羽は水を通さず、つばさは泳ぐ方向を変えるために使います。

コウテイペンギン

卵

動物には、卵の中で成長するものがいます。卵の種類はいろいろで、卵の大きさや、ひながかえる（ふ化する）までにかかる時間は、動物の大きさによってちがいます。

つながるテーマ
魚類…p.138
両生類…p.140
鳥類…p.142
ほ乳類…p.144
変態…p.161
ライフサイクル…p.278

鳥の卵
鳥の卵はかたくて、水を通しません。親のどちらかが、卵をだいて温めます。たいていは巣の中で卵を守ります。

ダチョウの卵の大きさは世界一です

ひながかえるまでに42日かかります

ダチョウのひな

卵を産むほ乳類
ほ乳類はふつう、赤ちゃんを産みます。卵を産むのは、単孔類というなかまだけです。下の写真のハリモグラは単孔類です。

卵がかえるまでの温度によって、カメはオスで産まれるかメスで産まれるかが決まります

ヒョウモンガメのふ化

カエルの卵

ツノザメの卵は革袋のようで、「人魚のさいふ」とよばれます

魚の卵
たいていの魚は、卵を大量に産みますが、世話をしません。産む場所は、海草など安全なところです。

は虫類の卵
は虫類の卵の殻は、やわらかい革のようです。卵を産んだメスは、卵を土の中にうめると去っていき、赤ちゃんは自分で出てきます。

両生類の卵
カエルなどの両生類は、卵を水中で産みます。ときがくると卵がふ化し、オタマジャクシが生まれます。

ほ乳類

ほ乳類は、体毛があって、メスが母乳で赤ちゃんを育てる動物です。恒温動物といって、まわりの温度が変わっても、体温はほとんど変わりません。ほ乳類にはいろいろな種類があり、人間もそのなかまです。

つながるテーマ
動物の分類…p.133
脊椎動物…p.137
生息環境…p.150
食物連鎖…p.158
動物の家族…p.159

ほ乳類の赤ちゃん
ほ乳類は卵ではなく、赤ちゃんを産みます。親は、赤ちゃんがひとり立ちするまでエサを与え、世話をします。

耳がとてもよく、音を聞きつけて動物をつかまえます

ゾウの赤ちゃんは生まれるまで**2年近く**かかります

角ははえかわらず、年々のびます

ひづめはかたくおおわれています

オリックス

植物を食べる動物
草食動物といいます。葉をちぎってかみくだくのに便利な歯があります。

体毛であたたかさを保ちます

チーター

肉を食べる動物
肉食動物といいます。狩りをして、動物をつかまえ、エサにします。

アジアゾウ

袋のあるほ乳類
有袋類という動物のなかまは、産んだ赤ちゃんを専用の袋に入れて育てます。赤ちゃんは、外に出て生きられる大きさになるまで、袋の中で母乳を飲んで育ちます。

袋の中は、赤ちゃんにちょうどよいあたたかさ

アカカンガルー

イルカ
イルカは魚ではなく、水中にすむほ乳類です。水面に顔を出すのは、頭のてっぺんにある噴気孔で呼吸するためです。

ネコのなかま

ネコ科動物（ネコのなかま）には、ライオンやトラもふくまれます。みな肉食で、とがった歯でエサをちぎります。足はとても速く、たくましい体で走ったりジャンプしたり、泳いだりもします。

つながるテーマ
脊椎動物…p.137
ペットのはなし…p.146-147
イヌのなかま…p.148
生息環境…p.150
食物連鎖…p.158
視覚…p.272

体の小さなヤマネコ
ヤマネコのなかまは、たいていライオンよりかなり小さめです。すむ場所に合わせた毛の色で、うまくかくれます。

ネコは耳がいい動物です

ひげでまわりのようすを感じとります

ネコの舌にはとがった毛がびっしりはえています。骨から肉をきれいにはがしたり、毛づくろいしたりするのに便利です

シャルトリュー

ペットのネコ
ネコがペットになったのは、およそ1万2000年前、人間がはじめて野生動物をかいならすようになったころからです。

大型のネコ科動物
ライオンやトラ、ヒョウ、ジャガーなどは、大型のネコ科動物です。ネコ科のなかでほえ声を出せるのは、このなかまだけです。

オスのライオンは、肩までかかる長い毛をもっています。これを「たてがみ」といいます

ライオン

オオヤマネコ

夜でも見える
ネコのなかまは、明けがたや夕ぐれどきに狩りをします。ネコの目は、少ない光でも見えるようにできています。暗がりでの視力は人間の6倍です。

ヒョウ

せかいの
ペットのはなし

ペットは、わたしたち人間の生活のなかで大切な役割をはたしています。いろいろな動物が人間の友となり、人間のために働き、日々のくらしを支えています。世界の44パーセントの家庭がペットをかっているといわれます。

カナーン・ドッグ

大小さまざまなペット
人間はさまざまな動物をペットにします。大型犬やウマなどの大きなものから、小さなヘビやハムスターまでいろいろです。どんな動物でも、その種類にあったエサと、運動できる広さが必要です。

最初のペットはイヌ
イヌはペットとしてかわれた最初の動物です。初期の人類は、イヌをおともに狩りをしていました。1万2000年前の美術品には人間といっしょにイヌが描かれています。

古代エジプトのネコの銅像

アゴヒゲトカゲ

イヌ

金魚

神聖なネコ
古代エジプトの人びとはネコを大切にしました。ネコは家に入りこむネズミやヘビをつかまえたり、子どもを守る特別な力があるとされ、ネコを殺すと死罪になったそうです。

ハムスター

アレチネズミ

ヘビ

役に立つペット
イヌは人間とつき合うのがじょうずです。また、しつけがしやすいので、体の不自由な人を助けるのに向いています。人間の目となり耳となって、外出の手助けをします。

盲導犬は、目の不自由な人を助ける訓練を受けたイヌです

セキセイインコ

ネコ

ウサギ

モルモット

タランチュラ

宇宙へ行ったイヌ
人間の宇宙飛行が可能かどうかという研究は、動物の助けをかりて続けられてきました。1960年、イヌのベルカとストレルカは、スプートニク5号に乗って宇宙へ行きました。2ひきはパラシュートで無事に地球へもどりました。

ペットにしてはいけない動物
飼ってはいけない動物もいます。サルなどの野生動物は、人間を攻撃する場合もあるからです。飼う前に、その動物がどこから来たのか調べ、野生動物を勝手にとったものではないかどうか確かめてください。

イヌのなかま

イヌ科の動物は、頭がよく、とがった歯をもつ肉食動物です。野生のキツネやオオカミも、ペットのイヌと同じなかまです。野生のイヌのなかには、狩りをしたり、死んだ動物の肉を食べるものもいます。

つながるテーマ
仕事…p.34
ネコのなかま…p.145
ペットのはなし…p.146-147
砂漠…p.152
動物の家族…p.159
聴覚…p.273

ペットにしやすいイヌ
人になついて、飼いやすいのがイヌです。飼い主のいうことをよく聞き、たくましい体をいかして、見張ったり守ったりするのも得意です。

ペットになるイヌは **300種以上** います

アイリッシュウルフハウンド　　ビーグル　　ラサアプソ

ハイイロオオカミ　　フェネックギツネ

オオカミ
ハイイロオオカミは、ペットのイヌにいちばん近い動物です。群れでくらし、狩りをします。

キツネ
キツネは耳のとがった動物で、砂漠や寒さの厳しい地方、山や大きな町にもすみます。フェネックはいちばん小さいキツネです。

働きもののイヌ
イヌは1万年以上前からずっと、畑仕事を手伝ったり狩りをしたりして、人間とともに生きてきました。がれきの中や雪にうまった人を、よくきく鼻で探しだす「救助犬」もいます。

サルのなかま

類人猿や尾の長いサル、キツネザルは霊長類とよばれ、そこには人間も入ります。頭がよく、遊び好きです。手を使って物をつかむのは、霊長類の動物だけです。

> **つながるテーマ**
> 人のはじまり…p.43
> 南アメリカ…p.112
> アフリカ…p.114
> 脊椎動物…p.137
> 生息環境…p.150
> 多雨林…p.155

類人猿
尾がなくて、サルよりまっすぐに立てます。大きくてがんじょうな腕で木にのぼり、枝からぶらさがります。

チンパンジー

旧世界ザル
アフリカやアジア生まれのサルで、沼地や山林など、さまざまな場所にすんでいます。

アカゲザル

リスザル

新世界ザル
南アメリカ生まれのサルで、一生のほとんどを木の上で過ごします。尾を使って、枝から枝へ飛びうつります。

> チンパンジーは**120ぴき**もの大集団でくらします

キツネザル
アフリカのマダガスカル島だけにいます。木登りが得意で、多くは木の上にすんでいます。

ワオキツネザル

道具を使うサル
チンパンジーはとてもかしこい動物です。道具を使って、かたい木の実をこじあけたり、エサの虫を見つけたりします。若いチンパンジーは、群れの先輩から道具の使いかたを学びます。

生息環境

暑いところや寒いところ、カラカラの砂漠やジメジメの熱帯雨林——地球にはいろいろな環境があり、そこで生きている動物や植物の種類は、環境によってさまざまです。

> **つながるテーマ**
> 草原地帯…p.151
> 砂漠…p.152
> サンゴ礁…p.153
> 森林…p.154
> 海岸…p.156
> 北極と南極…p.157

ツンドラ（凍土帯）
気温が低いために、植物は小さく、木はあまり育ちません。動物の多くは、短い夏が終わるといなくなってしまいます。

極地
氷にとざされた北極や南極では、植物や動物はごくわずかしかいません。

針葉樹林
針葉樹がどこまでも続く地帯。木々は一年中、針のような葉をつけています。

熱帯雨林の面積は**地球全体の7パーセント**ですが、すべての動植物のほぼ半分が、ここにすんでいます

砂漠
岩と砂でおおわれ、とても乾いた地帯。動物も植物も、わずかな水で生きのびなくてはなりません。

多雨林
あたたかく雨が多いので、木はどんどん育ちます。およそ100万種の動植物がすんでいます。

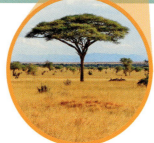

草原地帯
砂漠よりも雨が降りますが、木はあまり育ちません。ここにすむ動物は、たいてい草を食べます。

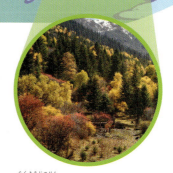

落葉樹林
ここには春、夏、秋、冬の季節があります。木の葉は秋に枯れて落ち、春になるとふたたびはえます。

海
地球の表面の70パーセントをしめる塩水の生息地。深海にすむ生きものもいます。

草原地帯

草原地帯は、見わたすかぎりの草原に、ところどころ木がはえる広大な土地です。乾燥していますが、砂漠より雨が降ります。アフリカではサバンナ、ロシアではステップ、北アメリカではプレーリー、南アメリカではパンパという名でよばれます。

つながるテーマ

アフリカ…p.114

鳥類…p.142

サルのなかま…p.149

砂漠…p.152

動物のすみか…p.160

移動する動物…p.162

草原地帯にすむ生きもの

この地帯には、草を食べながら草をもとめて遠くまで歩く動物や、狩りをして草食動物を食べる動物がいます。

- アカシアの木には大きなとげがあります
- ヤツガシラは飛ぶときに「フォフォ・フォー」と鳴きます
- シロサイは身を守るために相手に突進します
- サバンナシマウマは群れでくらし、自分たちをねらう動物から身を守ります
- キリンは首をのばして、木のてっぺん近くの葉を食べます
- ライオンはメスが集まって狩りをします
- ナイルワニは水を飲みにきた動物をおそいます
- ミーアキャットは、敵におそわれないよう、交代で見張りをします
- トウワタバッタは鳴き声が聞こえても、すがたはあまり見せません
- シロアリは集まって大きなアリ塚をつくります
- アフリカニシキヘビはつかまえた動物をしめ殺します
- サバンナモンキーは木の実や虫を食べます
- デバネズミは一生を地面の下で過ごします
- ツチブタは長い舌を使ってアリ塚のシロアリを食べます

南アフリカのサバンナ

南アフリカのクルーガー国立公園は、広大な草原地帯にある動物保護区です。いろいろな動物がすんでいて、公園管理人（パークレンジャー）が動物が安全にくらせるよう守っています。

砂漠

砂漠は、世界でいちばん乾燥している土地です。雨の降る量は、年間25センチにもなりません。砂ばかりの砂漠や、岩だらけの砂漠、氷でおおわれた砂漠もあります。昼間は暑く、夜は寒く、動物は植物から水分をとるか、日がしずんでから活動して生きのびます。

つながるテーマ
- 山…p.82
- 天気…p.100
- アフリカ…p.114
- 南極…p.117
- 植物…p.128
- は虫類…p.141
- 生息環境…p.150

砂漠にすむ生きもの

動物も植物も、少ない水で生きていかなければなりません。暑いので、動物は夜に活動します。日中は砂の中や、日のささない場所にいます。

- イヌワシは目がよく、はるか上空からえものを探します
- エジプトハゲワシは砂漠からたちのぼる熱い空気を利用して、空高くまいあがります
- 砂丘は、強い風にふきよせられてできた砂の山です。風で動くこともあります
- アカシアの木。水をもとめて、長い根が地下深くのびます
- チーターはえものの血から水分をとります
- ラクダはこぶの中に脂肪をたくわえ、水や食べものなしで何日も生きられます
- 岩や砂利でできている砂漠が多く、砂の砂漠はあまりありません
- アガマトカゲは日光で体をあたためたり、岩かげですずんだりします
- 砂にひそむツノクサリヘビ
- 尾に猛毒があるオブトサソリ
- サハラ砂漠のカエルは、わずかでも水のあるところにすみます
- ウバタマ（烏羽玉）とよばれるサボテンは、厚い茎幹に水をたくわえます
- トビネズミは種を食べて必要な水分をとります
- 動物のふんをたべるオオタマオシコガネ
- サハラ砂漠のアリの足が長いのは、熱い砂から体を遠ざけるためです

サハラ砂漠
アフリカ大陸の北部にあるサハラ砂漠は、世界でいちばん大きくて暑い砂漠です。山や砂丘など、さまざまな地形の土地にまたがっています。

サンゴ礁

サンゴ礁は、海の中にできた地形で、いろいろな植物や動物がすんでいます。サンゴ虫という小さな動物は、かたい骨格をもっていて、死ぬと骨格はそのまま残り、新しいサンゴがその上に育ちます。サンゴ礁はとても大きくなることがあります。

つながるテーマ
海…p.99
無脊椎動物…p.134
脊椎動物…p.137
魚類…p.138
動物のすみか…p.160

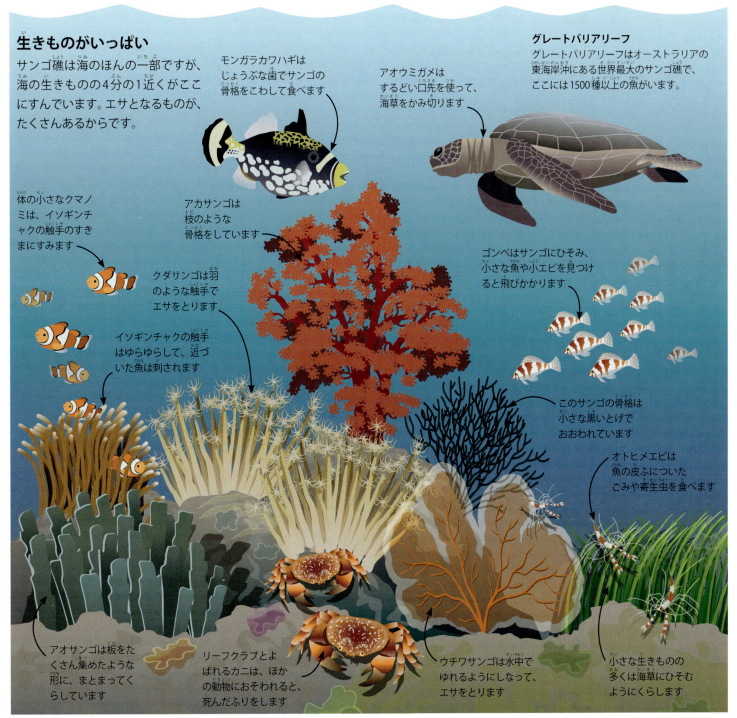

生きものがいっぱい
サンゴ礁は海のほんの一部ですが、海の生きものの4分の1近くがここにすんでいます。エサとなるものが、たくさんあるからです。

モンガラカワハギはじょうぶな歯でサンゴの骨格をこわして食べます

アオウミガメはするどい口先を使って、海草をかみ切ります

グレートバリアリーフ
グレートバリアリーフはオーストラリアの東海岸沖にある世界最大のサンゴ礁で、ここには1500種以上の魚がいます。

体の小さなクマノミは、イソギンチャクの触手のすきまにすみます

アカサンゴは枝のような骨格をしています

クダサンゴは羽のような触手でエサをとります

イソギンチャクの触手はゆらゆらして、近づいた魚は刺されます

ゴンベはサンゴにひそみ、小さな魚や小エビを見つけると飛びかかります

このサンゴの骨格は小さな黒いとげでおおわれています

オトヒメエビは魚の皮ふについたごみや寄生虫を食べます

アオサンゴは板をたくさん集めたような形に、まとまってくらしています

リーフクラブとよばれるカニは、ほかの動物におそわれると、死んだふりをします

ウチワサンゴは水中でゆれるようにしなって、エサをとります

小さな生きものの多くは海草にひそむようにくらします

森林

高い木が多くはえている場所を、森林（森）といいます。森林は、世界中のさまざまな場所に広がっています。気温と雨の降る量によって、はえている植物やすんでいる動物の種類がちがいます。

つながるテーマ
北アメリカ…p.111
季節…p.121
木…p.129
果実と種…p.131
多雨林…p.155
動物のすみか…p.160

落葉樹の森

四季の変化があり、夏は暑く、冬は寒くなります。落葉樹は秋に葉を落とし、春にふたたび葉をつけます。

- シダレカンバの幹には銀白色の樹皮があります
- ブナの木は秋になるととげだらけの実をつけます
- ナラの木は何百年も生きます
- オオアカゲラは木の幹に穴をあけて、エサを見つけたり巣をつくったりします
- ハイイロオオカミは、冬になると厚い毛皮でおおわれます
- ヒグマはいちばん大きな肉食動物のなかまです
- シダはしめった日かげにはえます
- アカギツネはふさふさした尾で体のバランスをとったり体温を保ったりします
- 菌類はしめってくさりかけた木にはえます
- イノシシは鼻で土をほり、エサをさがします
- 倒れた木は小動物のかくれがになり、エサにもなります
- トガリネズミは小動物を毎日たくさん食べます

ポーランドの大森林
ポーランドの広大な森林には、たくさんの動物がすんでいます。森の一部は保護され、自然のままに保たれています。

針葉樹の森

針葉樹の森は北方の寒い地帯にあります。針葉樹の葉は針のような形をしていて、枝は雪がすべり落ちやすいようかたむいています。

- トウヒは先がチクチクするとがった葉をつけます
- バンクスマツはマツボックリという実に種があります
- アメリカコガラはくちはてた切り株に巣をつくります
- 木登りができるアメリカクロクマ
- カンジキウサギは冬になると、毛がまっ白になります
- ムースの角は毎年はえかわります
- 木の幹を使って巣づくりをするビーバー
- 地面を歩いてエサになる針葉をさがすハリモミライチョウ
- 地衣類は岩や木の幹にはえます

カナダの大森林
1年のほとんどを雪におおわれる森林。寒さに強くなければ、植物も動物も生きのびられません。

多雨林

多雨林とは、高い木がはえる雨の多い森林のことです。暑い地方にあるのは熱帯雨林といい、地球上の動植物のほぼ半分がここにすんでいます。木の葉が厚く重なりあって生い茂り、地面にほとんど日光がとどきません。

つながるテーマ
天気…p.100
植物…p.128
木…p.129
鳥類…p.142
生息環境…p.150
森林…p.154
物質…p.177

アマゾンの熱帯雨林

世界最大の多雨林は、南アメリカのアマゾン熱帯雨林です。アマゾン川を囲むように広がり、森の木や植物は、多くの動物にエサとすみかを提供しています。

超高木層
この最上層には、飛びぬけて背の高い木がまばらにあります。

オウギワシは木のこずえからえものをねらって狩りをします

大きなモルフォチョウが青いはねのうら側を見せて休んでいると目立ちません

高木層
葉と枝が厚く生い茂るところ。動物の多くはこの層にすみます。

アナナスの葉は水をためるので、小動物が飲みにやってきます

オニオオハシは長いくちばしをのばして果実をとります

ホエザルは夜明けに集まって鳴き声をたてます

エメラルドツリーボアは、えものをしめ殺してまる飲みします

ジャガーは肉食で、木にのぼって休んだり、えものを食べたりします

カマキリは、えものが近づくのを待ち、つかみかかって食べます

熱帯雨林で育つ木のなかには、板根といって、板のように広がった根からすばやく水分を吸いあげる木もあります

ヘリコニア・ストリクタの葉は朱色で、まるでロブスターのはさみのようです

低木層
低木や若木は、もし暑くてうす暗いこの層で育ちます。

舌の長いオオアリクイは1日に3万びきものアリを食べることがあります

カピバラは泳ぎが得意で、水辺の植物を食べます

林床
暗くしめった森の地面に、枯れ葉がすきまなくふりつもります。

ムカデは自分より大きいカエルやクモ、ヘビを殺すことができます

海岸

陸と海が接するところを海岸といい、砂やどろ、岩からなります。海岸では、寄せてくだける波と、1日に2回ある潮の満ち引きのなかで、いろいろな動物や植物が生きています。

つながるテーマ
- 海…p.99
- 北アメリカ…p.111
- 潮の満ち引き…p.124
- 無脊椎動物…p.134
- 鳥類…p.142
- 生息環境…p.150

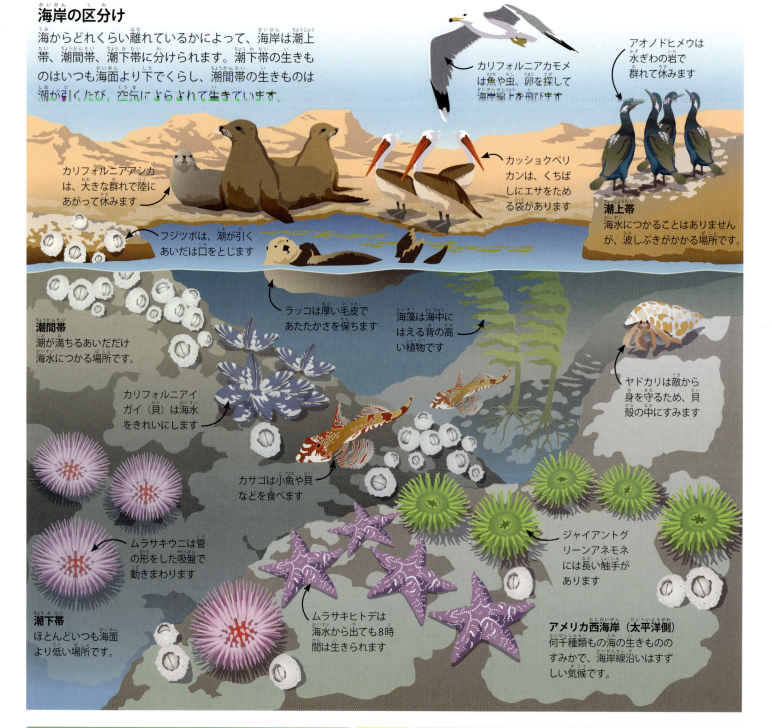

海岸の区分け
海からどれくらい離れているかによって、海岸は潮上帯、潮間帯、潮下帯に分けられます。潮下帯の生きものはいつも海面より下でくらし、潮間帯の生きものは潮が引くたび、空気にさらされて生きています。

- カリフォルニアカモメは魚や虫、卵を探して海岸線上を飛びます
- アオノドヒメウは水ぎわの岩で群れて休みます
- カリフォルニアアシカは、大きな群れで陸にあがって休みます
- カッショクペリカンは、くちばしにエサをためる袋があります
- **潮上帯** 海水につかることはありませんが、波しぶきがかかる場所です。
- フジツボは、潮が引くあいだは口をとじます
- ラッコは厚い毛皮であたたかさを保ちます
- 海藻は海中にはえる背の高い植物です
- ヤドカリは敵から身を守るため、貝殻の中にすみます
- **潮間帯** 潮が満ちるあいだだけ海水につかる場所です。
- カリフォルニアイガイ（貝）は海水をきれいにします
- カサゴは小魚や貝などを食べます
- ジャイアントグリーンアネモネには長い触手があります
- ムラサキウニは管の形をした吸盤で動きまわります
- ムラサキヒトデは海水から出ても8時間は生きられます
- **潮下帯** ほとんどいつも海面より低い場所です。
- **アメリカ西海岸（太平洋側）** 何千種類もの海の生きもののすみかで、海岸線沿いはすずしい気候です。

北極と南極

北極と南極は、地球上でいちばん寒く、雪や氷にとざされた場所です。木ははえず、植物もわずかしかありません。動物は氷点下の気温にたえて生きています。

つながるテーマ
海…p.99
南極…p.117
北極…p.118
動物の分類…p.133
生息環境…p.150
地球…p.240

北極圏

北極点のまわりには、こおった北極海があります。
カナダやロシア、グリーンランド、ノルウェーの北部も北極圏に入ります。

南極圏

南極点のまわりには、南極大陸が広がっています。
南極圏は地球上でいちばん寒く、風の強い場所で、陸生の大型動物はすんでいません。

- ほかの鳥のエサをねらって追いかけるクロトウゾクカモメ
- シロフクロウは厚い羽毛で寒さを防ぎます
- トナカイはエサをもとめて長い距離を歩きます
- ホッキョクグマは厚い毛皮であたたかさを保ちます
- 動物たちは流氷の上で休みます
- セイウチのきばは武器になったり、氷にのぼるときの支えになったりします
- イッカクのオスには長い歯（きば）があり、イカや大きな魚を食べます

北極海
北極海の中心には、巨大な氷があります。氷をかこむ冷たい海は、魚やイカのすみかです。

- ワタリアホウドリは翼を広げたときのはばが世界一です
- コウテイペンギンは、冬にけ体を寄せあってあたためあいます
- ヒゲペンギンはコロニーという集団でくらします
- 氷山は流氷が集まってかたまったもので、ほとんどの部分が水面より下にあります
- ミナミゾウアザラシは冷たい海のオキアミや魚、イカをとって食べます
- ウェッデルアザラシには、海の中であたたかさを保つ厚い脂肪が何層もあります
- クロミンククジラは鼻で氷に穴をあけて呼吸します

南極海
南極海はとても冷たい海で、氷山という巨大な氷のかたまりが浮かんでいます。

食物連鎖

食べものから得たエネルギーを、次々とわたしていくつながりを「食物連鎖」といいます。植物は栄養を自分でつくりだします。動物は食物連鎖のどこかに位置して、植物か動物を食べます。どんな動物も、食べものからエネルギーをもらわないと生きていけません。

つながるテーマ
「食」のはなし …p.106-107
動物の分類…p.133
生息環境…p.150
生物の保護…p.164
光合成…p.171
食べもの…p.173

エネルギーの受けわたし

動物は食べたものからエネルギーを受けとり、エネルギーは食物連鎖にそって移っていきます。この図では、食べもののエネルギーがどのように受けわたされるかを、矢印でしめしています。

生産者
植物は日光を利用して自分の栄養をつくります。ここでは植物を「生産者」と呼びます。

第一次消費者
植物を食べる動物を「第一次消費者」と呼びます。草食動物がこれにあたります。

第二次消費者
草食動物を食べる動物を「第二次消費者」といいます。肉食動物のことです。

分解者
動物のふんをかみくだき、植物に必要な土の栄養にしてくれる動物を「分解者」といいます。

食物網

動物は1種類の植物や動物を食べるわけではないため、食物連鎖はあみの目のようになります。生息地全体でのエネルギーの受けわたしは、この「食物網」であらわすことができます。

虫の大群が植物を食べすぎると、草食動物がこまります

植物が豊富にあると、多くの草食動物が生きていけます

植物

草食動物がたくさんいると、肉食動物は生き残りやすくなります

アンテロープ（レイヨウ）

バッタ

肉食動物は生きるために、さまざまなものを食べます。ミーアキャットはバッタやサソリのほかに小動物も食べます

ミーアキャット

第三次消費者
食べもののエネルギーが受けわたされた3番めの動物を第三次消費者といいます。

ゴマバラワシ

フンコロガシ

ライオン

サソリ

動物の家族

動物には、さまざまな家族の形があります。大きな集団のコロニーでは、子育ては共同でおこないます。オスとメスでペアをつくる動物もいます。動物たちは、家族の形をくふうして生きのびるのです。

つながるテーマ
住まいのはなし…p.46-47
動物の分類…p.133
昆虫…p.135
鳥類…p.142
ほ乳類…p.144
動物のすみか…p.160

ペアをつくる
コウテイペンギンは、オスとメスが夫婦になると、交代で卵をあたため、ひなにエサをやります。5000羽ものペンギンが群れてくらします。

群れをつくる
シマウマは「群れ」という大きな集団で行動します。子ウマが生まれると、群れのおせいなほかの動物の攻撃から守ります。

コロニーをつくる
アリの家族は、コロニーという大集団をつくります。女王アリがコロニーを支配し、卵を産みます。ほかのアリはコロニーを守り、幼虫を育てるために働きます。

家族ですむ
メスのカワウソは子どもを産むと、2年から3年かけて育てます。子どもはやがて、自分で狩りをし、ひとり立ちします。

動物のすみか

雨風をしのぐため、子どもを守り育てるため、動物には家が必要です。いろいろな場所に、いろいろな形と大きさの家をつくります。なかまが集まって、大きな巣をつくることもあります。行く先々で、毎日新しくつくることもあります。

つながるテーマ
仕事…p.34
住まいのはなし…p.46-47
動物の分類…p.133
昆虫…p.135
鳥類…p.142
ほ乳類…p.144

ハタオリドリの巣
ハタオリドリのオスは、葉や草を輪の形にして巣をつくります。入口は底にあって、敵が入りこむのを防ぎます。

シロアリの塚
シロアリは集まって、大きな塚をつくります。塚はえんとつ形で、中をすずしくしておけます。

兵隊アリは、ほかのアリの攻撃から塚を守ります

小さな塔のようなもので出入口がたくさんあります

働きアリは外側のエリアに草をためます

女王アリはコロニーの中心部にすみます

シロアリの塚の高さは2メートルを超える！

ビーバーの巣
ビーバーは、木の枝やどろで巣をつくります。入口は、水中の敵から見つかりにくい場所にあります。

新しいどろと木の枝を年々加えていきます

変態

動物のなかには、生まれてからおとなになるまでに、おどろくほど形を変えるものがいます。おとなになると見た目がすっかり変わり、まるで別の動物のようです。この変化を「変態」とよびます。

つながるテーマ
動物の分類…p.133
昆虫…p.135
両生類…p.140
卵…p.143
ライフサイクル…p.278

チョウになるまで

美しいチョウになるには長い道のりがあり、何回も形を変えます。変態には、だいたい1か月から1年かかります。

2. 幼虫
おなかをすかせた幼虫が、卵から生まれます。葉を食べるとどんどん成長し、あっというまに大きくなります。

1. 卵
はじめは、草木に産みつけられた小さな卵です。チョウの種類によって、卵の大きさや形、色がちがいます。

変態という言葉はもともとギリシャ語で「形の変化」という意味です

3. さなぎ
幼虫は自分の体を膜でつつみ、「さなぎ」になります。幼虫はさなぎの中で、さらに形を変えます。

さなぎは木の枝や葉にくっつきます

4. チョウ
さなぎからチョウがあらわれ、数時間で飛べるようになります。これで変態は完了です。チョウはやがて卵を産み、新しいチョウの一生が始まります。

からっぽになって残ったさなぎ

はねがかわかないと飛べません

カエルの卵
オタマジャクシ
おとなのカエル
足がはえる

カエルになるまで

カエルのメスはふつう、水の中に卵をたくさん産みます。卵がかえると、呼吸のためのえらのついた小さなオタマジャクシになります。オタマジャクシは大きくなると足がはえ、さらにしっぽがなくなり、舌が育っておとなのカエルになります。

移動する動物

動物のなかには、毎年長い旅をするものがいます。これを「わたり」とか「回遊」といいます。その理由はいろいろ。水を探すため、あたたかい場所で冬を過ごすため、またパートナーを探して子育てをするために移動するのです。

つながるテーマ
北アメリカ…p.111
季節…p.121
昆虫…p.135
鳥類…p.142
ほ乳類…p.144
変態…p.161

オオカバマダラ

オオカバマダラというチョウは、北アメリカからメキシコまで何千キロも飛びます。メキシコにたどりついたオオカバマダラは、北アメリカで産みつけられた卵から生まれたものです。チョウは春になるまで生きて、卵を産みます。

やじるしの意味
→ 秋
→ 春
→ 夏

北アメリカ

夏 幼虫がチョウになると、さらに北をめざして大きな群れで飛び、相手を見つけて卵を産みます。

秋 気温が下がるとチョウのエサが減り、若いチョウは遠い南のあたたかい地方めざして移動をはじめます。

春 北をめざして飛び、あたたかくなると卵を産んで死にます。卵がかえるころには、幼虫のエサとなる葉がしげってきます。

メキシコ

冬 大群で森にやってきて休みます。

数千ひきのチョウがいっせいに「わたり」をします

キョクアジサシ

キョクアジサシは小さな鳥ですが、移動する距離はあらゆる動物のなかで一番です。北極と南極を行き来し、1年のうち8か月は旅をしています。

カリブー

カリブーは北極地方にすむトナカイのなかまで、大きな群れで移動します。1日におよそ50キロずつ、3か月かけて歩き、夏はひらけた土地で、冬は森でくらします。

冬眠（とうみん）

多くの動物にとって、冬はエサを探すのがむずかしい季節です。なかには、あたたかい土地をめざして移動する動物もいます。長い眠りに入って生きのびる動物もいて、これを「冬眠」といいます。春がきて、エサがじゅうぶんとれるようになると、目をさまします。

つながるテーマ
昼と夜…p.120
季節…p.121
動物の分類…p.133
両生類…p.140
ほ乳類…p.144
移動する動物…p.162

ヤマネ
ヤマネは小さなほ乳類です。森にふりつもった葉の下やしげみの奥に、こぢんまりとした巣をつくります。

毛のはえたしっぽを顔に巻きつけてあたたまります

木やほら穴にさかさにぶらさがって冬眠します

コウモリ
深い冬眠のあいだ、1分間の心拍数が、400回から、多くの場合、30回以下に落ちます。

ヤマネは **1年のうち7か月も** まるまったまま **眠りつづける** ことがあります

アメリカアカガエル

アメリカアカガエル
冬になると体がこおりつき、心臓の鼓動は止まります。あたたかくなると心臓が動きだし、体もあたたまります。

クマは冬眠する？
クマは冬に眠りますが、すぐ目をさまします。これを「休眠」といいます。冬眠と似ていますが、それほど深くは眠りません。

生物の保護

「生物保護」とは、生息環境と、そこにすむ動植物を守ることです。この活動が大事なわけは、木を切ったりごみを捨てたりする人間のせいで、動植物のすむところがうばわれるからです。

つながるテーマ
公害…p.92
気候の変動…p.103
農業…p.105
生息環境…p.150
森林…p.154
動物園…p.165

森で
人間は、たき木にしたり、畑をつくるために木を切ります。紙をつくるのにも木が必要です。紙をリサイクル（再利用・再生）すれば、切る量を減らすことができます。

生息環境で
生息環境を荒らすと、動物や植物の命にかかわります。野生生物保護区をつくり、環境とそこにすむ動物を守ります。

絶滅の心配
ひとつの生物の「種」が完全にいなくなることを「絶滅」といいます。国立公園をつくったり、生物保護の法律をつくって、絶滅をくいとめようとしています。

こんなに危険
人間は、動物とその生息環境をおびやかしています。わたしたちも、毎日の生活のなかで小さな改善をして、生物保護につなげることができるはずです。

環境汚染
人間がつくった有害なものを捨てると、環境が汚染され、野生生物の命をうばいます。物の再利用、再生につとめれば、ごみの量は減らすことができます。

漁で
人間が海で魚をとりすぎたために、多くの種が希少種となっています。野生生物に手をつけず、養殖した魚を食べる道を選ぶときがきています。

動物園

動物園には、世界中から集められた動物がすんでいます。動物園で働く人たちは、動物について研究している専門家です。世界で最初の動物園ができたのは、数百年前のこと。今もむかしも、多くの人が動物を見るため、もっとよく知るためにやってきます。

つながるテーマ
仕事…p.34
農業…p.105
ほ乳類…p.144
ペットのはなし …p.146-147
動物の家族…p.159
生物の保護…p.164

自然な環境で
動物園は、動物が野生だったときと同じような環境で飼うよう心がけています。動物にとってよいことですし、見学者はその環境について学べます。

動物園で働く人びと
動物園では、いろいろな人が働いています。飼育員は毎日動物の世話をし、動物学者は動物について研究し、獣医は動物の健康に気をくばります。

動物の保護
野生動物の数を保ち、絶滅させないために活動しています。アメリカのカリフォルニア州の動物園では、絶滅の危機にあるカリフォルニアコンドルを繁殖させる計画がすすんでいます。

こまった動物園
よい動物園ばかりではありません。動物の世話をちゃんとしない動物園や、適切な環境をつくっていない動物園もあります。よい動物園は、動物園の団体に所属し、動物を安全・健康に飼うようつとめています。

動物園に行こう

動物園に行くとき、心がけることは……

エサをあたえない
動物は、決まったエサ以外のものを食べると、具合が悪くなることがあります。

大きな音をたてない
動物をこわがらせるような大声を出さないように。

飼育員の話をよく聞く
飼育員はいろいろなことを知っています。飼育員の話を聞いたり説明看板を読むと、動物のことがよくわかります。

せかいの科学のはなし

数千年のむかしから、人はこの世界を見つめ、「物ごとはなぜそうなるのか」を考えつづけてきました。科学とは、実際に見たことや経験したことを手がかりにして、その問いに答えようとする学問です。

まわりの切れこみは、天体に合わせてあります

びんをゆらして波をつくる実験をしています

世界初の医者は、**5000年前**の古代エジプトの女性たちだったともいわれます

病気をなおす
1928年、イギリスの科学者、アレクサンダー・フレミングは、ペニシリンというカビが細菌を殺すことに気づきました。この発見が、「抗生物質」（人の体内で細菌を殺す薬）が生まれるきっかけとなります。

1. 細菌がふえる
2. ペニシリンを加える
3. 細菌が死ぬ

実験とは
古代ギリシャのアリストテレスは、「さまざまな問いの答えを見つけるには、自然をよく見て、何でも試してみるとよい」と説きました。考えを確かめたり、新しい発見をしたりすること、それが実験です。

ルネサンスの時代
14〜16世紀のヨーロッパはルネサンスとよばれる時代にあたり、科学と芸術を大きく変える新しい考えかたが起こりました。実験をしたり、証拠を集めたり、アイデアを共有したりするのがふつうになり、新しい発明や発見につながりました。

方位磁石（コンパス）は、探検家が世界中に出かけ、新しい考えかたを身につけるのに役立ちました

むかしの方位磁石

偶然の発見

科学的な大発見は、よく偶然起こります。ヴィルヘルム・コンラート・レントゲンというドイツの科学者は、1895年に気体をつめた管に電気を通していたとき、たまたま近くにあった蛍光板が光っていることに気づきました。この謎の光を使って、レントゲンは妻の手の骨の写真を撮りました。これがエックス線撮影のはじまりです。

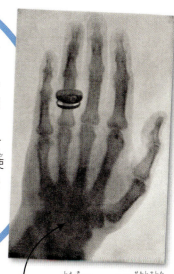

初期のエックス線写真
エックス線は皮ふと肉は通りぬけ、骨に当たるとはねかえります

ネブラ・ディスク

夜空に学ぶ

天文学は、月と星の動きを調べることから始まりました。月のこよみ（太陰暦）がはじめてできたのは、1万年も前のことです。4000年前に使われたネブラ・ディスクという「天文盤」は、季節のうつり変わりや太陽の位置を知るためのものでした。

科学者のスケッチ

むかしの科学者は、自分の発見を記そうとして、美しくて細かいスケッチを描きました。1800年代のイギリスの化石発掘家メアリー・アニングは、子どものころ、見つけた化石をよくスケッチしました。アニングの発見によって、海の生きものが数百万年前にどのように生きていたかがわかりました。

芸術家で科学者でもあったレオナルド・ダ・ビンチは人や動物の体を切りひらいて、スケッチしたといいます

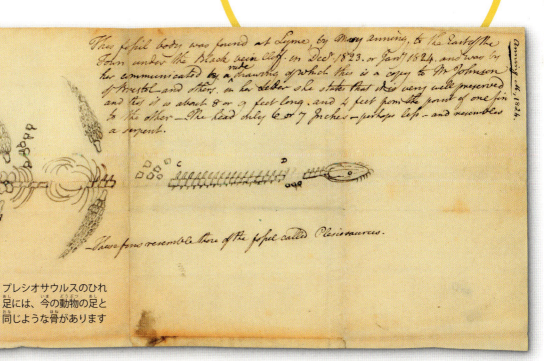

プレシオサウルスのひれ足には、今の動物の足と同じような骨があります

メアリー・アニングが描いたプレシオサウルスのスケッチ（1824年）

いろいろな科学

科学とは、身のまわりのできごとや自然に興味を持って、調べたり実験したりして、「物ごとがなぜそうなるのか」を学び深めるものです。科学はおもに、化学、生物学、物理学の3つに分かれます。

> **つながるテーマ**
> 科学のはなし…p.166-167
> 生物学…p.169
> 化学…p.176
> 物理学…p.188
> 医学と薬…p.200
> 天文学…p.257

生物学
生きものとそのまわりの世界を学ぶ科学を「生物学」といい、人の体や植物、動物を調べます。

化学
物質が何でできているかを調べます。すべての物を成りたたせる、「原子」というとても小さなものについても学びます。

物理学
光、音、力、波、磁石、電気、エネルギー、天体などを学びます。

科学者とは
身のまわりの事物のなぞを調べて解き明かしたり、問題の解決方法を見つける人です。また、そのことを実験で確かめ、その情報を社会に共有します。

発明とは
科学の研究によって、新しい物が生まれることがあります。たとえば「動き」の研究が進むと、よりよい自動車ができます。体の謎が解明されると、病気をなくす薬ができます。

エジソンがつくった電球の複製

トーマス・エジソンは1879年、電気を調べているときに白熱電球を発明しました

本に書いてあることだけが科学ではありません。何かを考え発見する、その道すじもみんな科学なのです

生物学

生物学は、生きものを学ぶ科学です。動物と植物がたがいにどうかかわっているか、またどのような環境で生きているかを研究します。生きものをグループに分けて名前をつけ、生きかたを調べます。

つながるテーマ
植物…p.128
生息環境…p.150
食物連鎖…p.158
植物・動物の細胞…p.170
進化…p.172
食べもの…p.173
人の体…p.263

植物のつくりのひとつひとつに名前があります。これは「花弁」（花びら）といいます

植物学
小さなコケや藻から巨大な木まで、あらゆる植物の研究をします。

人の体は、つながり合う多くの器官でできています

人類生物学
人の体のはたらきやなりたち、健康を保つにはどうしたらよいかを研究します。

エコロジー（生態学）
動物や植物が環境とのようにかかわり合っているかを調査します。

生物学
生物学には、いろいろな分野があります。それぞれの分野は、さらに細かく区分けされますが、重なっている部分もたくさんあります。

動物学
動物の体のはたらき、育ちかたや行動などについて研究します。

生きものは、とても小さな「細胞」というものでできています

微生物学
細菌、ウイルス、菌類など、とても小さな生きものについて調べます。

植物・動物の細胞

生きものは、細胞でつくられています。細胞はその役割によって、形も大きさもさまざまです。2つに分かれて自分そっくりのコピーをつくることができます。

つながるテーマ
植物…p.128
光合成…p.171
人の細胞…p.264
心臓…p.268
遺伝子…p.279
病気…p.281

植物の細胞
空気中の二酸化炭素を取りこみ、日光を使って自分で栄養をつくります。じょうぶな細胞壁があり、しっかりとした茎や葉になります。

細胞壁
じょうぶな壁が、細胞や植物の形をつくります。

細胞質
液状になっていて、核をのぞくすべてのものが、ここに浮いています。化学反応は、ここで行われます。

細胞膜
細胞質を守る仕切りです。

核
細胞を取りしきる部分。遺伝子の情報がここにあります。

細菌
細菌は細胞がたった1個の「単細胞生物」で、2つに分かれて自分のコピーをつくります。有害な細菌がふえると、病気になります。

動物の細胞
酸素を使って糖をばらばらにし、エネルギーをつくります。動物は食べたものから糖を取りこみますが、酸素は呼吸によって取りこみ、血液によって細胞に運ばれます。

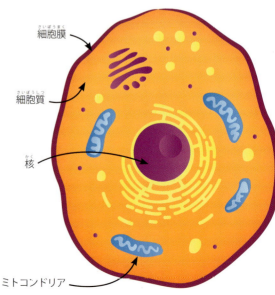

細胞膜
細胞質
核
ミトコンドリア

ミトコンドリア
細胞の中で、糖をエネルギーに変えるはたらきをしています。

葉緑体
葉緑体は、日光を使って、水と二酸化炭素から栄養をつくります。

液胞
液体の栄養や水、細胞のゴミをためこんでいます。

光合成

植物は、成長するための養分を自分でつくっています。日光からエネルギーを、土から水を、空気から二酸化炭素を取りこんで、栄養と酸素をつくります。このしくみを光合成といいます。

つながるテーマ
炭素の循環…p.90
植物…p.128
植物・動物の細胞…p.170
気体…p.185
光…p.193
温度…p.199

植物はどうやって栄養をつくるの？
太陽のエネルギーを使って、二酸化炭素と水を反応させて、糖をつくります。

日光
光合成をおこなうためには、日光のエネルギーが必要です。植物が光に向かって育つのは、そのためです。

二酸化炭素
葉の表面の穴（気孔）から二酸化炭素を取りいれます。

酸素
二酸化炭素と水、光を利用してつくられた栄養のあまりとして、酸素が出されます。

植物が光合成でつくり出すのも、人間や動物（や植物）が呼吸で吸いこむのも、同じ酸素です。

葉
葉の中にある葉緑素（クロロフィル）という化学物質が、日光のエネルギーを取りこみます。植物が緑色に見えるのは、葉緑素があるからです。

茎は植物を支える強さがあり、光のあるほうへのびます

水
水は、植物が生きるのになくてはならないものです。根から茎を通って取りこまれます。

根
根が水とミネラルを土から取りこみます。

植物が育つには
植物が育つためには、ちょうどよい温度と光、水が必要です。どれかが足りなくなったり、多すぎたりすると、植物は枯れはじめます。

葉がしおれます

葉が茶色になります

光がないとき

水がないとき

進化

動物は、自分のまわりの気候や食べものが変われば、生きのびるために自分も変わらなければなりません。これを「適応」といいます。このような小さな変化が何百万年もかけて起こり、生きものの新しい「種」が生みだされることを、「進化」といいます。

つながるテーマ
化石…p.89
恐竜…p.125
先史時代の生きもの…p.126
イヌのなかま…p.148
ライフサイクル…p.278
遺伝子…p.279

化石
化石は、地層の中などから発見される、大むかしの生きものの死がいです。化石を調べると、生きものがどう変わってきたかわかります。

アンモナイトの化石

キリンは、首が長いほうがエサをたくさん取れます

キリン

チャールズ・ダーウィン
イギリスの科学者、チャールズ・ダーウィンは、世界中を旅して生きものを調べてまわり、「進化論」を思いつきました。

自然選択
役に立つ形状や性質を親から受けつぐと、その子どもは生きのびやすくなります。これを「自然選択」といいます。

かけ合わせ
人間が、ちがう品種をかけ合わせて、色や形のちがう子どもをつくることもあります。かけ合わせで生まれたイヌは、「ミックス犬」とよばれます。

ほ乳類は、2億2000万年前にあらわれてから、ずっと進化してきました

ラブラドール（母） 　 プードル（父） 　 ラブラドゥードル（子）

食べもの

人はいろいろな食べものを、バランスよく食べなければなりません。食べると、体を動かすエネルギーが生まれ、体が育ち、体調を整えます。食べものは、どのような栄養をふくんでいるかで、いくつかのグループに分けられます。

つながるテーマ

「食」のはなし
…p.106-107

植物…p.128

食物連鎖…p.158

気体…p.185

エネルギーのはなし
…p.196-197

消化…p.270

食べもののグループ

おもに5つか6つに分かれますが、どれも体を元気にする栄養やビタミンがふくまれています。

米や小麦

パンや米、シリアル、パスタに入っている炭水化物は、体のエネルギーのもとになります。

乳製品

牛乳やヨーグルト、チーズ、バターにはカルシウムがあり、歯やつめ、骨を育てます。

くだものと野菜

繊維をふくんでいて、食べたものの消化を助けます。体のはたらきをよくするビタミンやミネラルも入っています。

肉や魚

肉や魚、卵、豆類にたくさん入っているたんぱく質は、筋肉など体をつくるのに必要な栄養です。

飲みもののはたらき

水分は、食べものからとった栄養を体じゅうに運び、そのあと、いらなくなったものを体の外に排出します。

糖や油

ナッツや油にふくまれる油や、くだものなどからとれる糖は、エネルギーのもとになります。ただし、取りすぎると体によくありません。

エネルギーのもと

わたしたちは食べることで、食べものがもつエネルギーを、体を育てるエネルギーに変えます。たくわえたエネルギーは、体を動かすエネルギーになります。

せかいの
色のはなし

世界には美しい色があふれています。色の正体は光です。さまざまな光が物に反射して、わたしたちの目に入ると、色として見えるのです。色が意味をあらわすこともあります。信号の赤いランプは「とまれ」、戦いでかかげる白旗は「降伏（負け）」をあらわします。

絵の具
絵の具の「色」のもとになるのは、顔料という粉です。顔料は水にとけません。固着剤とよばれるのりのようなものと顔料を混ぜて、絵の具をつくります。絵の具がねっとりしているのは、そのためです。

画家はパレットの上で色をつくります

虹
白色光（日光のように色のない光）は、虹の7色、つまり赤、オレンジ、黄、緑、青、藍、紫が集まってできています。日光が雨のような水滴を通りぬけると7色に分かれて、虹に見えます。

動物の色
鳥のオスは、メスに気に入られるために、色とりどりの羽をもっていることがあります。また、敵が来たときに、「自分に近づくな」と威嚇するために体を目立つ色に変えられる動物もいますし、体の色をまわりにとけこませて、見えにくくする動物もいます。

クジャクのオスはメスよりあざやかな色をしています

クジャクのメス　クジャクのオス

はねかえる色

植物が緑に見えるのは、緑の光が植物からはねかえって、人の目に入るからです。日光の中にあるほかの色は、植物の葉に吸収されます。

緑以外の色は吸収されます

緑の光ははねかえって、目に入ります

人の目

緑の光は葉に入らず、はねかえります

色を混ぜる

赤、黄、青は色の三原色といい、混ぜるといろいろな色をつくることができます。2つの原色を混ぜるとできるオレンジ、緑、紫は二次色といい、さらに混ぜると、また新しい色ができます。たとえば、二次色のオレンジと緑を混ぜると茶色になります。

黄（原色）
青（原色）
赤（原色）
黄と赤でオレンジになります
黄と青で緑ができます
青と赤で紫になります

絹でできたドレス（1750年ころ）

はやりの色

世界中どこの国でも、人はさまざまなスタイルのカラフルな服を着て、自分らしさを出します。流行（ファッション）は時代とともに変わるので、今の服はむかしとだいぶちがいます。

化学

化学とは、地球や宇宙に存在する、あらゆる物質ついて知る学問です。物質を構成している基本的な成分を「元素」といいます。現在、約110種類の元素が知られていて、それぞれ異なる性質を持っています。元素と元素を組み合わせて、いろいろな物質ができています。

つながるテーマ
物質…p.177
原子…p.179
元素…p.180
状態の変化…p.186
エンジニア…p.215
人の細胞…p.264

原子と分子

水や酸素などは、いくつかの原子が結びついて、1つの粒子になっています。このような粒子を分子といいます。あらゆる物質は原子と分子からできていて、1種類の原子どうしが結びつくこともあれば、2種類以上の原子が結びついて分子になることもあります。

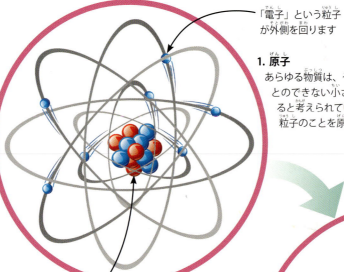

「電子」という粒子が外側を回ります

1. 原子
あらゆる物質は、それ以上分割することのできない小さな粒子でできていると考えられています。その小さな粒子のことを原子といいます。

原子はほとんどからっぽの空間です。原子がサッカー場だとすれば、原子核はビー玉くらいの大きさしかありません

まん中は「原子核」といい、「陽子」と「中性子」という粒子でできています

2. 元素記号
原子は種類によって、質量や大きさが決まっています。すべての原子は、アルファベット1文字または2文字の記号で表されます。この記号を元素記号といいます。

金（Au）
アンチモン（Sb）
プルトニウム（Pu）

※写真はウラン鉱石です。プルトニウムがわずかにふくまれています。

化学変化

水素と酸素が結びついて水ができるように、ある物質から別の物質が生まれる変化を化学変化（化学反応）といいます。

鉄と酸素の化学反応でサビができます

3. 化合物
2種類以上の原子でできている物質を「化合物」といいます。たとえば水は、酸素と水素の化合物です。

水は酸素と水素の化合物

物質

物質には、それぞれの性質があります。かたいもの、曲がるもの、水を通さないもの、磁気のあるもの、水に浮かぶもの、沈むもの、電気を通すものなど、さまざまです。

つながるテーマ
原子…p.179
プラスチック…p.182
固体…p.183
液体…p.184
気体…p.185
電気…p.194
建物…p.217

水にとけやすいか？

塩は水に入れるととけるので、「塩は水にとけやすい」といえます。とけやすい物質は、固体、液体、気体のどれにもあります。

砂は水にとけません

この紫の粉は過マンガン酸カリウムで、水にとけることができます

熱が伝わりやすいか？

金属は熱を伝えやすく、熱は金属にふれるとすぐに伝わります。木やプラスチック、ゴムは、あまり伝えません。なべは、熱の伝わりやすさ、伝わりにくさをよく考えてつくられています。

ゴム製の持ち手は熱くならないので、なべが熱くても持ちあげられます

金属製のなべを火にかけると、熱くなります

電気を通しやすいか？

銅は電気を通します。プラスチックは電気を通しません（これを絶縁体といいます）。導線は両方の性質をうまく使ったものです。

導線の銅の部分は電気を通します

プラスチックは導線から電気がもれないようにします

燃えやすいか？

かわいたたきぎは、火がすぐにつき、よく燃えます。石には火がつかず、燃えません。

たきぎはかわいていると、火がつきやすくよく燃えます

石は燃えにくいので、火が広がるのを防ぎます

浮く力

物を水に入れると、重くて中身がつまっている物ほど、よく沈みます。石や金属のような物はたいてい沈み、木やプラスチックなど軽い物は浮きます。

つながるテーマ
物質…p.177
金属…p.181
気体…p.185
力…p.189
重力…p.190
船…p.211

浮く
物そのものの重さや水の圧力など、物にかかる「下向きの力」が、水が物を下から「押しあげる力」より弱ければ、物は浮きます。空気が入っているものほど、浮きやすくなります。

アヒルの重さで下がります

アヒルの中はからっぽで、空気が入っていて、軽く、浮きやすいです

塩水は真水より浮力が大きいので、湖より海のほうが浮きやすい

浮力とは
アヒルが水を押しのけると、押しのけられた水の分だけアヒルを押しもどす力がはたらきます。水が上に向かって押す力を「浮力」といいます。

浮力がアヒルを押しあげます

水の中にコイン（硬貨）を投げ入れると、コインの重さによって、下向きの力がはたらきます

下向きの力と同時に、コインの大きさの分だけ水がコインを押し戻そうとしますが……

巨大な船が沈まないわけ
金属でできた大型船は、なぜ沈まないのでしょうか？船が浮くのは、中に空洞がたくさんあるためと、水とふれる面が広いからです。船を押しあげる浮力が、船全体の重さによる力より大きくなるのです。

沈む
「下向きの力」のほうが「押し戻す力」より大きいと、物は沈みます。

コインの浮力

原子

原子は、宇宙のあらゆるものをつくる最小の単位です。目に見えないほど小さく、まるく、中はほとんどからっぽです。人も車も星もすべて、この小さな原子からできています。

つながるテーマ
炭素の循環…p.90
化学…p.176
元素…p.180
状態の変化…p.186
太陽系…p.237

原子をあらわした図

原子の中は？
原子は、さらに小さい3種類の粒子（陽子、中性子、電子）からできています。

原子核
原子のまん中にあるものを核といいます。

電子
原子のふちをまわります。

陽子
中性子

酸素分子
酸素の分子は、酸素原子2つからなります

分子の中の原子は、原子どうしで電子を共有します

分子
2つ以上の原子が結びついたものを分子といいます。分子にはいろいろな形があり、原子が長くつながって鎖のようになったものもあります。

原子はとても小さく、70億個くらい集めないと、目で見ることはできません。

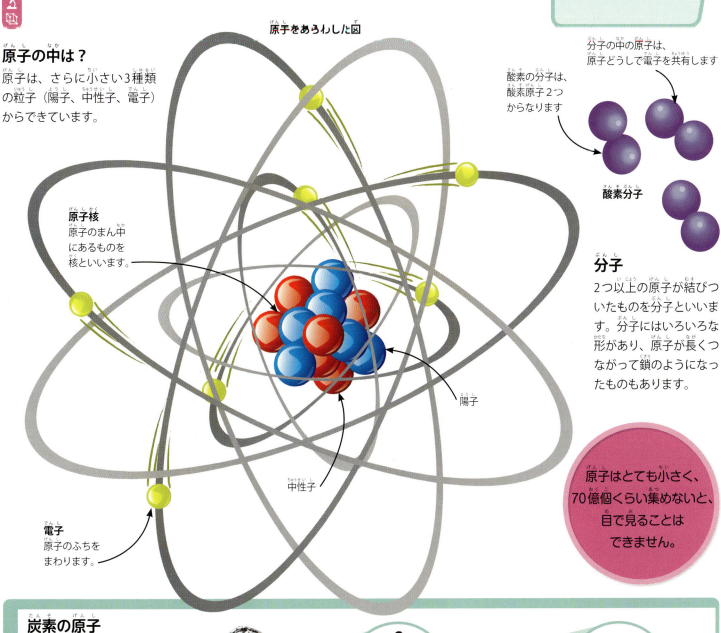

炭素の原子
炭素はほかの原子と結びついて、さまざまな物をつくります。また、原子のならびかたによって、ダイヤモンドになったり、鉛筆のしんになったりします。

ダイヤモンド

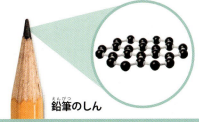
鉛筆のしん

元素

元素とは、あらゆるものをつくっているみなもとになる要素です。たとえば、人の体は酸素や水素、炭素などの元素からできています。

つながるテーマ
金のはなし…p.86-87
原子…p.179
金属…p.181
固体…p.183
液体…p.184
気体…p.185
電気…p.194

どこにでもある元素
元素の4分の3は金属のなかまです。たいていは固体で、電気を通します。金属でない元素には、水素や酸素などの気体があり、固体では炭素や硫黄があります。

カルシウム
カルシウムは金属のなかまで、岩や生きもの、牛乳の中にあります。骨や歯、動物の角をつくります。

ヘリウム
ヘリウムは恒星の中でできる物質です。空気より軽い気体で、風船をふくらますのに使われます。

アルミニウム
やわらかく軽い金属で、アルミホイルや缶、飛行機の部品などに使います。さびにくいのが特徴です。

金
高い価値のある金属で、自然界にまじりけのない形で見つかります。たたいて形をつくることができます。

周期表
周期表は、今までに宇宙全体で見つかった元素をすべてならべたものです。100以上の元素がここにありますが、今でも新しい元素は見つかっています。元素には記号があり、元素のふるまいかたや粒子の数によってまとめられ、ならべてあります。

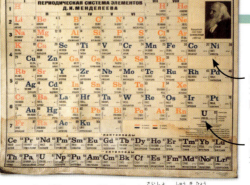

ニッケルの元素記号はNiです

ウランの元素記号はUです

メンデレーエフがつくった最初の周期表

水銀は、室温（部屋の温度）で液体になるただ1つの金属です

金属

金属はがんじょうで、曲げやすく、電気を通します。このような性質は物をつくるのに向いているため、針金から建物まで、いろいろなものに使われます。ほかの金属とまぜた「合金」もよく使われます。

つながるテーマ
鉄器時代…p.48
元素…p.180
液体…p.184
磁石…p.192
自転車…p.208
隕石…p.249

自転車のしくみ
自転車は、じょうぶな金属と曲げやすい金属を組み合わせてつくります。各パーツは、そのはたらきに合わせて、金属を使い分けます。

古代エジプト人は空から降ってきた**隕石の鉄**で物をつくりました

車輪の外わく（リム）は、がんじょうな鋼でつくります

チタンでできたじょうぶなフレームはさびません

ブレーキのレバーは、じょうぶなアルミニウムでつくります

鋼を使ったスポークで車輪を支えます

チェーンはしなやかな炭素鋼（カーボンスティール）でできています

ペダルは長持ちするアルミニウムです

鉱山でほりだす金属
地下にトンネルをほって、金属を探す場所を「鉱山」といいます。鉱山でほりだした金属は、たいてい純粋ではなく、岩や気体がまざっています。使うときは、これらを取りのぞきます。

1. 鉱石を探す
鉱山をほって、金属をふくんだ岩を見つけます。

2. とかす
鉱石を熱してとかし、金属を取りだします。気体を取りのぞくには、薬品を使います。

3. 冷やす
金属は冷えると固体になります。熱してたたき、使いやすい形にします。

プラスチック

プラスチックは、自然の中にもあり、人工的につくることもできる物質です。色をつけやすく、形にしやすいので、物をつくるときにとても便利です。プラスチックは水を通さず、じょうぶです。液体を運んだり、ロープにもなります。

つながるテーマ
炭素の循環…p.90
リサイクル…p.104
物質…p.177
原子…p.179
液体…p.184
気体…p.185
電気…p.194

どこにでもあるプラスチック
プラスチックは、おもちゃ、電気製品、家具、自動車など、日用品にたくさん使われています。

水を通さないので液体を入れて運べます

プラスチックの原料を工場の機械でとかし、冷やして固めてストローはできます

透明で、中を見ることができます

じょうぶでこわれにくく、おもちゃをつくるのに向いています

文房具にも使われています

ロープは、しなやかでじょうぶです

レンズにも使われています

便利なプラスチック
電気を通さず、じょうぶで長持ちするという便利な性質のおかげで、プラスチックはいろいろな物に使われています。

電線

絶縁体になる
電気や熱を通しにくい物質を絶縁体といいます。プラスチックでまいた電線は、中の電気をもらしません。

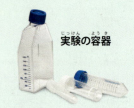
実験の容器

こわれにくい
ガラスや陶器よりつくりやすく、こわれにくく、けがをする心配もあまりありません。

レジ袋

リサイクル
プラスチックのごみは自然の力で分解されず、いつまでも残ってしまいますが、リサイクルで新しいプラスチックに生まれ変わります。

ペットボトル25本のリサイクルで、ポリエステルのフリース1着がつくれます

プラスチックのもと
自然のプラスチックは、植物や木、虫、動物の角などにあります。人工のプラスチックは、石油や石炭、天然ガスでつくります。どちらも、炭素という元素をふくんでいます。

プラスチックのもと（ペレット）

固体

固体は、目で見ることができて、形があります。水のように流れて形が変わったりしません。固体はかたい物ばかりではなく、やわらかい固体もあります。小さな消しゴムから大きな家まで、何でもつくれます。

つながるテーマ
物質…p.177
金属…p.181
プラスチック…p.182
液体…p.184
気体…p.185
状態の変化…p.186

固体はどんなもの
かたいもの、曲げやすいもの、じょうぶなもの、つぶしやすいもの、透きとおったもの、磁気のあるものなど、さまざまです。

固体の粒子
固体は、とても小さい粒子が、しっかりくっつき合ってできています。多くの固体は、熱すると粒子が動きはじめ、液体になります。

固体を切る
固体を切ると、ちがう形にできます。木材は木を切ってできた固体で、木材を切って形にすれば家具になります。

固体のチョコレートは積み重ねることができます。あたたまると、どろどろの液体になります

岩は固体ですが、高温で熱するとどろどろの溶岩になります

しっかりとした形を保ちます

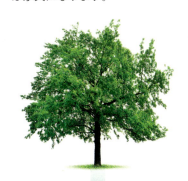

木を切ると木材に

形をつくる
金属はかたい固体です。金属を熱してやわらかくし、曲げたりたたいたりして、望む形にします。金属は冷めると、そのままの形を保ちます。

新しい固体に
ほかの物を混ぜると、新しい固体になります。たとえばゼリーの素は、熱い湯を加えると液体になります。その液体が冷えると、やがて固体になります。

冷やす

とかしたゼリー
かたまったゼリー

熱く焼いたてい鉄

液体

液体は、流れやすい物質です。雨が降ると、雨粒は地面に山積みにならず、水たまりになります。液体は冷えると固体になり、熱すると気体になり、目には見えなくなります。

つながるテーマ
水の循環…p.93
川…p.96
原子…p.179
固体…p.183
気体…p.185
状態の変化…p.186

液体はどんなもの
液体は流れて動くので、混ぜ合わせることができます。液体によって流れやすさはちがいますが、どんな液体でも、入れものの形に合わせて自分の形を変えます。液体は、熱して料理に使うこともできます。

液体は注ぐことができます

入れ物の形に合わせて動きます

脳のおよそ **75パーセント**は水です

とける
液体にとけて見えなくなる物質があります。塩を水にとかすと塩水ができますが、塩水になると塩のつぶは見えません。

水　塩　塩水

液体の粒子
液体はとても小さい粒子からなり、すばやく動きまわりながら、集まっています。この粒子は、冷えると動きがにぶくなり、やがて固体になります。

水
地表（地球の表面）の3分の2は、水でおおわれています。水は、動物や植物が生きていくのに欠かせない、大切なものです。ほとんどの生きものは、少なくとも半分が水でできています。

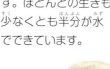

気体

気体は、わたしたちのまわりのどこにでもあります。というのも、空気は気体がまざり合ったものだからです。気体は、ふたをした入れものに入れておくことができますが、ふたをとれば逃げだし、広がります。ほとんどの気体は、目に見えません。

つながるテーマ
元素…p.180
固体…p.183
液体…p.184
状態の変化…p.186
混合物…p.187
肺…p.269

気体はどんなもの
気体は押しつぶせますが、もとの大きさにもどろうと押しかえしてきます。この性質を使って、自転車のタイヤに空気を入れ、でこぼこ道を走るときのクッションにします。

気体は広がって、入れものをいっぱいにします

ヘリウムは空気より軽いため、ヘリウム入りの風船は宙に浮きます

出口をふさがないと、気体は逃げてしまいます

気体の粒子
気体はとても小さい粒子からなり、粒子ははなれたまま、あらゆる方向へすごい速さで動きます。固体にぶつかるまで、どこまでも進みます。

シャボン玉がふくらむわけ
シャボン玉に空気が少しずつ入ると、中からシャボン玉を押します。シャボン玉のせっけん水は、ひきのばされながらも空気を押しかえし、球の形に押しこめます。

炭酸水
炭酸水の中のあわには、気体が入っています。この気体は二酸化炭素です。

空気の中身
空気にはいくつかの気体がまざっていて、いちばん多いのが窒素、次が酸素です。人は空気を吸って、体に必要な酸素を取りこみます。

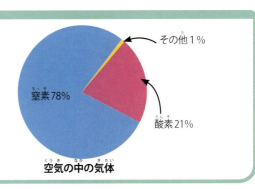

窒素78%
酸素21%
その他1%

空気の中の気体

状態の変化

物は、温度や中身のつまりかたによって、状態が変わることがあります。固体が液体や気体になったり、その逆の変化が起きたりするのです。水は、固体にも液体にも気体にもなります。

つながるテーマ
水のはなし…p.94-95
原子…p.179
固体…p.183
液体…p.184
気体…p.185
温度…p.199

水の3つの状態

あらゆる物は、とても小さい粒子でできています。固体か液体か気体かによって、粒子のならびかたが変わります。

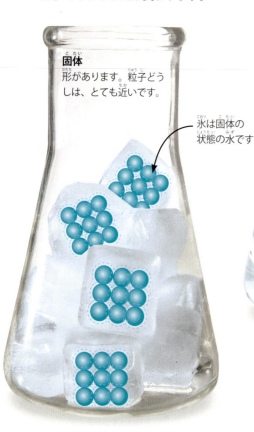

固体
形があります。粒子どうしは、とても近いです。

氷は固体の状態の水です

液体
流れるものです。粒子どうしは近いですが、たがいに動いてすれちがいます。

飲み水は液体の状態の水です

気体
あらゆる方向へ動きます。粒子どうしは、はなれています。

水蒸気は気体の状態の水です

固体 ⇄ 液体 ⇄ 気体

同じ物でも、熱を加えると固体から液体に、液体から気体に変わり、冷えるともとにもどります。このような変化を、融解、凝固、蒸発、凝縮といいます。

融解（とける）
固体を熱すると、とけて液体に変わります。

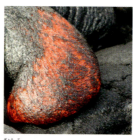
凝固（かたまる）
この溶岩のように、液体が冷えると固体になります。

蒸発
液体が蒸発して、気体に変わります。

凝縮
水が気体からもとの液体にもどることを、凝縮といいます。

混合物

混合物とは、別々の物質がひとつに混ぜ合わされたものです。身のまわりにあるほとんどが、混合物でできています。空気は、窒素や酸素などの気体がふくまれている混合物です。混合物をもとどおりに分けるには、おもに3つのやりかたがあります。

つながるテーマ
岩石と鉱石…p.84
固体…p.183
液体…p.184
気体…p.185
状態の変化…p.186

ふるいにかける

ふるいを使うと、大きい固体と小さな固体を分けたり、固体と液体を分けたりできます。ふるいにはあみ目の小さなあながあり、小さいものはそこを通りぬけるのです。

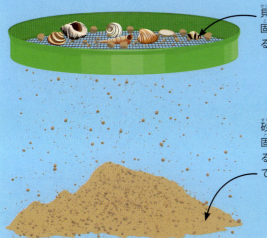

貝がらは大きい固体なので、ふるいに残ります

砂つぶは小さい固体なので、ふるいを通りぬけて落ちます

ろ過する

ろ紙には、小さなあながあいています。あなを通れない大きな固体はろ紙に残り、液体は通りぬけます。

砂と水の混合物をろ紙に注ぎます

砂はろ紙に残りますが、水は通ります

容器に流れ落ちた水に砂は入っていません

蒸発させる

塩のような固体は、液体にまぜるととけます。塩水を熱すると、水が蒸発して、塩だけが残ります。

液体は気体に変わり、固体が残ります

熱を加えると液体はふっとうし、気体に変わります

化合物

ふるいやろ過、蒸発では分けることができない、しっかりとくっついた物があります。これは混合物ではなく、化合物といいます。鉄と硫黄は、硫化鉄という化合物をつくります。

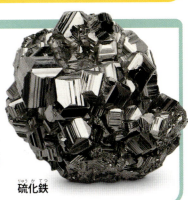

硫化鉄

物理学

宇宙のなかで、重さのあるあらゆるものを「物体」といいます。物理学は、物体がどう動き、たがいに影響し合うのかを研究する科学です。エネルギー、力、磁石、光、熱、波、音などが研究テーマになります。

つながるテーマ
- 科学のはなし…p.166-167
- 力…p.189
- 磁石…p.192
- 電気…p.194
- 回路…p.195
- エネルギーのはなし…p.196-197

天気の予測
熱と冷気が風をどう起こすかを研究して、天気の予測に役立てます。

気象観測気球が情報を集めます

医療機器
スキャナー（体の中を調べる装置）、心臓モニター、エックス線などの機械は、物理学の知識を使ってつくられたものです。

心拍数のモニター

原子核物理学
原子を分裂させるとエネルギーが出ます。わたしたちは、そのエネルギーを使うことができます。

原子をあらわした図

身のまわりの物理学
物理学でわかったことは、生活にいろいろと役立ちます。これを応用物理学といいます。

コンピューターの中の回路基板

電子回路
電気を通すワイヤーでさまざまな部品をつなぎ、スマートフォンやコンピューターは動きます。

ソーラーパネルは太陽エネルギーを集めます

電気
電気は、火力、太陽光、風力、水力などを使ってつくることができます。

遊園地の乗りもの

力学
押す力や引く力、運動のエネルギーを研究すると、遊園地の乗りものをはじめ、いろいろな機械の設計に役立ちます。

力(ちから)

静止している物を押したり引いたりすると、力がはたらきます。力には、物の形を変えたり、物を動かしたり、物を支えたりするはたらきがあります。引力のように、何もふれず、目にも見えずに、遠くはなれた物にはたらく力もあります。

つながるテーマ
重力…p.190
摩擦…p.191
磁石…p.192
物をはかる…p.207
太陽系…p.237
太陽…p.254

押す力
押すと物は動きだし、速さをまします。
おもちゃを動かすとき、手は押す力を加えています。

押しやる手の力

引く力
引いても物は動きます。
力の向く方向に、物が動きます。

手のあるほうに向いて引く力

つり合う力
2つの力が同時に別の方向へはたらくことがあります。その力がつり合えば、物は同じ速さで動くか、止まります。どちらかが大きければ、物はより速く動くか、よりおそくなるかです。

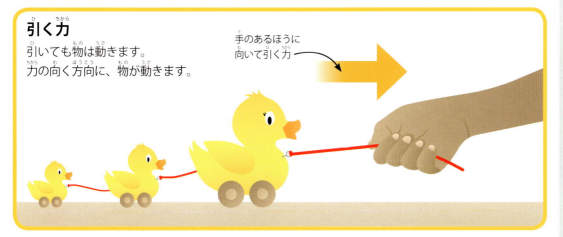

摩擦力は車をうしろに引きます
エンジンの力は車を前に押します
重力は車を下に引きます

いすにすわってじっとしているとき、体にかかる力はつり合っています

重力
物を地球の中心へ引く、とても強い力です。重力があるので、人は宙に浮きません。

重力はボールを下に引き落とします

磁力
物を磁石に引きつける力や、押しやる力です。反対の磁力どうしはたがいに引き合い、同じ磁力どうしは反発し合います。

磁石はたがいに引き合います

摩擦力
物の動きをおそくしたり止めたりする力です。2つの表面がふれるときにはたらきます。

筋肉は足を前へ動かします
摩擦力は足をうしろへ引っぱります

重力

重力は、ジャンプしたときにわたしたちを地球へ引きもどす「見えない力」です。ボールを投げあげて落ちてくるのも、重力によるものです。重力がなければ、人は浮かび、宇宙まで行ってしまいます。地球上のすべての物は、地球の中心に向かって重力を受けています。

つながるテーマ
気体…p.185
力…p.189
物をはかる…p.207
太陽系…p.237
月…p.241
太陽…p.254

地球に落ちる
地球の重力は、物を地球へ引きよせます。スカイダイバーが飛行機から飛びおりると、重力はダイバーを下へ引きます。ダイバーはパラシュートを使って、落ちるスピードをゆるめます。

空気は、落ちるダイバーを押し上げます

重力はダイバーを地球へ引きます

アイザック・ニュートン
科学者のアイザック・ニュートンは、物が地球へ落ちるのには、ある法則（きまり）があることに気づきました。

ニュートンはリンゴが木から落ちるのを見て、万有引力の法則を発見しました

月は地球のまわりを回っています

地球と月
地球の強い重力で、月は回ります。重力がなければ、月は宇宙のかなたへ消え去ってしまうでしょう。

摩擦力

摩擦とは、物が動く向きと反対向きにはたらく力です。机の上にある筆箱を手で押して動かしても、少しすべって止まります。表面の性質がちがうと、摩擦力の大きさは変わります。

つながるテーマ
水のはなし…p.94-95
物質…p.177
力…p.189
重力…p.190
温度…p.199

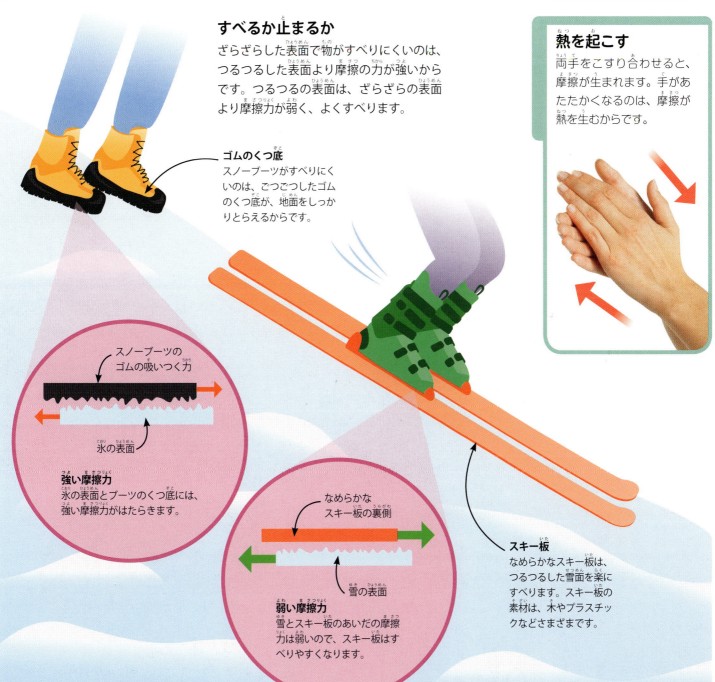

すべるか止まるか
ざらざらした表面で物がすべりにくいのは、つるつるした表面より摩擦の力が強いからです。つるつるの表面は、ざらざらの表面より摩擦力が弱く、よくすべります。

ゴムのくつ底
スノーブーツがすべりにくいのは、ごつごつしたゴムのくつ底が、地面をしっかりとらえるからです。

スノーブーツのゴムの吸いつく力
氷の表面

強い摩擦力
氷の表面とブーツのくつ底には、強い摩擦力がはたらきます。

なめらかなスキー板の裏側
雪の表面

弱い摩擦力
雪とスキー板のあいだの摩擦力は弱いので、スキー板はすべりやすくなります。

スキー板
なめらかなスキー板は、つるつるした雪面を楽にすべります。スキー板の素材は、木やプラスチックなどさまざまです。

熱を起こす
両手をこすり合わせると、摩擦が生まれます。手があたたかくなるのは、摩擦が熱を生むからです。

磁石(じしゃく)

磁石は、ほかの磁石や鉄など金属とくっつきます。磁石の２つのはしを「極(きょく)」といい、磁石のまわりで「磁力(じりょく)」がはたらく場所を「磁場(じば)」といいます。

つながるテーマ
- 地球の中身…p.76
- 方位磁石…p.110
- 物質…p.177
- 力…p.189
- 電気…p.194
- 地球…p.240

磁石にくっつく物
鉄が入っている金属は磁石につきますが、銅やアルミニウムなどは磁石にくっつきません。

磁力
同じ極どうしは反発し、たがいを遠ざけようとします。ちがう極どうしは、たがいに引き合い、くっつきます。

S極どうしはたがいを押しやり、はなれます

N極とS極はたがいに引き合います

磁場
磁石は、鉄でできた物を引きよせます。また、ほかの磁石を近づけると、引き合ったり、反発し合ったりします。この力がはたらく空間を磁場とよびます。

磁力線はN極を出てS極へ向かいます

極のまわりの磁場がいちばん強いです。たとえばこのあたり

このクリップは磁石に引きよせられています

クリップが磁石にくっつくのは、鉄をふくんでいるからです

地球そのものがとても大きい１個の磁石で、２つの極があります

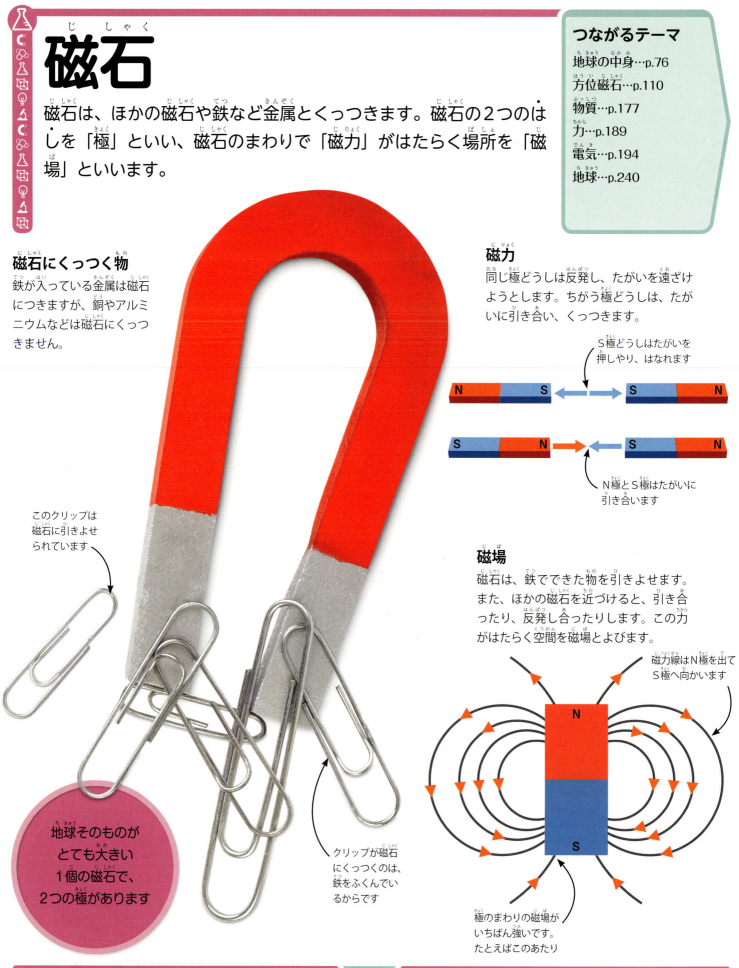

光

光は直接わたしたちの目にとどくか、物に反射して目にとどきます。自然の景色を見ることができるのは、太陽の光が山や海などの「物」に反射して目にとどくからです。光はエネルギーの一種で、熱や電気のような、別のエネルギーに変えることができます。

つながるテーマ
無脊椎動物…p.134
色のはなし…p.174-175
物質…p.177
エネルギーのはなし…p.196-197
太陽…p.254
視覚…p.272

太陽の白い光

太陽のような白い色の光（白色光）は、すべての色の光からなっています。白色光をガラスのプリズムに通すと、光は曲がります。その角度によって、いろいろな色に分かれます。

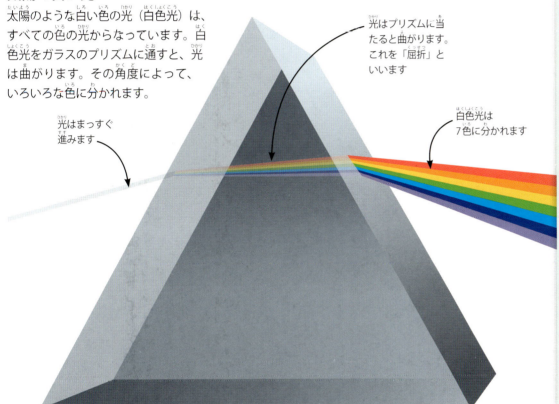

光はまっすぐ進みます

光はプリズムに当たると曲がります。これを「屈折」といいます

白色光は7色に分かれます

光源

太陽や蛍光灯のように、自分で光を出す物体を光源といいます。人がつくる人工の光源には、電球やろうそく、石油ランプなどがあります。クラゲやホタルのように、自分で光をつくる動物もいます。

太陽は自然の光源です

ろうそくは人工の光源です

クラゲは暗やみで光ります

かげ
光が物体でさえぎられると、暗い部分ができます。これが「かげ」です。かげはその物体の形になります。

反射
光は、鏡や水面のようなつやのある面で、よくはねかえります。これを「反射」といいます。

電気

電気には、＋と－の2種類があります。－の電気を帯びた小さな粒子を、電子といいます。この電子が流れることによって、電気が発生します。電気を利用したものは、明かりや冷蔵庫、テレビなど、身のまわりのさまざまな場所で使われています。

つながるテーマ
物質…p.177
原子…p.179
金属…p.181
回路…p.195
エネルギーのはなし
　　　　…p.196-197
テレビ…p.226

かみなり
かみなりの正体は、「静電気」という自然に起きる電気です。雲の中の氷のつぶがこすれ合って、大きな火花が飛びちるほど電気をもつのです。

電気をつくる
電気は、いろいろなエネルギー源からつくられます。ソーラーパネルは日光を電気に変え、風力タービンは風のエネルギーを電気に変えます。

風力発電をおこなうタービン

電気を使う
電気ポットやテレビなどの電気製品は、スイッチを入れて電流を流すと動きます。

トースターは、電気でパンを焼きます

スタンドの電球は電気を使います

パソコンは電気をためて（充電）おけます

回路

回路とは、電気が流れる道すじのことです。冷蔵庫やテレビなどの電気製品には回路が入っていて、コード（導線）で電源（電気のもと）とつながっています。

つながるテーマ
光…p.193
電気…p.194
物をはかる…p.207
テレビ…p.226
コンピューター…p.227

電気がもれないように、導線にはプラスチックがまかれています

回路のしくみ
回路に切れめがあると、電気は流れません。回路のとちゅうにある電源やスイッチは、記号であらわします。

電気は金属の導線を流れます

電源
ここでは電池が電源になります。電池の両はしを回路でつなげば、電気が流れます。

スイッチ
電気は、スイッチをオンにしたときだけ、回路に流れます。スイッチをオフにすると、回路はとぎれます。

電球
スイッチオンで、電気が電球を光らせます。回路の中で電気を必要とする物を「電気部品」とよびます。

ワニ口クリップで回路をつなぎます

回路を流れる電気を**電流**といいます

回路基板
コンピューターの中には「回路基板」という小さな板があります。とても小さな部品をたくさんの導線でつないで、コンピューターを動かしています。

195

せかいの
エネルギーのはなし

エネルギーとは、何かを起こす力です。身のまわりにある熱や光は、どれもエネルギーです。体を動かすときも、エネルギーが使われます。エネルギーはためておくことができますし、別のエネルギーに変えることもできます。

化石燃料
大むかしに死んだ動物や植物が、地下で化石となり、石油や石炭となりました。これらを「化石燃料」といいます。発電所は、この燃料を燃やした熱で電気をつくります。

人の体
動くとき、育つとき、体温を保つときに、人はエネルギーを使います。食べたものは体内で消化され、エネルギーになります。エネルギーがないと、人は生きていけません。

ランニング

運動エネルギー
ジェットコースターがコースのてっぺんに着くころ、エネルギーがたくさんたくわえられています。下りはじめると、コースターはどんどん速く走り、たくわえられたエネルギーは「運動エネルギー」に変わります。

世界最速のジェットコースターはアラブ首長国連邦のフォーミュラ・ロッサ。そのスピードは時速240キロを超えます！

ジェットコースター

熱く焼ける石炭

はじめのころの蒸気機関

産業革命
1700年代後半にエネルギーの新しい使いかたが始まり、産業（物づくり）がどんどん大きくなりました。水のエネルギーで水車を回して機械で生地を織ったり、蒸気機関の熱エネルギーで列車を走らせたり、工場の機械を動かしたりしました。

蒸気機関をはじめてつくった人はジェームズ・ワット。1760年代のことでした

食物連鎖
植物は太陽からエネルギーをもらい、糖に変えてたくわえます。シカは植物を食べてエネルギーをもらい、ライオンはシカを食べ、そのエネルギーをもらいます。

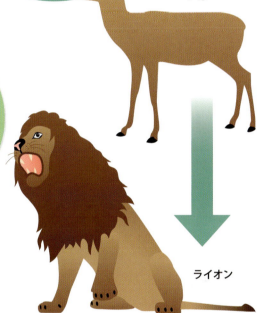

植物

シカ

ライオン

太陽はエネルギーのみなもと
地球上のエネルギーは、ほとんど太陽から来ています。太陽の光のエネルギーは熱エネルギーとなり、地球をあたためます。光は植物を育て、植物は動物にエネルギーをあたえます。

太陽

再生可能エネルギー
再生可能エネルギーとは、太陽光、風、水など、なくなる心配のないエネルギーのことです。風力タービンや水車は、運動エネルギーを電力に変えることができます。

風がタービンの羽根を回します

風力タービン

音

音は、何かが振動する（ふるえる）ときに生まれます。振動が大きければ、音は大きくなり、速くなれば、音は高くなります。音は、物に伝わって耳にとどきます。

つながるテーマ
楽器…p.23
音楽のはなし…p.24-25
固体…p.183
液体…p.184
気体…p.185
聴覚…p.273

しゃべった音が空気をふるわせ、伝わります

人がしゃべると喉頭（のど）がふるえます

耳の中にある鼓膜という膜が、空気の振動によってふるえます。その振動を、わたしたちは音として感じとっています

音の伝わりかた
音は空気を振動させ、それが耳にとどくと聞こえます。この振動を「音波」といいます。音波は、気体、液体、固体のどれにも伝わります。

音量と高さ
音量は振動の大きさによって変わり、大きく振動すれば、音は大きくなります。音の高さは振動の速さによって変わり、振動が速いほど高い音になります。

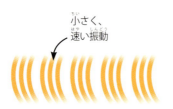

小さく、速い振動

大きく、おそい振動

近づけば近づくほど音は大きくなります

小さなスネアドラム
強くたたけば大きく鳴りますが、ふるえる速さは同じなので、音の高さは変わりません。

大きなティンパニ
スネアドラムよりも振動がおそく、低い音が出ます。楽器が大きいほど大きくふるえ、大きい音が出ます。

温度

温度は、物がどのくらい熱いか、冷たいかをはかった値のことです。温度計で、気体も液体も、体の温度もはかることができます。温度のあらわしかたには、摂氏（℃）と華氏（℉）があります。

つながるテーマ
固体…p.183
液体…p.184
気体…p.185
状態の変化…p.186
物をはかる…p.207
人の体…p.263

水がふっとうする
温度が100℃になると、水はふっとうして、液体から水蒸気という気体へ変わります。

デジタル体温計

体温計
体温計は体の温度をはかる器具です。デジタル体温計は、体温を数字であらわします。

体温はこのあたり

室温
「室温」とは、部屋や屋内の温度をあらわします。20℃は少し寒さを感じます

水がこおる
水の温度が0℃になると、水はこおりはじめ、氷という固体になります。

体の温度
健康な体の温度は、だいたい36℃から37℃です。体温計をわきの下や口にさし入れてはかります。

赤い液体が上下して、温度を指し示します

かみなりの温度は**29,727℃**。地球の自然現象で最高の熱さです

温度計

医学と薬

医学とは、病気の原因や治療法、予防法などを研究する科学です。病気をなおす薬は、植物や、実験室の化学物質からつくられます。医師は、病気をなおす訓練を受けた人で、診断したり、治療したり、病気にきく薬を見つけたりします。

つながるテーマ
古代ギリシャ…p.50
いろいろな科学…p.168
生物学…p.169
化学…p.176
人の体…p.263
病気…p.281

古代ギリシャで、カモミールは熱を下げるのに使いました

古代の医学
ハーブのような植物は、何千年も薬として使われてきました。古代ギリシャのヒポクラテスという医者は、科学にもとづいた医学を説いた最初の人です。

中世の医学
中世には、血が多すぎると病気になると考えられ、ヒルに血を吸わせました。

医用ヒル

近代の医学
近代になると、医者は新しい器具を使って、患者の具合の悪いところをさがしました。いやなにおいが病気の原因になると考えられ、患者はハーブのようなよい香りをかぎました。

耳の中を調べるのに使われた内視鏡

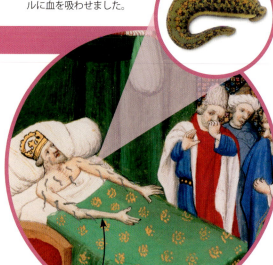

ヒルを使って、病気の王さまをなおそうとしています。実際には効果がなく、血を自分でぬくことは危険なため、絶対にやってはいけません。

医者の仕事
医者は、患者の体を調べたり、具合を聞いたり、注射で血をとって検査したりして、その結果をもとに治療します。

新しく発明された聴診器で、心臓の音が聞けるようになりました

天然痘という伝染病は、1980年にこの世からなくなりました。人間がはじめて伝染病に勝ったのです！

エックス線で体内の骨の写真を撮ります

今の医学
エックス線撮影装置のような機械で、体の中を調べます。細菌とウイルスは病気を起こすことがわかっているので、抗生物質という薬で細菌を殺したり、ワクチンを注射してウイルスを防ぎます。

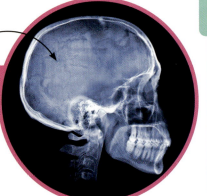

ナビゲーション

むかしの人は、太陽や星の位置をたよりに、自分が今いる場所を確認したり、目的地を見つけました。今では、GPS（全地球測位システム）というしくみを使った道案内のしくみが、自動車やスマートフォンなどについていて、わたしたちの生活を手助けしてくれます。

つながるテーマ
地図…p.109
方位磁石…p.110
光…p.193
ラジオ…p.224
人工衛星…p.234
星座…p.256

GPSのしくみ
GPSが使える携帯電話を持っていれば、人工衛星が送る信号を受けとることで、自分が地球上のどこにいるかわかります。

1. 軌道を回る人工衛星
携帯電話1台につき、少なくとも4つの人工衛星が、いつも信号のとどくところにいます。人工衛星は、決められた軌道で地球を回ります。

2. 場所と時間を知らせる信号
人工衛星は、自分の場所と時間を知らせる信号を出します。

3. 信号の速さが決め手
人工衛星は電波で信号を送り、携帯電話は信号がとどくのにかかる時間で、その距離をはかります。

4. 携帯電話へ
4つの人工衛星それぞれからの距離をみて、自分のいるところをつきとめます。

緯度と経度
地球の地図には、緯線と経線という縦横の線があります。地球上のあらゆる場所は、この線を使い、緯度・経度という形であらわすことができます。

横の線が緯線です

縦の線が経線です

地図と方位磁石
地図と方位磁石で、行く先を調べることもできます。磁石の針は北の方角をさします。その性質を利用して、位置を確かめることができます。

数（かず）

数（数字）を使えば、量や大きさ、距離、時間などをあらわすことができます。ふだん何かを数えるときは、自然数や整数という数を使います。自然数とは、1から始まり、1ずつ増える数のグループのこと。つまり、1、2、3、4、5……が自然数です。

> **つながるテーマ**
> 温度…p.199
> 分数…p.203
> 物をはかる…p.207
> 時計…p.223
> コードのはなし
>   …p.228-229
> プログラミング…p.230

整数

整数とは、自然数に0と「負の数」を加えたものです。0から9までの数を使えば、いくらでも大きい数がつくれます。

0（ゼロ）は何もないことをあらわします

自然数は「正の数」ともよばれます

負の数

0より小さい数は「負の数」といいます。負の数は、「マイナス」（−）の記号をつけてあらわします。

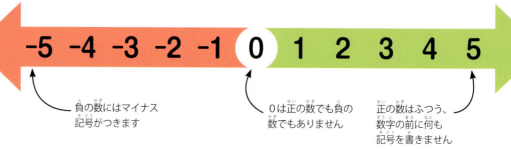

負の数にはマイナス記号がつきます

0は正の数でも負の数でもありません

正の数はふつう、数字の前に何も記号を書きません

代数とは

数字のかわりに文字を使って数をあらわす数学を代数または代数学といいます。代数を使うと、わからない数の値をつきとめたり、計算のしくみをあらわしたりするのに役立ちます。

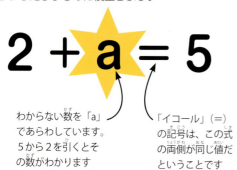

わからない数を「a」であらわしています。5から2を引くとその数がわかります

「イコール」（＝）の記号は、この式の両側が同じ値だということです

けた

大きな数を書くときは、「けた」を使います。いちばん右の数字は「1けた」（または1の位）といい、順に左へ「2けた」、「3けた」と大きくなっていきます。

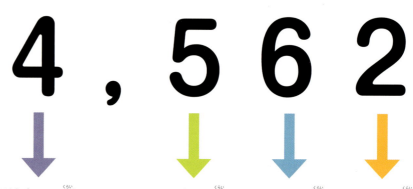

4けた（1000の位） ここは1000が何個あるかです。つまり4000ということ。

3けた（100の位） ここは100が何個あるかです。つまり500ということ。

2けた（10の位） 10が何個あるかを示します。10が6個あって60ということです。

1けた（1の位） ここは0から9までの数です。

分数

あるものを等しい大きさに分けることを「等分する」といいます。分数は「1つの物を等分したうちの何個分」をあらわすことができます。1個のパイを2個に等分したうちの1個分は「2分の1」で、数字を上下にならべてあらわします。

つながるテーマ
数…p.202
形…p.205
対称…p.206
物をはかる…p.207
時計…p.223
天文学…p.257

よく使う分数
分数は、上の数字を下の数字で割った大きさをあらわします。この図にある分数は、ふだんの生活でもよく使うものです。

4分の1
1を4で割った大きさで、2分の1の半分です。

8分の1
1を8で割った大きさで、4分の1の半分です。

2分の1
1を2で割った大きさ。つまり「半分」ということです。

分子と分母
上の数を分子、下の数を分母といいます。あいだに横棒を書きます。

$\frac{3}{4}$ — 分子 / 分母

4分の3

小数
分数を小数であらわすこともできます。小数点の左は1の位をあらわし、右は1/10の位、1/100の位をあらわします。

0.75
7は1/10の位、5は1/100の位です
小数点

小数

ちがうけれど同じ
ちがう書きかたをしても、同じ値の分数があります。1/2と2/4は、書きかたがちがいますが、じつは同じ値です。

1/2が1つ（1/2）
4分の1が2つ（2/4）

体積

体積とは、数学の用語で、もののかさのことです。1辺が1cmの立方体の体積は、1立方センチメートル（1cm³）といいます。

つながるテーマ
古代ギリシャ…p.50
いろいろな科学…p.168
数…p.202
形…p.205
物をはかる…p.207
人の体…p.263

いろいろな立体
立体には高さがあります。正方形のような平面には体積がありませんが、立体には体積があります。

円すい
円形の底面と頂点があり、側面は曲面（たいらでない面）になっています。

円柱
円形の底面が両はしにあり、側面は曲面です。

直方体
長方形だけでできた形や、長方形と正方形でできた形を直方体といいます。

球
ボールのようなまるい形です。2つに切ると、その面は円になります。

立方体
大きさが等しい6つの正方形の面でできています。

体積を知るには
どんな物でも、水に入れれば体積がわかります。はじめに水の体積をはかり、次に水に物を入れて、もういちど水の体積をはかります。

水の体積をはかります。それから、はかりたい物を入れます。

水の量の変わった分が、物の体積です

おふろでわかった！
古代ギリシャのアルキメデスは、おふろに入ったとき水があふれるのを見て、自分の体積が水を押しあげているのだと気づきました。そして、「エウレカ！（わかった）」とさけんだといわれます。

おふろに入るアルキメデス

形
かたち

りんかくがあるものを形といいます。数学の世界では、形は2種類に分けられます。いくつかの辺で囲まれた平面の形と、いくつかの面で囲まれた立体の形です。形を囲む線には、まっすぐな線や曲がった線があり、半円のように、その両方の線でできたものもあります。

つながるテーマ
旗…p.29
地図…p.109
数…p.202
体積…p.204
対称…p.206
星座…p.256

形をつくるもの

形の名前は、辺と角の数によって決まります。たとえば、辺と角が3つなら三角形です。正方形や正三角形などの正多角形は、辺の長さがすべて同じです。

角
2つのまっすぐな線がであうところが角です。

点
形の上にある一点で、1つの点であらわします。円のまん中の点は、円の中心といいます。

円周
円のまわりの長さを円周といいます

線
直線は、2つの点を結ぶいちばん短い距離です。

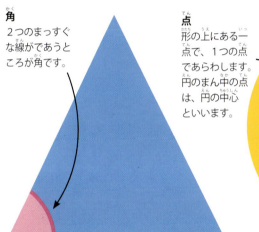
三角形の3つの角を足すと、180°になります

円の中心から円のまわりまで引いた直線を半径といいます

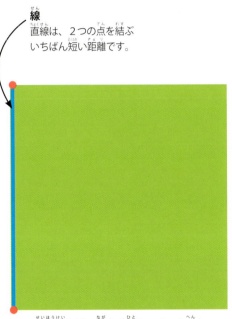
正方形には、長さの等しい4つの辺と4つの直角があります

角

角の大きさは角度（°）であらわされ、最大は360°です。
角度の大きさによって名前が変わります。

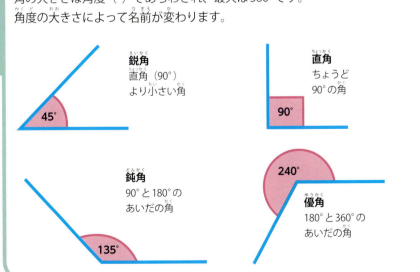

鋭角
直角（90°）より小さい角

直角
ちょうど90°の角

鈍角
90°と180°のあいだの角

優角
180°と360°のあいだの角

多角形

辺と角がたくさんある形にも、それぞれ名前があります。辺と角が5つなら五角形、6つなら六角形です。

五角形には5つの辺と5つの角があります

205

対称

「対称」には2つの種類があります。「線対称」とは、ある図形を1本の直線で折ったとき、ぴったりと重なることです。「回転対称」とは、ある形を回転させても同じ形になることです。

> **つながるテーマ**
> 美術…p.12
> ゲームのはなし…p.40-41
> 花…p.130
> 形…p.205
> 人の体…p.263
> 視覚…p.272

線対称

線対称の形は、ある線で折ったときに、両方の形がぴったり重なります。このように対称をつくる線が、2本以上ある形もあります。

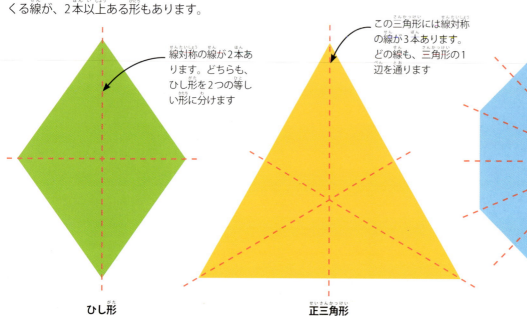

- 線対称の線が2本あります。どちらも、ひし形を2つの等しい形に分けます → **ひし形**
- この三角形には線対称の線が3本あります。どの線も、三角形の1辺を通ります → **正三角形**
- 正八角形には、辺と角を通る線対称の線が8本あります → **正八角形**

自然の中の対称

自然の中には、線対称と回転対称がたくさんあります。ほとんどの動物は、両側がだいたい対称になっており、まん中で分ける線対称です。

線対称 — 葉
回転対称 — ヒトデ

回転対称

ある形を回したとき、もとの形とぴったり重なって見えるなら、回転対称です。下の図は、正方形が90°の回転対称であることを示しています。

> 円には、回転の中心となる軸が無限にあります

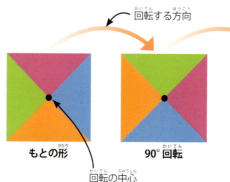

回転する方向

もとの形 → 90°回転 → さらに90°回転 → また90°回転

回転の中心

正方形が回転すると4回、回転対称になります

物をはかる

物をはかると、量や大きさが数字でわかります。数字がわかると、記録したり、くらべたりするのに便利です。人は、いろいろな道具を使って、さまざまなはかりかたをします。

> **つながるテーマ**
> 古代エジプト…p.49
> 数…p.202
> 体積…p.204
> 時計…p.223
> 地球…p.240
> 天文学…p.257

はかる道具

いろいろな道具を使って、時間や速度、距離、物の大きさ、重さ、温度、液体の量などをはかれます。

- 重さをはかるデジタルスケール（はかり）
- 液体の量をはかる計量カップ
- 時間をはかる時計
- 料理の材料をはかる、いろいろな大きさのカップ
- 温度をはかる温度計
- 長さをはかるじょうぎ
- 少量の材料をはかるスプーン

重さをはかる歴史

人はいつも、物の量をくらべたいと思ってきました。古代エジプトの人びとは、おもりのしくみを考えだし、簡単なはかりをつくって、売り買いする品物をはかりました。

地球の重さは？

どんな物も、くふうしだいで、はかることができます。地球は大きすぎて、はかりにのせることはできませんが、物理学の複雑な公式を使えば、地球の重さを計算できます。

卵6個入りパックはおよそ300グラム

地球の重さはおよそ 6.0×10^{24}（24乗）キログラム

自転車

自転車は車輪が2つある乗りもので、いろいろな種類があります。一般道を走る自転車、山道を走るためのマウンテンバイク、競技場のトラックを走る競技用自転車などです。乗るときは、頭を守るためにヘルメットをかぶります。

つながるテーマ
ゲームのはなし…p.40-41
スポーツ…p.42
金属…p.181
乗りもののはなし…p.212-213
発明のはなし…p.218-219

自転車が動くしくみ
ペダルをこぐと、ペダルが後輪につながったチェーンを動かし、前に進みます。進む方向はハンドルの動かしかたで決まり、ハンドルについたブレーキでスピードを落とします。

自転車用ヘルメットは、外側はかたい素材、内側はやわらかい素材で、ころんだときに乗り手の頭を守ります

右のレバーは前輪にブレーキをかけ、左のレバーは後輪にブレーキをかけます

ハンドルの曲がった自転車は、前かがみになると楽にこぐことができます

競技用自転車のタイヤはスピードが出るようにとても細くできています

上り坂や下り坂でこぎやすくするため、変速装置（ギア）がついています。ペダルにつながっているチェーンを、ちがう歯車にかませるしくみです

一般的なスポークのついた車輪

カーボンファイバー製の競技用車輪

自転車の車輪
車輪にはふつう、針金でできたスポークがあり、中心軸（ハブ）と車輪の縁（リム）をつなぎます。競技用自転車には、太いスポークが数本しかありません。

自転車競技いろいろ
自転車競技では、ブレーキもギアもない自転車を使うことがあります。トラックはすり鉢状に傾いています。山道を走るレース、一般道を走るロードレースなどもあります。有名なツール・ド・フランスでは3500キロを走ります。

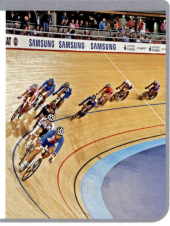

自動車

自動車は道路を走る乗りものです。ふだんの生活で使うか、レースで使うかによって、形と大きさがちがいます。自動車は、ガソリンやディーゼル燃料、電気で動くエンジンを備えています。

つながるテーマ
スポーツ…p.42
化石燃料…p.91
電気…p.194
乗りもののはなし…p.212-213
発明のはなし…p.218-219
エンジン…p.222

自動車の部品

車には、がんじょうな金属でできたシャシー（車台）というわくがあります。このシャシーに、エンジン、車輪、その他の部品を取りつけます。

エンジンはガソリンやディーゼル燃料を燃やして動かします

エンジンをかけたりライトをつけたりするのはバッテリーの仕事です

この軸はエンジンの力を車軸に伝えます

車軸が回転して、車輪を前へうしろへ動かします

前輪は運転手のハンドル操作で方向が変わります

フォーミュラ１（F1）

F1は世界最速の車が参加する自動車競技です。専用のサーキット場で競ったり、市街地の公道を走ったりします。F1用の車の車体は細長く、車高は低く、超高速で走ります。

1998年型フェラーリ・F300

電気自動車

電気自動車はどんどんふえています。ガソリンで動く車とちがい、電気自動車は排気ガスが出ません。充電ができる専用スタンドもあります。

列車

列車は線路を走る乗りものです。はじめは蒸気で動かしましたが、今はディーゼル燃料や電気、磁力を使ったりもします。人や貨物を高速で運ぶことができます。

つながるテーマ
- 商業…p.30
- アジア…p.115
- 磁石…p.192
- 乗りもののはなし…p.212-213
- 発明のはなし…p.218-219
- エンジン…p.222

座席は3種類あり、いちばんぜいたくな座席は「グランクラス」です

12両の客車に合計900人以上の乗客を乗せて運びます

運転手はレバーと、コンピューターのコントロールパネルを操作して、列車を走らせます

超特急「新幹線」
日本の新幹線は、都市から都市へ、最高時速320キロという速さで走る高速鉄道です。

先頭の車両は鼻のように突き出しており、空気の抵抗を減らしてスピードを上げます

新幹線E7系

世界一長い列車は**機関車8両**で**682両の貨車を**引きます！

新幹線はスピードを出せる専用レールを走ります

運転室で石炭を火にくべます。ボイラーの水をわかして、列車を動かす蒸気をつくります

エアロライト号（1902年製）

動力を伝える大きな車輪を「動輪」といいます

蒸気機関車
初期の列車は、蒸気の力を使って走りました。石炭を燃やし、水を熱して蒸気を発生させるのです。初めての実用的な機関車は1829年、イギリスのスティーブンソンがつくった「ロケット号」でした。

地下鉄
多くの都市には、地下の鉄道を走る「地下鉄」があります。渋滞する地上をさけ、市内を短時間走って乗客を運びます。

パリのメトロ（地下鉄）

船(ふね)

海の乗りものといえば船です。船には、小さなヨットから大型客船、巨大なコンテナ船まで、さまざまな形と大きさがあります。船は、国から国へ人や物を運ぶのに使われるほか、スポーツやレジャーでも活躍します。

> **つながるテーマ**
> 商業…p.30
> 仕事…p.34
> スポーツ…p.42
> 海…p.99
> 乗りもののはなし
> 　　　…p.212-213

コンテナは金属製の大きな箱です。1個のコンテナに、およそ6000個のくつ箱が入ります

船長は船橋(ブリッジ)で舵をとります

クレーンでコンテナを積みおろしします

船倉にもコンテナを積みこみます。車を数百台乗せることもできます

コンテナ船
コンテナ船は、海の巨人のようなとても大きな船です。コンテナという箱を1万5000個以上運ぶことができ、洋服やおもちゃ、テレビなどがぎっしりと積みこまれています。

ヨット
この小さな船にはエンジンがありません。帆に受ける風で進みます。

客船
豪華客船は、旅行者を運ぶ「海に浮かぶホテル」です。船内には、プールや映画館、スポーツ施設まであります。

潜水艇
潜水艇は海の上ではなく、海の中を進みます。海洋学者を深海へ運び、生きものを観察したり、海底を調査するのにも使われます。

せかいの
乗りもののはなし

人間は、ほかの場所へ移動する方法を、何千年も考えつづけてきました。陸を移動するのに、はじめは動物を使いました。そのうち車輪を考えだし、エンジンを発明しました。熱気球で空を移動するようになり、やがて飛行機が生まれます。そして今や、わたしたちは宇宙へも行けるようになりました！

エコな乗りもの
自転車はもっとも環境にやさしい（エコロジカルな）乗りものです。エンジンがなく、有害なガスを空中にまきちらす心配がないからです。エコな乗りものには、ほかに電気自動車や水素ガスで走るバスなどがあります。

荷馬車

動物を使う
人間は、自分の足で歩くことの次に、動物を使って移動することを思いつきました。最初は動物の上に乗って移動し、紀元前3500年ごろに車輪が発明されると、ウマやウシなどに荷車を引かせるようになりました。

古代エジプトの船の模型

むかしの船は人間がかい（オール）をこいで動かしました

海をわたる
最初の船は、木の棒で組んだ「いかだ」や、木の幹をくりぬいた「丸木舟」でした。それらに乗って旅に出たり、漁に出たりしました。

こぎ手もうしろに乗る人も、ヘルメットをかぶって頭を守ります

ペダルをこぐと車輪が回ります

T型フォード

空の旅へ
動力つきの飛行機がはじめて飛んだのは1903年。それから数十年で進化し、どんどん速く飛べるようになりました。日本からイギリスまでは約12時間で到着します。

大韓航空のポスター

みんなの車に
1908年にアメリカで発売された「T型フォード」は、手ごろな値段で売られた最初の自動車です。当時の自動車は3000ドルもしたのですが、T型フォードはたった850ドルでした。T型フォードは1500万台以上もつくられました。

自転車は地球上に **10億台以上** あります

ビデオカメラで月のカラー映像を撮ります

月面車は **世界で数台** しか使われていません。それらはまだ月にあります

月面車

月面車
月面車は、月におりた宇宙飛行士を月面上で運ぶ乗りものです。充電した電池で動きます。宇宙飛行士を2人乗せて、時速13キロまで出すことができます。

飛行機

空を飛ぶ乗りものは、旅行に出かける人を乗せたり（旅客機）、消防士や医者を現地に送ったり、農業に使われたりします。旅客機のほかに、ヘリコプターや熱気球などがあります。

> **つながるテーマ**
> 鳥類…p.142
> 力…p.189
> 重力…p.190
> 乗りもののはなし
> 　…p.212-213
> 大気圏…p.258

旅客機

世界でいちばん大きい旅客機はエアバスA380です。2階建ての客室で800人以上運ぶことができ、アメリカからオーストラリアまで無着陸で飛べます。

- この尾翼の高さは24メートルもあります。尾翼についている方向舵は、機体が進む方向を決めます
- 左右の翼にあるエルロン（補助翼）を上げ下げして、機体の傾きを調節します
- この尾翼で機体を水平に飛行させます
- 操縦室では操縦士（パイロット）と副操縦士が飛行機を操縦します
- A380は巨大なジェットエンジン4基で飛びます。1基は自動車ほどの大きさです

ヘリコプター

ヘリコプターは、回転翼（ローター）という高速で回る羽根で飛びます。この羽根で機体を持ちあげたり、前進させたりします。うしろについている小さい回転翼は、機体の向きをまっすぐに保ちます。

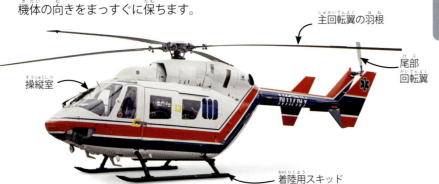

- 主回転翼の羽根
- 尾部回転翼
- 操縦室
- 着陸用スキッド

飛行機が飛ぶしくみ

飛行機には4つの力がかかっています。つまり、重力で下に引っぱられ、揚力で持ちあげられ、推力で前進し、抗力で押しもどされます。パイロットはこれらの力をあやつって、離陸させたり、飛行させたり、着陸させたりします。

重力／抗力／推力／揚力

214

エンジニア

エンジニア（工学技術者）は、数学や科学を使って問題を解決します。また、機械や建物、道具など、くらしに役立つものを発明したり、考えだしたりもします。エンジニアにはそれぞれ、機械、土木など、得意とする分野があります。

つながるテーマ
物質…p.177
橋…p.216
建物…p.217
発明のはなし…p.218-219
工場…p.220
機械…p.221

土木
土木エンジニアは、建物や橋、道路などの設計図を描いたり、建てたりします。

化学
化学エンジニアは、原料を合成して、薬など役に立つ製品をつくります。

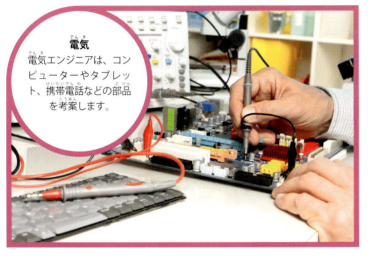

電気
電気エンジニアは、コンピューターやタブレット、携帯電話などの部品を考案します。

機械
機械エンジニアは、運動や熱、エネルギーについて研究し、新しい機械や道具を設計します。

技術は進歩する

エンジニアは、今ある技術を改良し、さらにすぐれたものを考えだします。たとえば車輪では、最初につくったものが少しずつ改良され、最新の技術を使った現代的なものへ変わってきました。

石でできた車輪

木でできた車輪

ゴムと金属でできた車輪

3Dプリンター
CADというコンピューターによる設計プログラムを使って、描いたとおりの立体的な（3Dの）形ができあがります。プラスチックをとかして、重ねぬりして形にしていきます。

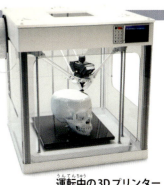
運転中の3Dプリンター

橋

橋は、向こう側に人間や乗りものを渡す建造物です。川や谷を渡る橋もあれば、道路を渡る橋もあります。重さにたえ、悪天候でもこわれないよう設計されます。

つながるテーマ
川…p.96
暴風雨…p.102
物質…p.177
自動車…p.209
乗りもののはなし
　　　　…p.212-213
エンジニア…p.215

橋の種類
土木エンジニアが、向こう側までの距離、まわりの地質、橋を渡る交通量などを考えて、橋の種類を決めます。

つり橋
重量のある橋を支えます。支柱となるがんじょうな塔に、鋼鉄製のケーブルをしっかり固定し、重さを分散させます。

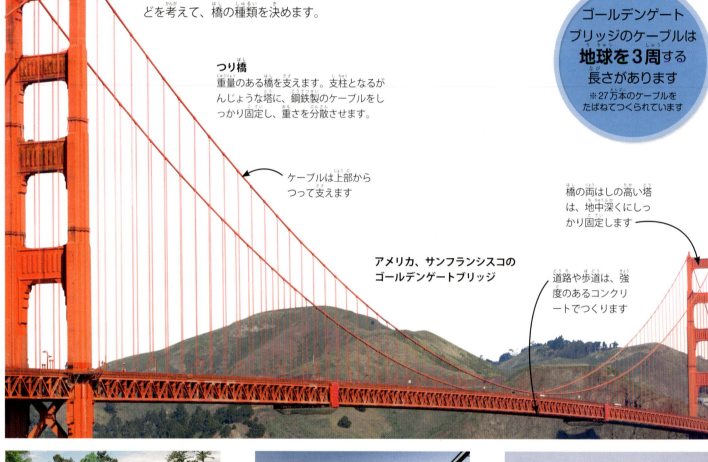

ゴールデンゲートブリッジのケーブルは**地球を3周する**長さがあります
※27万本のケーブルをたばねてつくられています

ケーブルは上部からつって支えます

橋の両はしの高い塔は、地中深くにしっかり固定します

アメリカ、サンフランシスコのゴールデンゲートブリッジ

道路や歩道は、強度のあるコンクリートでつくります

アーチ橋
たいていは石づくりで、アーチの形になるよう、くさび形にした石を使います。

トラス橋
「トラス」という三角形を組みあわせた橋。三角形は、強度の必要な建造物に適した形です。

ビーム橋
いちばん単純なつくりの橋。全重量が橋に直接かかります。たわまないよう、しっかり建てます。

建物

建物はがんじょうな建造物で、屋根と壁によって雨や風を防ぎます。病院や学校、住宅など、建てる目的により、いろいろな種類の建物があります。

つながるテーマ
古代ギリシャ…p.50
古代インド…p.52
城…p.60
エンジニア…p.215
橋…p.216
工場…p.220

建物の種類

多くの都市では、時代のちがういろいろな建物があります。それらは、見た目も材料も、すべてがちがいます。

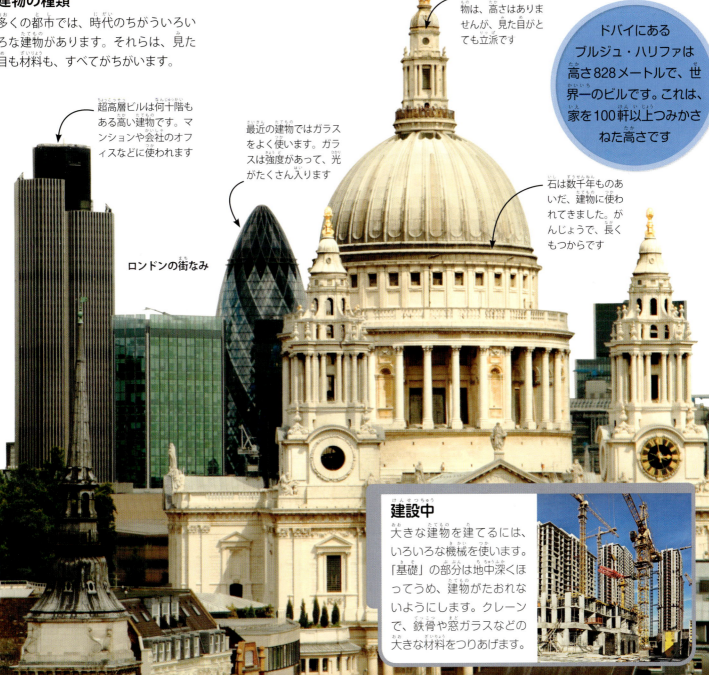

超高層ビルは何十階もある高い建物です。マンションや会社のオフィスなどに使われます

最近の建物ではガラスをよく使います。ガラスは強度があって、光がたくさん入ります

大聖堂などの古い建物は、高さはありませんが、見た目がとても立派です

石は数千年ものあいだ、建物に使われてきました。がんじょうで、長くもつからです

ロンドンの街なみ

ドバイにあるブルジュ・ハリファは高さ828メートルで、世界一のビルです。これは、家を100軒以上つみかさねた高さです

建設中
大きな建物を建てるには、いろいろな機械を使います。「基礎」の部分は地中深くほってうめ、建物がたおれないようにします。クレーンで、鉄骨や窓ガラスなどの大きな材料をつりあげます。

せかいの
発明のはなし

発明とは、今までにない発想で問題を解決したり、その発想が人間に役立つものだと認められたりすることです。むかしから、多くの人たちが、人間の生活を変えるような物やアイデアを生みだしてきました。新しい発明は、今も生まれつづけています。

かたいフリントを割って、とがった道具にしました

手おの
先史時代に最初につくられた石の道具が「手おの」です。土をほってフリント（ひうち石）を探し、それを割って手製のおのをつくり、動物の皮をはがしたり、肉を切ったり、まきを割ったり、身を守ったりするのに使いました。手おのは100万年以上も使われました。

蒸気機関
最初の蒸気機関は、鉱山から水をくみだすために使われました。その後、工場や列車の動力となりました。最初の実用的な蒸気機関車は、ジョージ・スティーブンソンが1829年につくった「ロケット号」です。

最高時速46キロのロケット号は**ウマより速く走る最初の乗りもの**となりました

この棒が、車輪と車輪をつなぐ車軸になります。車輪が大きいと、地面との摩擦が小さくなるので、回す力が小さくても動きます

長くのびたえんとつで、エンジンから出る蒸気をにがします

車輪
車輪は、5000年以上前に、メソポタミア（現在のイラクの一部）で発明されました。丸い木の板を荷車に取りつけ、動物に引かせて重い荷を運びました。車輪はしだいに軽いものになり、速く、なめらかに回るようになりました。

前輪はエンジンで動きます

ライト兄弟の
フライヤー号
（1903年製作）

空を飛ぶ

アメリカのウィルバー・ライトとオーヴィル・ライトの兄弟が1903年、小さなエンジンがついたグライダーをつくりました。この「フライヤー号」が空を飛んだのは、たった12秒、37メートルだけでしたが、世界初の動力を使った飛行となりました。

プラスチック

プラスチックは、安くつくることができて、長もちします。形をつけやすく、かたくもやわらかくもなります。最初にプラスチックをつくったのはベルギー生まれの化学者、レオ・ベークライトで、1907年のことでした。今では、さまざまな製品がプラスチックでつくられています。

抗生物質

抗生物質は、体内の細菌を攻撃して、感染症を治療します。イギリスの科学者、アレクサンダー・フレミングは1928年、実験室で、培養中の細菌がカビのまわりだけいないことに、偶然気づきました。こうして細菌の生育を阻止するペニシリンという薬が生まれ、多くの命が救われました。ペニシリンは世界初の抗生物質です。

抗生物質

アメリカの発明王
トーマス・エジソン（1847〜1931）は
1093件もの特許をとりました。
電池や電球もエジソンの特許です

コンピューター

コンピューター（電子計算機）は、いろいろなことに使えます。1秒間に数十億回もの計算をしてくれて、情報を探したり、記録したり、共有したりするのに便利です。コンピューターにつながるアイデアを発明したのは、チャールズ・バベッジというイギリスのエンジニアで、1830年代のことでした。

最初のコンピューター、エニアック（ENIAC）は全長約30メートルもあり、それだけで部屋がいっぱいになりました

工場

工場は、物をつくるために人間と機械が働く場所です。わたしたちの持ちものや着るものの多くは、工場でつくられています。工場では、そっくり同じ物をたくさんつくることができます。これを大量生産といいます。

つながるテーマ
仕事…p.34
自動車…p.209
乗りもののはなし…p.212-213
エンジニア…p.215
機械…p.221
ロボット…p.233

組みたてライン
1つの製品をつくるのに、たくさんの部品や材料が、いくつもの工程に送られていきます。これを「組みたてライン」といいます。

1. 車体をつくる
作業員と組みたてロボットが、ばらばらな金属部品を組みたて、自動車のフレーム（わく）をつくります。

2. 車の中と外をつくる
できたフレームは、塗装の工程へ送られます。外側に色をぬり、内部にシートやほかの部品を取りつけます。

3. できあがり
完成した車は、同じラインのほかの車とそっくりです。みな同じ部品で、同じようにつくられた車です。

びんづめ工場
飲みものは工場でつくられ、びんにつめられます。同じ原料を使い、同じつくりかたで、毎日何千本もできあがります。

オレンジが工場にくる

オレンジを機械でしぼる

できたジュースをびんにつめる

機械

機械は人間の仕事を助けます。人間がやるには大きすぎたり小さすぎたりする作業、時間がかかったり危険だったりする作業を、機械がかわりにやってくれます。機械の多くは電気かガスで動きます。

つながるテーマ
電気…p.194
エネルギーのはなし…p.196-197
自転車…p.208
列車…p.210
飛行機…p.214
エンジン…p.222
ロボット…p.233

単純機械
単純機械とは、作業に使う力を減らしてくれる道具・しくみのことです。機械は人があつかわなくてはなりませんが、少ない力ですみます。

滑車
車輪にひもやくさりをかけて重い物を持ちあげます。

くさび
木や金属でできた三角形の道具。物のあいだに入りこんで、2つに分けます。

ねじ
物と物をくっつけるのに使う金属です。ねじを回すとしまります。

操縦者は運転台にすわります

大型機械
ショベルローダーのような大型機械は、単純機械がいくつも組み合わさっています。エンジンで動きます。

アーム
機械の腕。アームについている金属製のシャベルが、建設材料などをすくいます

車輪
じょうぶで大きな車輪があると、重い車体を自在に動かすことができます

機械を使うわけ
機械はたいてい、人間よりムダなく、正確に働きます。たいくつしたり、つかれたり、のろのろしたり、気が散ったりすることもありません。

優秀な針しごと
ミシンは、人が手でぬうよりきれいにすばやくぬえます。

くりかえし作業に強い
現金自動預払機（ATM）は1日24時間、休まずお金の出し入れをします。

危険な場所でも
活火山の研究にロボットを使えば、人間が危ない思いをしなくてすみます。

エンジン

エンジンは燃料を運動に変えて機械を動かします。石炭や石油に熱を加えると、エネルギーが生まれます。エネルギーは車輪を動かし、機械を前進させます。エンジンにはおもに3種類あります。

つながるテーマ
力…p.189
自動車…p.209
列車…p.210
船…p.211
飛行機…p.214
工場…p.220
機械…p.221

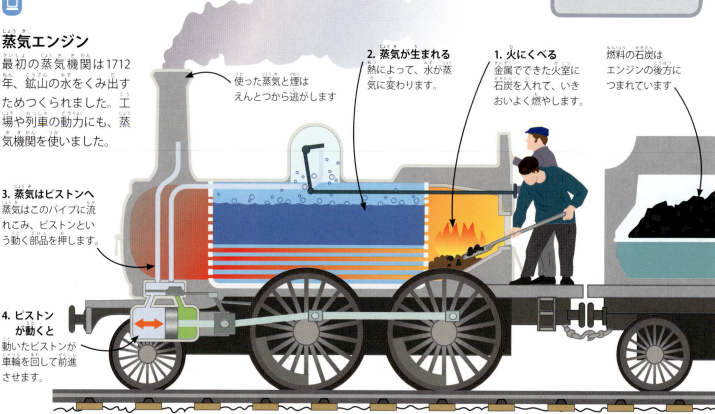

蒸気エンジン
最初の蒸気機関は1712年、鉱山の水をくみ出すためつくられました。工場や列車の動力にも、蒸気機関を使いました。

3. 蒸気はピストンへ
蒸気はこのパイプに流れこみ、ピストンという動く部品を押します。

4. ピストンが動くと
動いたピストンが車輪を回して前進させます。

使った蒸気と煙はえんとつから逃がします

2. 蒸気が生まれる
熱によって、水が蒸気に変わります。

1. 火にくべる
金属でできた火室に石炭を入れて、いきおいよく燃やします。

燃料の石炭はエンジンの後方につまれています

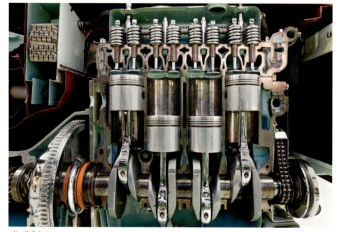

自動車のエンジン
石油やディーゼル燃料を燃やします。ピストンという上下に動く部品が、車の車輪を回します。

ジェットエンジン
飛行機のジェットエンジンは、空気を押しこめて燃焼し、噴出させるしくみです。熱い空気が後方へふきだして、機体を前へ押しだします。

時計

時計は「時をきざむ装置」です。古代社会では、砂を落としたり、水を流したりして時間を計りました。太陽の位置を手がかりにすることもありました。今の時計はデジタル式か、機械じかけのアナログ式です。

つながるテーマ
標準時間帯…p.119
科学のはなし…p.166-167
数…p.202
物をはかる…p.207
機械…p.221
太陽…p.254

時計が動くしくみ
時計は、規則正しい運動で時間を計ります。時計が動くのは、機械じかけのしくみのためです。文字盤には動く針があり、「今、何時何分何秒なのか」を指し示します。

歯車
時計の中にある円盤のような歯車は、それぞれの針をちがうスピードで動かします。

ふりこ
ふりこが1回ゆれると、歯車の歯がカチカチ動きます。それが1秒です。

文字盤
何時何分何秒なのかを示すところです。

長針
1時間ごとに時計をひと回りします。

短針
12時間ごとに時計をひと回りします。

秒針
細くて長い秒針は1分ごとに時計をひと回りします。

ふりこのおもり
おもりのエネルギーを使うので、この時計は電池がなくても動きます。

最初のふりこ時計は1656年に、オランダの科学者クリスティアーン・ホイヘンスがつくりました

時計今むかし
むかし使われていた日時計は、太陽が落とす影で時間をあらわしました。今のデジタル時計は、数字で時間を示します。

日時計

デジタル時計

ラジオ

ラジオは、信号を受けとって音に変える機械です。音の情報の入った見えない電波を、人に聞こえる音にしてとどけます。世界中のいろいろなラジオ局で、音楽やニュース、ドラマを放送しています。

つながるテーマ
本…p.15
ナビゲーション…p.201
テレビ…p.226
コミュニケーション…p.232
大気圏…p.258
聴覚…p.273

ラジオのしくみ
電波塔が音を電波に変えます。ラジオはこの電波を受けとり、人に聞こえる音にもどします。

2. 電波
電波は見えませんが、電波塔から家庭のラジオへ音をとどけます。

3. ラジオのアンテナ
アンテナという金属の細い棒で、電波を受けとめます。

1. 電波塔
電波塔のてっぺんにアンテナがあり、このアンテナから電波を送ります。

電波塔の背が高いのは、電波がほかの建物をこえられるようにするためです

電波の速さは**光の速さ**。秒速はおよそ**30万キロ**です！

4. スピーカー
電波を音として鳴らします。

デジタルラジオ
デジタルに変換した信号を使います。そのため、アナログのラジオのように音が割れず、きれいな音で聞こえます。

リモコン
電波を使って、たがいに無線で交信します。たとえば、コントローラーを使って、おもちゃの車に動くよう指示できます。

コントローラー

リモコンのおもちゃ

電話

電話を使えば、どこにいても好きな相手と話ができます。電話は、受けとった音を信号に変え、電波やケーブルを使って、ほかの電話に送ります。信号を受けとった電話は、信号を音にもどします。

つながるテーマ
- 電気…p.194
- コンピューター…p.227
- コードのはなし…p.228-229
- インターネット…p.231
- コミュニケーション…p.232
- 聴覚…p.273

声はどこへ行く？

電話に向かって話すと、声は電気信号に変わります。電話線と中継塔を通って、遠くの人に声がとどきます。

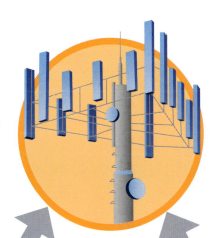

携帯電話の中継塔
携帯電話と電話交換局のあいだで、信号をやりとりします。

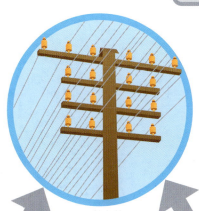

電話線
空中にはりめぐらされた電話線が、遠い場所へ信号をとどけます。とても遠いときは、ケーブルを海底に通すこともあります。

携帯電話
信号を電波にのせて、送ったり受けとったりします。中継塔からあまり遠いと、つながりません。

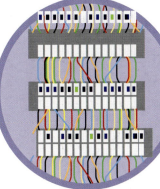

電話交換局
コンピューターを使って通話をつなぎます。入力信号を相手の電話へ送ります。

固定電話（有線電話）
ケーブルがついていて、壁の差しこみ口にケーブルをつなぎます。信号は電話回線を通して送ります。

電話今むかし

電話のしくみはどんどん進化しています。最初のころの電話は、短い距離をパイプなどの管を通して音を送るものでした。やがて電話線を使って電気信号を送るようになり、今の携帯電話は電波を使って信号をひろいます。

最初の電話
電話は、イギリス生まれの音楽教師、アレクサンダー・グラハム・ベルが1876年に発明しました。

スマートフォン（スマホ）
携帯型のコンピューターです。電話をかけるだけでなく、動画を撮ったり、ゲームで遊んだりできます。

テレビ

テレビは、家にいながら、ニュースやドラマ、映画、アニメ、おわらい番組などを観ることができます。日本では、1953年にテレビ放送が始まりました。そのころのテレビはとても高価で、多くの人はデパートなどに置かれたテレビに集まり、みんなで楽しみました。

つながるテーマ
工場…p.220
ラジオ…p.224
コミュニケーション…p.232
人工衛星…p.234
視覚…p.272
聴覚…p.273

音と映像をビデオカメラで撮ります

1. 撮影する
テレビ番組は、ビデオカメラで撮ってつくります。テレビ局は、できあがった番組を送信します。

2. テレビ衛星へ
衛星放送は音や映像の信号を、宇宙の人工衛星に送り、直接家庭に電波をとどけます。

地球の電波塔と信号を送り合う人工衛星のパラボラアンテナ

3. 各家庭のパラボラアンテナ／マンションの共同アンテナ
専用ケーブルや衛星放送用のパラボラアンテナがあれば、その信号を受けとれます。

番組の電波を受けとります

4. テレビ受像機へ
信号を電気的に音と画像にもどします。こうしてテレビ番組が見られます。

信号を送ったり受けとったり
テレビ番組の音と画像は、信号となって世界中に送られます。テレビはそれを受けとって、映像にもどします。

ジョン・ロジー・ベアードは1926年に、ビスケット缶とぼうしの箱、自転車のライト、ぬい針を使って、最初のテレビをつくりました

最初のテレビ
最初のテレビは、小さい画面のついた大きい箱で、白黒の番組を放送しました。カラーテレビは、1950～60年代に家庭で見られるようになりました。

ベアードのつくったテレバイザー（1930年）

テレビ画像は、「ピクセル」という小さな色つきの点が、たくさん集まってできています

コンピューター

コンピューターは、情報を保存したり、プログラムによって複雑な作業ができる機械です。パソコンやスマホは、ディスプレイ（画面）に情報が映しだされます。外からは見えないところで働いているコンピューターもあります。

つながるテーマ
機械…p.221
コードのはなし…p.228-229
プログラミング…p.230
インターネット…p.231
コミュニケーション…p.232
ロボット…p.233

コンピューターのしくみ
コンピューターがいろいろな作業をおこなえるのは、作業の手順がコードで書かれたプログラムのおかげです。これらのプログラムを「ソフトウェア」とよびます。

ディスプレイ
文字や画像を映す場所です。

USBポート
USBメモリーという小さな記憶装置をこのポートに差しこみ、コンピューターの中のデータをコピーすることができます。

バッテリー
コンピューターを動かすには電気が必要です。バッテリーは電気をためておくことができます。

キーボード
ここに打ちこんだ文字がディスプレイにあらわれます

プロセッサー
コンピューターを動かす計算をします。

マザーボード（電子回路基板）
すべての部品につながっており、部品どうしがここで通信できます。

RAM（メモリー）
電源が入っているときだけ、情報を記憶する部品です。

ハードディスクドライブ
電源が入っていなくても、情報を記憶します。

身近なコンピューター
日ごろよく目にする機械の中にも、コンピューターが入っています。特定の作業をするよう、コンピューターが機械に指示しています。

交通信号
信号の色が変わるようコンピューターで管理します。

テレビゲーム
コントローラーでおこなった操作を、コンピューターでディスプレイに映しだします。

工業用ロボット
大型機械に指示を出すコンピューターです。たいてい、同じくりかえしの作業を指示します。

せかいの
コードのはなし

「こんにちは」は別の言葉で「Hello」や「Bonjour」と言いかえることができます。ある情報を伝えたいときに、わたしたちは文字や記号に情報を置きかえてコミュニケーションします。このときに使われる文字や記号のことをコードといいます。

モールス符号
文字と数字を短点（トン）と長点（ツー）であらわします。電話が発明されるまで、電線で通信文を送るときに使いました。

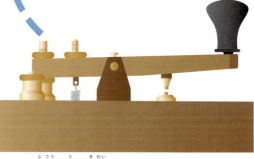

モールス符号を打つ機械

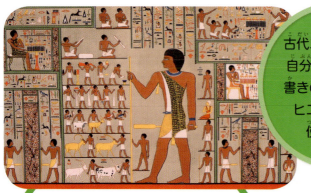

古代エジプト人は、自分たちの歴史を書きのこすために、ヒエログリフを使いました

絵を文字として
古代エジプトの人びとは、言葉のかわりに絵を描いて伝えあいました。この絵をヒエログリフといいます。近代になってロゼッタ石が見つかるまで、ヒエログリフは読みかたがわからず、読みとれないコードのままでした。ロゼッタ石には、ギリシャ語に訳した文が彫られていました。

プログラミング
コンピューターを動かすには、プログラムという指示書が必要です。この指示を書く人をプログラマーといい、a、bなどの記号とif、thenなどの言葉を組みあわせて書きます。

```
1000101110
0101010
01101011 10
010010
10111000
0  1011
0101010
011010111 00011
010010  001010      10110
101  10001011  0101101010101
```

言語
言語はコードのひとつです。ある外国語を知らなければ、その言葉で話すのを聞いたり、書いたものを読んだりしても、意味がわからないからです。この円のまわりに書かれた言葉は、すべて「こんにちは」をあらわしています。

- 您好 ニンハオ（標準中国語）
- Bonjour ボンジュール（フランス語）
- Hello ハロー（英語）
- здравствуйте ズドラーストヴィチェ（ロシア語）
- こんにちは（日本語）
- Merhaba メルハバ（トルコ語）
- Hola オーラ（スペイン語）
- Jambo ジャンボ（スワヒリ語）
- নমস্কার ノモシカール（ベンガル語）

第二次世界大戦中にドイツ軍が使ったエニグマ暗号機

戦争で使われた暗号

コード（暗号）は、秘密をかくすために使われますが、戦争中はとくに多く使われました。軍の司令官が命令を出すときは、敵に知られないようにする必要があるからです。暗号解読者は、そのコードを見やぶって敵の秘密を知ろうとしました。

ナチスドイツのエニグマ暗号機でつくった暗号は、アラン・チューリングが考えだした「ボンベ」という機械で解読されました

ここに打った通信文は、専用の回転盤で暗号化されました

古代ギリシャのこの書き物は、今も解読されていません

線文字Aのねんど板

解読できないコード

大むかしの言葉など、なぞのまま残る言語があります。発見されても翻訳ができず、何が書かれているか、これからもわかることはなさそうです。

DNA鎖

DNA

DNAはデオキシリボ核酸を短くした言葉です。DNAは、植物にも動物にも、あらゆる生きものの細胞の中にあります。生きものがどのように形をなすかという、遺伝上のコードが入っています。

プログラミング

コンピューターは、コンピューター専用の言語で書かれた指示にしたがって動きます。一連の指示をまとめたものをプログラムとよび、プログラムを書くことをプログラミングといいます。また、プログラムを書くために使う言語を、プログラミング言語といいます。

つながるテーマ
言語…p.35
学校のはなし…p.36-37
コンピューター…p.227
コードのはなし
　　　　…p.228-229
インターネット…p.231
コミュニケーション
　　　　…p.232

いろいろなプログラミング言語

プログラミング言語を書くと、コンピューターに指示を出すことができます。下の例は、「Python（パイソン）」というプログラミング言語です。プログラミング言語で書いた文字自体はコードとよびます。

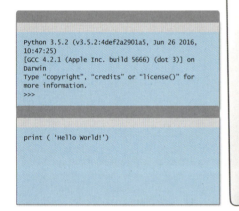

入力
文字を書きこむ枠（テキストウィンドウ）に、コンピューターへの指示を打ちこみます。これは「Hello World!」と書くための指示です。

出力
プログラムを実行させると、指示にしたがって動きます。ここではディスプレイ（画面）に「Hello World!」という文字が出ます。

> 世界で初めてプログラミング言語を書いた人はエイダ・ラブレス伯爵夫人（1815〜52）です

コードを学ぶ

それほどむずかしくないプログラミング言語もあります。「Scratch（スクラッチ）」は、コードを色つきのブロックであらわし、それをならべかえてゲームを好きなようにつくることができる言語です。

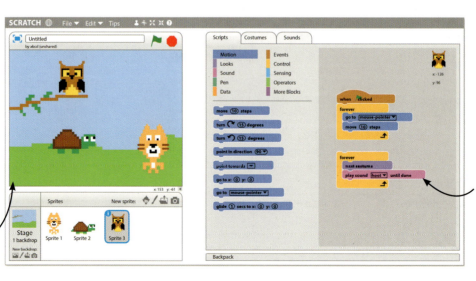

出力
この「ステージ」上のキャラクターは、入力したブロックの指示どおり動きます。

入力
指示を打ちこんだブロックを組み合わせて、コードを書きます。

インターネット

インターネットとは、世界中のコンピューターを結ぶネットワーク（通信網）です。何かを調べたり、楽しんだり、連絡を取りあうために、インターネットを使います。1962年にはじめて考案され、今では何十億もの人が毎日、利用しています。

つながるテーマ
電話…p.225
コンピューター…p.227
コードのはなし
　…p.228-229
コミュニケーション
　…p.232
人工衛星…p.234

インターネットのしくみ
インターネットは、コンピューターが記憶した情報（デジタル情報）をやりとりします。インターネットを通して、情報を別のコンピューターに送ったり、自分のコンピューターに取りこんだり（ダウンロード）することができます。

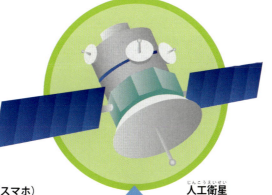

ネットワークとクラウド
自分のコンピューターではなく、情報を保存できるどこか別の場所のことを「クラウド」といいます。パソコンやスマートフォンから送られた情報は、ネットワークを介してクラウドに保存したり、そこから取り出したりすることができます。写真やオンラインゲーム、報道記事、音楽など、どんな情報でも保存しておけます。

スマートフォン（スマホ）
スマートフォンは携帯できる小型のコンピューターで、インターネットに接続できます。

人工衛星
衛星で衛星電話とインターネットをつなぎ、情報を送ります。

Wi-Fi（ワイファイ）
ケーブルのいらないインターネット通信。無線信号を使います。

ケーブル
ケーブルを使っても、コンピューターをルーターにつなぎ、インターネットに接続できます。

ルーター

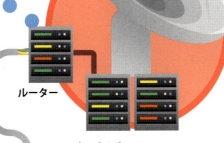

プロバイダー
大容量のコンピューターを持つ会社です。このコンピューターを通すと、インターネットにすばやく接続できます。

ウェブサイトのサーバー
ウェブサイトとは、インターネットにつながったページの集まりで、サーバーというコンピューターに保管されています。

ウェブサイト上のページ

コンピューター
ノートパソコンやデスクトップパソコンでは、情報を保存したり、インターネットに接続したりできます。

コミュニケーション

情報を交換したり、会話したりすることを「コミュニケーション」といいます。コミュニケーションには、会って話したり、電話をしたり、手紙を書いたり、さまざまな方法があります。携帯電話やパソコンを使えば、電子メールやSNSでやりとりすることもできます。

つながるテーマ
ゲームのはなし…p.40-41
電話…p.225
コンピューター…p.227
コードのはなし
　　　…p.228-229
インターネット…p.231
人工衛星…p.234

携帯電話
携帯電話は、いろいろなやりかたでコミュニケーションがとれる、とても便利な道具です。

電子メール（Eメール）
文章を送るときに使います。手紙をポストに入れるより、ずっと早くとどきます。

写真メール
写真や動画を撮って、ほかの人に送ったり、共有できるようにします。

電話
世界中の人と話ができます。

ビデオ通話
話す相手を見ながら通話します。

ゲーム機能
ほかのプレーヤーと会話しながら、ゲームをすることもできます。

インターネット
あっというまに、情報を探しあてます。

ショートメール
短文のメッセージを送ります。広く使われるコミュニケーション方法です。

コミュニケーション今むかし
人間はむかしから、コミュニケーションの方法を探してきました。原始人は、洞窟の壁に絵を描いて伝えあいました。今は、ハイテク技術を使った方法がよく使われています。

電報
1800年代の中ごろ、通信文を短点と長点（モールス符号という）の組み合わせであらわし、電線で送りました。

ウェアラブル機器
身につけられるコンピューター。画像を立体的に映し、身につけた人は、その画像が本当にそこにあるように感じることができます。

ロボット

ロボットは、コンピューターでコントロールされた機械です。医者の手伝いをしたり、物をつくったり、人間には危険な作業をしたりと、いろいろな仕事をしてくれます。

> **つながるテーマ**
> 医学と薬…p.200
> 工場…p.220
> 機械…p.221
> コンピューター…p.227
> 宇宙飛行…p.259

ロボットの種類
ロボットにはいろいろな種類があって、それぞれの作業に合うように設計されています。見た目もそれぞれちがいます。

目のセンサーで「見る」ことができます

「指」にはそれぞれちがうはたらきがあります

医療用ロボット
きめ細かな動きで、手術のとき医者を助けます。

人型ロボット
人間に似せて設計されたロボットです。左の「NAO（ナオ）」は、ダンスをしたり話したりできます。

> ロボットも見たり感じたりできます。センサーが感じとったものを信号に変換して判断するのです

手のセンサーで物を「感じる」ことができます

宇宙でも
下のロボットは、国際宇宙ステーション（ISS）で、こわれたところをなおしています。

工場のロボット
工場のロボットは力が強く、同じ動きをくりかえすのが得意です。工場で使うのに便利にできています。

モーターでロボットを上下させます

足のセンサーは、歩いたり、階段をのぼったり、障害物を見つけたりすることに使われます

人工衛星

惑星のまわりを回る軌道をもつ天体を「衛星」といいます。地球の軌道上には4000個以上の人工衛星があって、それぞれちがう仕事をしています。天気を観測する衛星もあれば、通信に使われる衛星もあります。

つながるテーマ
雲…p.101
インターネット…p.231
コミュニケーション…p.232
宇宙…p.236
太陽系…p.237
天文学…p.257

GPS衛星
GPSシステム（全地球測位システム）は、自分が地球上のどこにいるのかを知らせてくれます。20個以上のGPS衛星が、共同作業で正確な位置を割りだします。

静止衛星
いつも同じ地域の上空にいる衛星を「静止衛星」といいます。地球全体をカバーするためには、たくさんの衛星が必要です。

いつもこの地域の上空にいます

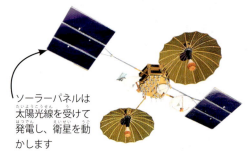

ソーラーパネルは太陽光線を受けて発電し、衛星を動かします

通信衛星
地球からの信号を受けとって、地球のほかの場所に送ります。電話やライブ映像の通信に利用します。

地球の写真を撮って、気象台に送ります

気象衛星
雲の写真を撮り、陸と海の温度を測ります。集めた情報で天候を予測します。

このふたをあけて写真を撮ります

ハッブル宇宙望遠鏡
地球からはなれたところで、宇宙のくわしい画像を撮ります。ここからだと、宇宙の遠くのほうまで見ることができます。

ビッグバン

宇宙は138億年前に、ビッグバンという大爆発によって始まったと考えられています。宇宙ははじめはごく小さい存在でしたが、誕生してからずっと大きくなっているといわれています。

つながるテーマ
原子…p.179
元素…p.180
気体…p.185
光…p.193
体積…p.204
宇宙…p.236
太陽系…p.237

1. ビッグバン
ごく小さく、とても高温だった宇宙が広がり始めました。

2. 原子
38万年後、原子というごく小さいもの（素粒子）が生まれました。

3. 最初の恒星と銀河
ビッグバンの1〜2億年後に、最初の星（恒星）や、銀河という星の集団があらわれました。

「宇宙は永久にふくらみつづける」と考える科学者も多くいます

4. 太陽系
太陽と太陽系の星たちは、ビッグバンの90億年後にできました。

5. 現在の宇宙
地球のある天の川銀河からほかの銀河が遠ざかる速さをはかり、宇宙のふくらみかたを調べる研究がされています。

宇宙のはじまり
宇宙は、エネルギーの小さな点から始まりました。そのエネルギーが、ものすごい速さでふくらみ、しだいに冷えていきました。

最初に生まれた星はおそらく巨大で明るかったと考えられます

ビッグバンを再現する
「素粒子加速器」という巨大な機械でごく小さい素粒子どうしを激突させ、宇宙が生まれたときに似た環境をつくるという実験がおこなわれています。

素粒子加速器

遠くの銀河からとどく光は、地球へ着くまでに何十億年もかかります

銀河と銀河のあいだの宇宙空間は広がりつづけています

宇宙は永久にふくらみつづけるかもしれません

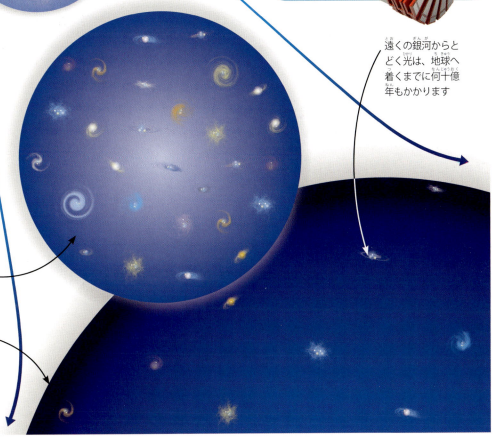

宇宙

宇宙はとにかく大きく、そしていつも変化しています。地球も太陽系も天の川銀河も、すべて宇宙の一部です。地球から太陽までの距離は約1億5000万キロメートルあります。

つながるテーマ
原子…p.179
ビッグバン…p.235
太陽系…p.237
地球…p.240
銀河…p.251
天の川銀河…p.252

わたしたちはどこにいる？
宇宙はとほうもなく大きくて、全体を想像しにくいものです。地球が宇宙の中でどの位置にあるか、図で見てみましょう。

宇宙に中心はありません。ただ無数の銀河があり、いつも変化しています

宇宙
宇宙には天の川銀河のほかにも、無数の銀河が存在します。銀河と銀河のあいだには、巨大な空間があります。

天の川銀河
太陽系は「天の川銀河（銀河系）」とよばれる銀河の中にあり、軌道を回っています。

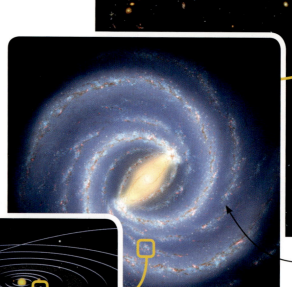

20世紀はじめごろまで、天の川銀河は宇宙にあるただ1つの銀河と考えられていました

太陽系
太陽とそのまわりの惑星を、まとめて太陽系といいます。

地球
地球は、太陽のまわりを回る8つの惑星のひとつです。

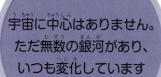

16世紀まで、地球は宇宙の中心にあるとされてきました

都市のようす
地球には70億人もの人間が都市やいなかに住んでいます。

暗黒物質／暗黒エネルギー
暗黒物質は目に見えない物質ですが、存在することは、その物質の重力が近くの天体を引きよせることからわかります。暗黒物質は、宇宙の物質の80パーセントをしめています。

目に見える物質：20パーセント

暗黒物質：80パーセント

太陽系

太陽系とは、太陽と、そのまわりを回るすべてのものをさします。8つの惑星と月、小惑星、彗星などです。太陽系は46億年前に、重いガスとちりがせん回する雲からできたと考えられます。

> **つながるテーマ**
> 宇宙…p.236
> 地球…p.240
> 小惑星…p.243
> 木星…p.244
> 海王星…p.247
> 彗星…p.250
> 太陽…p.254

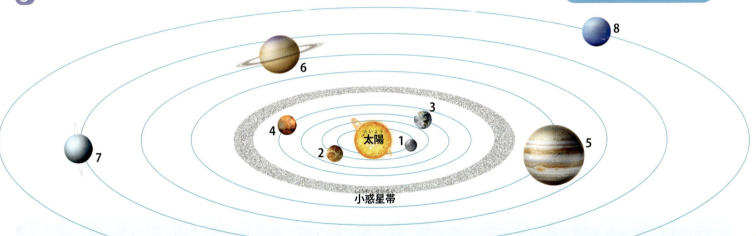

小惑星帯

軌道を回る惑星
太陽は太陽系の中心です。太陽系にあるものは、すべて太陽のまわりの軌道を回ります。

1. 水星
いちばん小さい惑星。

2. 金星
表面の温度が非常に高温。

3. 地球
水がたくさんあります。

4. 火星
表面が砂っぽい。

5. 木星
いちばん大きい惑星。

6. 土星
まわりの環が有名。氷と岩石でできています。

7. 天王星
いちばん寒い惑星だと考えられています。

8. 海王星
激しい風が吹きすさぶさいはての惑星。

惑星の種類
太陽系の惑星は3種類あります。岩石惑星は太陽の近くを回り、ガスと氷の巨大惑星は遠くを回ります。

岩石惑星
水星、金星、地球、火星は、岩石でできた、小さな固体の惑星です。

巨大氷惑星
天王星と海王星は、ガスとこおった物質がいりまじってできています。

巨大ガス惑星
木星と土星は、ガスでできた巨大な惑星です。

ケプラー16b
宇宙には、太陽系のようなものがたくさんあります。ケプラー16bという惑星は、ふたごの「太陽」のまわりを回っています。

水星

水星は、太陽系でいちばん小さい惑星で、地球からは日の出と日の入りのときに見かけることがあります。太陽にいちばん近い惑星なので、とても熱く、平均温度は167℃です。

つながるテーマ
古代ローマ…p.51
水のはなし…p.94-95
太陽系…p.237
月…p.241
小惑星…p.243
太陽…p.254

いそがしく回る惑星
水星は英語で「マーキュリー」といいます。マーキュリーは、ローマ神話に出てくる足の速い神の名前です。水星は、ほかの惑星より速く太陽を回ります。

数十億年前、小惑星が水星にぶつかってクレーターができました

乾燥した岩石の惑星で、液体の水はありませんが、太陽の光が当たらない部分に大量の氷があることがわかっています

ソーラーパネルが太陽光を電気に変えて、メッセンジャー号を動かします

水星の表面温度は日中は430℃まで上がり、夜はマイナス180℃まで下がります

水星の探査
自動操縦の探査機「メッセンジャー号」は、2011年から2015年まで水星の表面を調べました。集めた情報のおかげで、水星の地図がはじめて完成しました。

水星　月

小さな惑星
水星はとても小さな惑星で、月より少し大きいくらいです。木星と土星にも月のような「衛星」がありますが、水星はそれより小さいのです。

金星

金星は地球と同じ岩石惑星で、大きさは地球よりほんの少し小さいです。太陽から2番めの惑星で、水星と地球のあいだにあります。金星の自転（自分で回転すること）はとてもゆっくりで、太陽系でいちばん時間がかかります。

つながるテーマ
火山…p.79
気体…p.185
温度…p.199
太陽系…p.237
水星…p.238
地球…p.240
大気圏…p.258

熱い惑星
岩だらけの金星の表面は、とても高温です。470℃以上にもなり、金属がとける熱さです。

マアト山は金星最大の火山で、高さはおよそ8キロにおよびます

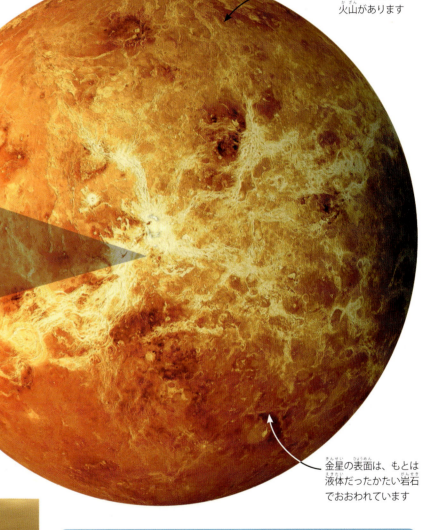

地表には数千の火山があります

金星の表面は、もとは液体だったかたい岩石でおおわれています

金星の大気
有毒なガスの層にかこまれているため、金星の表面はよく見えません。

雲にふくまれる硫黄ガスのせいで、金星は黄色に見えます

金星の太陽面通過
金星は地球より太陽に近いため、金星が太陽の前を通るのを地球から観測できます。黒く小さい円盤が、明るい太陽を横切るように見えます。

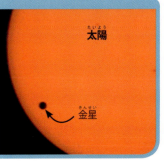

太陽
金星

地球

地球はわたしたちの住む惑星です。太陽から3番めにあります。大気を持ち、表面には大量の水があります。約45億年前に生まれました。今のところ、生きものがすむただひとつの惑星です。

つながるテーマ
地球の表面…p.77
水のはなし…p.94-95
気体…p.185
太陽系…p.237
太陽…p.254
大気圏…p.258

人間のふるさと
地球には、命をはぐくむのに必要な条件がすべてそろっています。太陽からちょうどよい距離にあり、水をたたえた海があり、大気というガスが、地球をくるむように守っているのです。

地球には「大陸」とよばれる広大な陸地が7つあります

はじめて宇宙から撮った地球の写真は、「ザ・ブルーマーブル（青いビー玉）」と名づけられました

大気のほとんどは、窒素と酸素という2つの気体からなります

地表のおよそ **70パーセント**は水でおおわれています

うずまき状の白いものは雲です。真っ白な部分では、あらしが起きています

生きものがすめる
寒すぎる
暑すぎる
これが地球

安全地帯（ハビタブルゾーン）
地球の軌道は、水があって生きものがすめる地帯（上の図の緑色の部分）の中にあります。これ以上太陽に近づくと暑すぎますし、遠ければ寒すぎます。

地球の出
地球からは、日の出や月の出を見ることができます。宇宙飛行士が1968年に月の軌道を回ったときは、地球が空にのぼる「地球の出」が見られました。

月（つき）

月は、空気のない、岩石でできたまるい「かたまり」です。地球のまわりを回っていて、太陽の次に見なれた天体です。地球によく似た物質でできているといわれています。

つながるテーマ
- 潮の満ち引き…p.124
- 太陽系…p.237
- 地球…p.240
- 小惑星…p.243
- 彗星…p.250
- 大気圏…p.258

岩石のかたまり
月の表面はだだっ広く、ちりと岩ばかりで、空気はありません。大きさは地球の4分の1です。

人類、月に立つ
月は、太陽系のなかで人間が行ったことのある、ただ1つの天体です。アメリカのアポロ宇宙船は、1969年から1972年のあいだに、12人の宇宙飛行士を乗せて月に着陸しました。

- 暗い部分はかつて溶岩の海だったところです
- 月の表面には、隕石がぶつかってできたくぼみが、いたるところにあります

月の軌道
月は地球のまわりを回ります。この道すじを「軌道」といいます。月が地球を1周するには27.3日かかります。

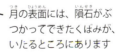

地球

- 月の軌道は、円がわずかにつぶれた形（だ円）です
- 月はいつも同じ面を地球に向けているので、地球から月のうら側は見えません

月のはじまり
月にある岩石は地球の岩石と似ています。月は45億年前、テイアーという原始惑星が地球にぶつかって生まれたという説があります。

火星

火星は岩だらけの惑星で、巨大な火山や、氷山や、深い谷があります。おおむかしは湿気のあるあたたかい星だったといわれていますが、今は冷たくかわいており、クレーターがあちこちにあります。英語では「マーズ」――ローマの戦いの神の名前です。

つながるテーマ
古代ローマ…p.51
火山…p.79
岩石と鉱石…p.84
元素…p.180
小惑星…p.243
宇宙飛行…p.259

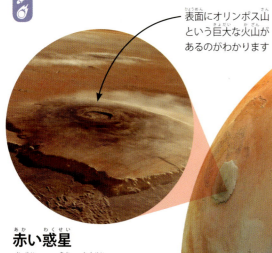

表面にオリンポス山という巨大な火山があるのがわかります

数千ものクレーターは35億年前、小惑星がぶつかってできました

赤い惑星
火星が「赤い惑星」とよばれるのは、表面が赤みがかったちりの層でおおわれているからです。火星に風がふくと、ちりが大気圏に入りこみ、火星の空を赤くします。

火星表面のくわしい写真や映像をカメラで撮ります

大きさは地球のおよそ半分です

スピリット号

器具を使って岩の標本をとります

火星探査計画
火星の表面を調べるために、1976年から宇宙船が火星をおとずれています。「スピリット号」と「オポチュニティ号」という火星探査車は、2004年に火星に着陸し、オポチュニティ号は今も探査を続けています。

火星を回る月（衛星）
火星には、ダイモスとフォボスという、岩でできた小さな衛星があります。フォボスのほうが大きく、直径27キロ（最長部）です。

ダイモス　　フォボス

小惑星

小惑星は、岩石や金属をふくんだ天体で、太陽のまわりを回ります。惑星と同時に生まれました。表面には、小惑星どうしがぶつかってできた「クレーター」というくぼみが、あちこちにあります。

つながるテーマ
岩石と鉱石…p.84
金属…p.181
重力…p.190
太陽系…p.237
隕石…p.249

小惑星の形

たいていの小惑星は、不規則な形をしています。最大級の小惑星は球形をしており、「準惑星」ともよばれます。

表面のクレーターはもっと小さい小惑星とぶつかったあとです

小惑星トータティス

小惑星トータティスは**全長5キロ**です

トータティスは、2つの小惑星が引力で1つに合体したものといわれています

トータティスは4年かけて太陽のまわりを1周します

小惑星帯

ほとんどの小惑星は、火星と木星のあいだの小惑星帯にあります。この「メインベルト」ともよばれる一帯には数百万の小惑星がありますが、ひとつひとつはとても遠くはなれています。

金星　水星　火星　太陽　地球　木星　小惑星帯

小惑星をほる

人間は将来、小惑星で金属や鉱物、水をほって使うだろうといわれます。宇宙船が星のあいだを飛びながら、小惑星に立ちよる日が来るかもしれません。

木星

木星は、太陽から5番めにあり、太陽系でいちばん大きな惑星です。水素とヘリウムからなる「巨大ガス惑星」です。木星には、地球のようなかたい表面はありません。

つながるテーマ
暴風雨…p.102
元素…p.180
固体…p.183
気体…p.185
太陽系…p.237
天文学…p.257
大気圏…p.258

巨大な惑星

とにかく大きい惑星で、地球1300個ぶんくらいあります。木星の大気圏にある「大赤斑」という巨大なうずは、地球の2倍以上の大きさです。地球から夜空を見たとき、木星は月と金星についで3番めに明るい星です。

地球が2つほど入る「大赤斑」という巨大なうず

大赤斑のまわりをうずまく風のスピードは **時速400キロ以上** にもなります

横じまとうずまきは、強い風がふいてできます

ガリレオ衛星

木星には60個以上の衛星があり、いちばん大きい4つが、イオ、エウロパ、ガニメデ、カリストです。これらは、17世紀にイタリアのガリレオ・ガリレイが発見したので、「ガリレオ衛星」とよばれます。

イオ

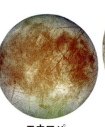
エウロパ

ガニメデ

カリスト

土星

土星は、太陽から6番めにあり、太陽系では木星の次に大きな惑星です。木星と同じく、おもに水素とヘリウムからなる気体でできています。惑星のまわりをかこんでいる環（リング）が有名です。

つながるテーマ
太陽系…p.237
月…p.241
木星…p.244
天文学…p.257
大気圏…p.258
探検のはなし
　　　　…p.260-261

氷の環
土星の環は、氷のかたまりや岩、ちりでできています。

環のある惑星
土星をかこむ環は巨大です。とくに幅がとても広いのですが、厚さはほんの数百メートルしかありません。

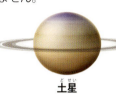
土星

環のすきま
環には氷やちりの少ない場所があります。

土星の衛星
土星には60個以上の衛星があります。いちばん大きい衛星はタイタンで、表面の温度はマイナス179℃と極寒です。6番めに大きいエンケラドゥスは南極から氷をふきだします。

タイタン

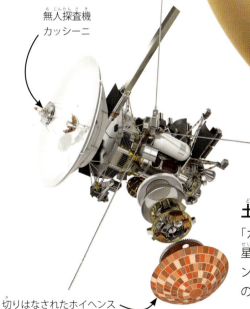
無人探査機 カッシーニ

切りはなされたホイヘンス

土星探査機カッシーニ
「カッシーニ」は2004年から2017年まで土星を調査しました。積みこまれた「ホイヘンス」という惑星探査機は、2005年に土星の衛星であるタイタンに着陸しました。

天王星

天王星は太陽系のなかで、木星、土星についで3番めに大きい惑星です。太陽から2番めに遠い星で、地球からは、青緑色の点に見えます。

つながるテーマ

元素…p.180
気体…p.185
混合物…p.187
太陽系…p.237
海王星…p.247
大気圏…p.258

大気のほとんどは水素とヘリウムガスで、とても寒いです

巨大氷惑星

天王星は「巨大氷惑星」で、岩石でできた核のまわりを、氷などの混合物がとりかこんでいます。固体の表面はありません。

転がる惑星？

惑星はたいてい、こまのように軸を中心に回りますが、天王星は転がるボールのように横向きに回ります。かたむいているのは、おそらく大きな天体がはげしくぶつかったためでしょう。

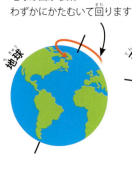

地球は西から東へわずかにかたむいて回ります

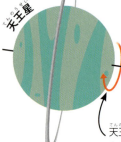

天王星は大きくかたむいて回ります

少ない情報

宇宙探査機「ボイジャー2号」は1986年、天王星付近を観測しました。地球に送られた画像で、新たに10個の衛星と2つの環が見つかりましたが、ほかのことはあまりわかっていません。

ボイジャー2号

天王星の環はうすくて暗いため、なかなか見えません

天王星は太陽系でいちばん冷たい惑星で、最低でマイナス224℃くらいになります

海王星

海王星は、冷たくこおりつき、暗い惑星で、太陽系のはずれにあります。太陽からいちばん遠い、8番めの惑星です。海王星がよく天王星の「ふたご星」とよばれるのは、どちらも同じように氷とガスでできているからです。大きさは地球の4倍です。

つながるテーマ
液体…p.184
気体…p.185
太陽系…p.237
天王星…p.246
冥王星…p.248
大気圏…p.258

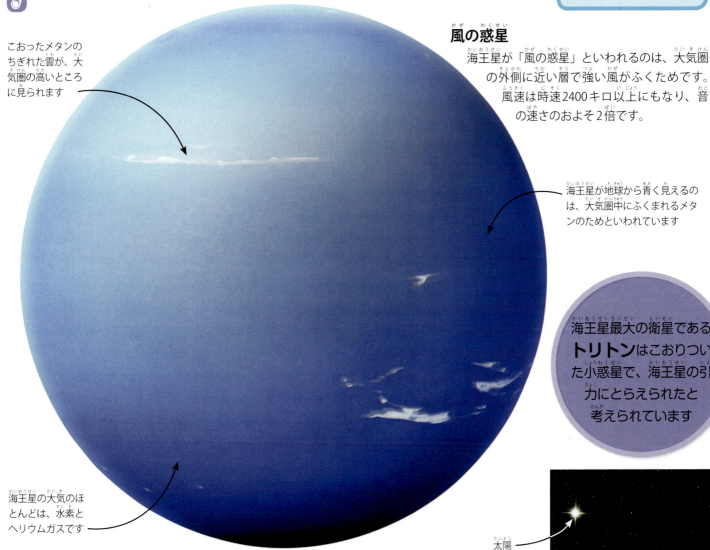

こおったメタンのちぎれた雲が、大気圏の高いところに見られます

海王星の大気のほとんどは、水素とヘリウムガスです

風の惑星
海王星が「風の惑星」といわれるのは、大気圏の外側に近い層で強い風がふくためです。風速は時速2400キロ以上にもなり、音の速さのおよそ2倍です。

海王星が地球から青く見えるのは、大気圏中にふくまれるメタンのためといわれています

海王星最大の衛星である**トリトン**はこおりついた小惑星で、海王星の引力にとらえられたと考えられています

海の神
海王星(ネプチューン)は、ローマ神話の海の神からとった名前です。水星、金星(ビーナス)、火星、木星(ジュピター)、土星(サターン)も、ローマ神話の神の名前からつけられました。

海王星の向こう側
海王星の向こうでは、冷たい数千個の天体が太陽の軌道を回っているようです。そのなかで最大の小惑星が冥王星です。

太陽

冥王星

冥王星は太陽のまわりを回る準惑星で、海王星のさらに向こう、太陽系のはずれにあります。カロンという大きい衛星と、4つの小さい衛星をもちます。

つながるテーマ
地球の表面…p.77
火山…p.79
氷河…p.98
太陽系…p.237
月…p.241
海王星…p.247

表面は氷でおおわれています

惑星だったことも…
以前、冥王星は太陽系の9番めの惑星とされていました。ところが、同じように小さい「惑星」がほかにも発見され、冥王星は準惑星とみなされるようになりました。

氷の火山
冥王星には「氷の火山」があり、水やガスなどをふきだしているようです。

ライト山という特徴ある地形は、氷の火山と考えられます

冥王星の軌道
冥王星が回る軌道の角度は、惑星とちがって、細長くのびた円を描きます。冥王星が太陽を1周するには、地球の時間で248年かかります。

冥王星の軌道

準惑星とは
準惑星は惑星に似ていますが、もっと小さく、太陽を回る軌道を、小惑星や彗星など、ほかの天体と共有しています。

ケレス マケマケ ハウメア 冥王星 月 エリス

隕石

隕石は、宇宙の岩石（小惑星や彗星）の断片で地球に落ちてきたものをいいます。小さいものは小石くらい、大きいものだと家1軒分くらいになります。大きい隕石が地面に衝突すると、クレーターができることもあります。

つながるテーマ
岩石と鉱石…p.84
金属…p.181
太陽系…p.237
小惑星…p.243
彗星…p.250
大気圏…p.258

隕石のいろいろ
隕石は、地球でも見つかる物質でできています。成分によって、3つの種類に分けられます

石鉄隕石
金属と石が混じっています。めったに見つかりません。

鉄隕石
鉄とニッケルの合金でできています。もとは小惑星の核の部分でした。

石質隕石
隕石の多くはこの種類です。小惑星からはがれたものです。

流星体は小惑星や彗星の小さい断片です

大気圏は地球をとりまくガスの層です

小惑星 / 流星体 / 流星 / 隕石 / 宇宙 / 大気圏 / 地球

よび名の変化
宇宙の岩石のよび名は、地球に近づくにつれて変わります。宇宙空間では流星体、大気圏では流星、地表に落ちれば隕石です。

隕石の落ちた現場
隕石が大気圏を通りぬけると、地表にぶつかります。隕石があけたあなを、衝突クレーターといいます。この写真は、アメリカのアリゾナ州にある巨大なクレーターです。

彗星

彗星は、氷やちり、岩でできた太陽系の天体です。核はかたく、そこから放出されたガスとちりが、長い尾をつくります。ときどき地球から見える位置にあらわれ、宇宙のかなたへ消えていきます。

つながるテーマ
気体…p.185
重力…p.190
太陽系…p.237
小惑星…p.243
隕石…p.249
太陽…p.254

ダストテイル　　ガステイル

2本の尾
彗星が太陽に近づくと、氷がとけて尾（テイル）が2本になります。ひとつはガステイル（ガスの尾）、もうひとつはダストテイル（ちりの尾）です。

ハレー彗星
ハレー彗星は75年ごとに太陽を1周しており、歴史学者が2000年以上、記録を残しています。むかしのタペストリーには、1066年に空を横切ったハレー彗星が描かれています。

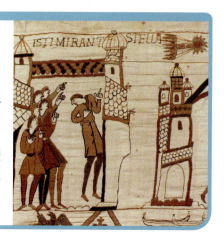

太陽のまわりを回る彗星
彗星は太陽のまわりを回ります。その尾は、太陽から遠いほうを向きますが、方向は少しずつ変わります。彗星が太陽に近づくほど、尾は長くなります。

だんだん短くなる尾　　だんだん長くなる尾

銀河

銀河は、数え切れないほどの恒星や惑星、ちり、ガスなどが、大きな引力で引きよせられたものです。うずまき型、だ円形、不規則型など、形も大きさもさまざまです。

つながるテーマ
気体…p.185
物理学…p.188
形…p.205
宇宙…p.236
天の川銀河…p.252
恒星…p.253

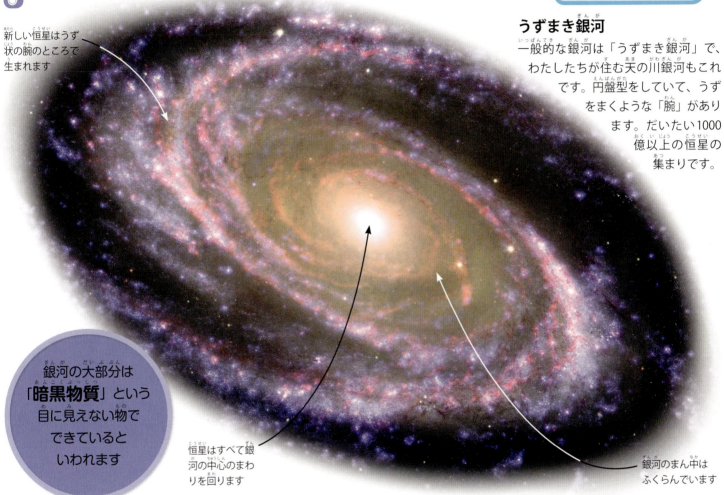

新しい恒星はうず状の腕のところで生まれます

うずまき銀河
一般的な銀河は「うずまき銀河」で、わたしたちが住む天の川銀河もこれです。円盤型をしていて、うずをまくような「腕」があります。だいたい1000億以上の恒星の集まりです。

銀河の大部分は「暗黒物質」という目に見えない物でできているといわれます

恒星はすべて銀河の中心のまわりを回ります

銀河のまん中はふくらんでいます

だ円銀河
だ円銀河は丸みのある形で、たいていは古い恒星の集まりです。ふつうはうずまき銀河より大きく、恒星の数も多いですが、ガスやちりはあまりありません。

不規則銀河
形がはっきりしない小さな銀河を、不規則銀河といいます。2つの銀河が衝突してできたのかもしれません。若い星とちり、ガスがたくさん集まっています。

天の川銀河

天の川銀河はわたしたちの住む銀河で、銀河系ともよばれます。約2000億個の恒星が集まり、その中には太陽もふくまれます。天の川銀河はうずまき型で、大きな腕が2つのびています。

つながるテーマ
宇宙…p.236
太陽系…p.237
地球…p.240
銀河…p.251
恒星…p.253
星座…p.256
天文学…p.257

わたしたちの銀河
人間の住む太陽系は、天の川銀河の中心とふちの中間あたりにあります。太陽系は天の川銀河の中心のまわりを、2億4000万年で1周します。

- たて・ケンタウルス腕
- 中心は長い棒のような形です
- 銀河の中の天体は、どれも中心のまわりを回ります
- ペルセウス腕
- うずをまいた腕は恒星とガス、ちりからなります
- 太陽系はここ、オリオン腕という小さい腕のところにあります

天の川銀河はおよそ**40億年後**にアンドロメダ銀河とぶつかるだろうといわれます

エドウィン・ハッブル
アメリカで20世紀に活躍した天文学者。天の川銀河のほかにも銀河があることを発見しました。また、銀河と銀河のあいだの距離を測りました。

地球からのながめ
夜空にかかる白くぼんやりした帯が「天の川」です。この光は、地球から天の川銀河を横から見ているものです。

地球から見た天の川銀河

恒星

恒星は、遠い宇宙にうかぶ、熱いガスでできた球体です。地球からは小さな点に見えますが、実際は巨大です。いちばん小さい恒星でも、木星と同じくらいの大きさがあります。恒星が光るのは、内部のガスがつねにぶつかりあうからです。

つながるテーマ
色のはなし…p.174-175
光…p.193
温度…p.199
太陽系…p.237
銀河…p.251
太陽…p.254

色と大きさ
恒星には、さまざまな色と大きさがあります。色は表面の温度で決まります。熱ければ熱いほど青色になり、冷たければ赤色になります。

青色超巨星
生まれたばかりで熱い恒星です。

赤色巨星
表面温度の冷えた古い恒星です。

太陽
太陽は人間でいえば中年で、大きさは中くらい、表面温度も中くらいの恒星です。

いちばん近い恒星

太陽の次に近い恒星はプロキシマ・ケンタウリ星です。太陽からいちばん遠い惑星、海王星までの距離の9000倍のところにあります。

恒星の死

「超新星」とよばれる派手な爆発を起こして、一生を終える恒星があります。少しずつエネルギーをなくして、消えていく恒星もあります。

超新星爆発の残がいでできた雲

太陽

太陽は、太陽系の中心にある恒星です。天の川銀河には約2000億個の恒星があり、太陽はそのひとつです。太陽が放つ光と熱のおかげで、地球には生きものがすめるのです。

つながるテーマ
原子…p.179
気体…p.185
磁石…p.192
太陽系…p.237
天の川銀河…p.252
恒星…p.253
大気圏…p.258

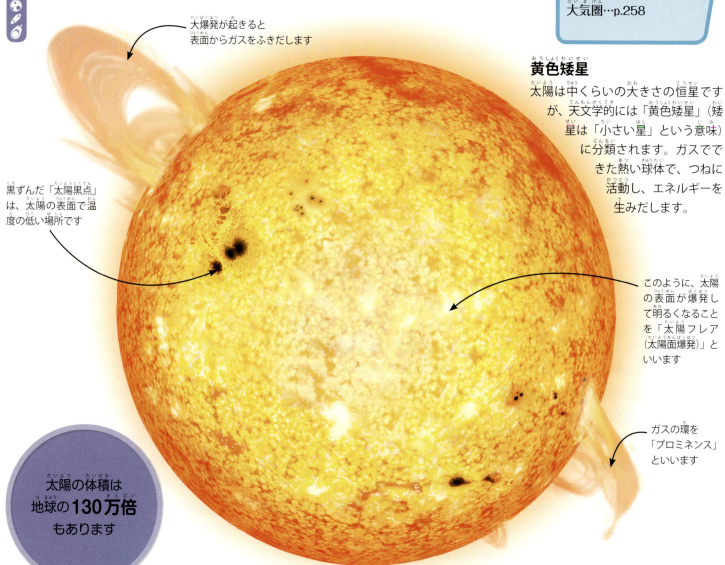

大爆発が起きると表面からガスをふきだします

黄色矮星
太陽は中くらいの大きさの恒星ですが、天文学的には「黄色矮星」（矮星は「小さい星」という意味）に分類されます。ガスでできた熱い球体で、つねに活動し、エネルギーを生みだします。

黒ずんだ「太陽黒点」は、太陽の表面で温度の低い場所です

このように、太陽の表面が爆発して明るくなることを「太陽フレア（太陽面爆発）」といいます

ガスの環を「プロミネンス」といいます

太陽の体積は地球の130万倍もあります

オーロラ
オーロラは、北極や南極の近くで見られる色あざやかな光です。これは、太陽から放出された粒子が、地球にある磁場と出会って起きる発光現象です。

太陽の最後は？
およそ50億年後、太陽は光のもととなるガスのほとんどを使いはたします。力も弱り、小さくて熱い白色矮星になります。しだいに冷え、やがて消えていきます。

ブラックホール

ブラックホールは、宇宙でいちばんなぞめいた存在です。太陽よりはるかに大きい恒星が、エネルギーを使いはたしたときに生まれます。「超新星」として爆発し、自分の重力でつぶれて、ブラックホールとなるのです。

つながるテーマ
物理学…p.188
重力…p.190
光…p.193
体積…p.204
銀河…p.251
恒星…p.253
太陽…p.254

見えないモンスター

ブラックホールは目に見えません。光ですら、重力に負けてしまうからです。でも、専用の望遠鏡を使えば、間接的にブラックホールを見ることができます。たいてい、熱いガスやちりが円盤のようにブラックホールをとりかこみ、それが高エネルギー放射線を出すからです。

> ブラックホールどうしがぶつかると、**いっそう大きく**なります

ブラックホールのものすごい重力で、空間と時間がゆがみます

ブラックホールのふちを「事象の地平線」といいます

ブラックホールの中心は特異点といいます

超大質量ブラックホール

とくに重量の大きい「超大質量ブラックホール」は、巨大なガス状の雲がくずれてできるといわれます。ほとんどが、銀河のまん中で見つかります。

スパゲティ化

ブラックホールに落ちた物体は、スパゲティのように引きのばされます。もし、宇宙飛行士が落ちたら、体の一方を強い力で引っぱられ、ちぎれてしまうでしょう。

星座

古代の人びとは、夜空にまたたく星のならびを、英雄や生きもの、道具などの星座に見立てました。季節や時刻によって、星座の見えかたは変わります。星と星はたがいに近くにあるように見えますが、じつはとても遠くはなれています。

つながるテーマ
神話と伝説…p.19
古代ギリシャ…p.50
季節…p.121
ナビゲーション…p.201
銀河…p.251
恒星…p.253

現代の星座
今は88個の星座が認められています。北半球と南半球のどちらからでも見える星座もあれば、片方からしか見えない星座もあります。

これはメンケントという星で、「ケンタウルスの肩」という意味です

この星はミザールといい、古代アラビアでは視力の検査に使われました

おおぐま座
北斗七星をふくむおおぐま座は、北半球からしか見えません。

ケンタウルス座
ケンタウルスは、ギリシャ神話に出てくる半人・半馬の怪物です。この星座は、南半球からしか見えません。

ベテルギウスは赤色にかがやく巨大な星です

オリオンの帯

航海の道しるべ
むかしの船乗りは、星座を道しるべに使いました。空の星を見て、自分のいる位置を知るのです。北極星は、とくに大切な道しるべでした。

オリオン座
オリオンはギリシャ神話に出てくる狩人です。オリオン座は冬の有名な星座のひとつで、明るい三つ星はオリオンの帯（ベルト）といわれます。

何万年もたつと星の位置が変わるので、**星座の形も変わります**

天文学

天文学はもっとも古い科学のひとつで、地球とまわりの宇宙空間について研究する学問です。古代の人びとは、天体の動きを自分の目で観察しましたが、今は双眼鏡と望遠鏡を使い、はるか遠くにあるものも観察できるようになりました。

つながるテーマ
科学のはなし…p.166-167
いろいろな科学…p.168
光…p.193
宇宙…p.236
地球…p.240
太陽…p.254

天体望遠鏡

天体望遠鏡は、光の屈折や反射を利用して、遠くにある天体を拡大して映すことができます。光の集めかたによって天体望遠鏡の種類が異なり、おもに屈折式と反射式に分かれます。屈折式は、光を集めるためにレンズが使われています。反射式は、鏡を使って光を集めます。右のイラストは、反射式天体望遠鏡です。

光が望遠鏡の筒に入ります

「接眼レンズ」という小さいレンズで、見る物を拡大します

反射鏡が光を反射して目にとどけます

光は、カーブした反射鏡に当たってはねかえります

スペインにあるカナリア大望遠鏡は**世界最大級の望遠鏡**で、反射鏡の直径は10メートルもあります！

ガリレオ・ガリレイ

ガリレオ・ガリレイ（1564-1642）は、望遠鏡を使って宇宙の天体を研究した最初の科学者です。でもガリレイの発見は、当時の人に受け入れられませんでした。「地球は太陽のまわりを回っている」といったため、裁判にかけられてしまいました。

宇宙の中の地球

16世紀まで、地球は太陽系の中心にあると信じられていました。今では、それはまちがいだとわかっています。

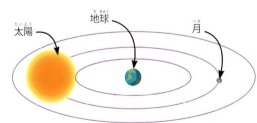

むかしは、太陽と月が地球のまわりを回っていると考えられていました

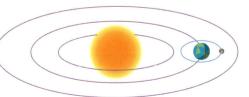

今では、月は地球を回り、地球は太陽を回ることがわかっています

大気圏

大気圏とは、惑星や衛星をとりかこむ気体の層です。太陽の熱を吸収して、一定のあたたかさに保ったり、有害な光線から地球を守ってくれたり、隕石がぶつかるのを防いだりします。

つながるテーマ
天気…p.100
原子…p.179
気体…p.185
温度…p.199
地球…p.240
隕石…p.249
太陽…p.254

地球の大気圏

大気圏は5層に分かれ、それぞれ大気の濃度がちがいます。地球からはなれ宇宙空間に近づくほど、大気はうすくなります。

ハッブル宇宙望遠鏡は地球の外気圏を回り、宇宙のすばらしい写真を撮ります

外気圏
大気圏のいちばん外側の層です。地球からの高度は500キロメートルを超えます。

熱圏
この層では、大気の温度が大きく変動します。オーロラとよばれる発光現象は、ここで生まれます。

国際宇宙ステーション（ISS）

世界ではじめて宇宙飛行をしたユーリィ・ガガーリンは、熱圏の高度で地球を回りました

オーロラ

中間圏
大気圏でいちばん低温の層です。隕石などが地球にぶつかるのを、ここで防ぎます。

大気圏で燃えつきる「宇宙のちり」は流星とよばれます

成層圏
オゾン層があり、太陽光線から人間を守ります。

世界最高度のスカイダイビング

対流圏
いちばん地表に近い層です。地上の天気現象は、すべてここで起きます。

飛行機は対流圏の中を飛びます

世界最高度のスカイダイビングは、**高さ39キロ**から飛びました

宇宙飛行

宇宙を知るため、地球を知るために、人間は宇宙飛行に挑戦してきました。宇宙の探検には、宇宙探査機とよばれる、無人で動く機械を使います。人間が行ったことのある宇宙で、いちばん遠い場所は月です。

つながるテーマ
ラジオ…p.224
ロボット…p.233
太陽系…p.237
月…p.241
探検のはなし…p.260-261
宇宙飛行士…p.262

人間が宇宙へ
宇宙へ行くには、とてもパワーのある宇宙船を使います。アメリカのスペースシャトル「アトランティス号」は30年間、宇宙飛行に使われました。今は、ロシアの「ソユーズ」という宇宙船を使います。

外部タンクにつめた液体水素と液体酸素でエンジンを動かします

宇宙飛行士は操縦席にすわります

ブースター（補助推進ロケット）は、予備の動力をそなえています

アトランティス号の打ち上げ

太陽電池は太陽エネルギーを利用して探査機を動かします

木星探査機ジュノー

磁気探知機で磁場を測ります

自動操縦の宇宙船
探査機は、カメラや磁気探知機、レーダーを使ってデータを集め、地球に送ります。

もし**火星**に自動操縦の宇宙船で行くとしたら、早くてもおよそ**6か月**かかります

極限の環境
人間が宇宙に行くのはたいへんです。暑さ寒さは極端だし、そもそも空気がありません。そのため宇宙船や宇宙ステーションは、宇宙飛行士の安全をよく考えて設計されます。

国際宇宙ステーション（ISS）で髪を洗う飛行士カレン・ナイバーグ

せかいの 探検のはなし

人間は陸や海、そして空を探検し、宇宙にも行けるようになりました。未知の探検のために、国と国どうしで協力し合っています。人間がほかの惑星に住む日も、遠くないかもしれません！

アフリカから世界へ

アフリカ大陸でくらしていた最初の人間は、今から5〜6万年前、別の大陸へ大規模な移動をはじめました。すぐとなりのアジア大陸まで歩き、やがてオーストラリア大陸に船でわたりました。

人間ははじめアフリカに住んでいました。しだいに世界へ広がっていきました

交易

むかしの人びとは、ほかの国の物を手に入れるため、陸を移動したり海をわたったりして、何十キロも旅をしました。商人は、はなれた国への新しいルートを見つけ、香辛料（スパイス）などの品物を買ったり交換したりしました。買った品物は、国へ持ち帰って売りました。

しょうが

シナモン

クローブ

15世紀にバスコ・ダ・ガマはヨーロッパからインドへ行く航路を見つけました

地球の果てへ

いてつく寒さの北極や南極へ人間がはじめて行ったのは、1900年代のはじめのことです。最初の探検家は、犬が引くそりに乗り、毛皮を着て旅をしました。

この船は、コロンブスがアメリカの海岸近くの島に上陸したときのものです

サンタ・マリア号

アメリカの探検家、ロバート・ピアリー（1909年）

深海の魚のなかには**200年以上**生きるものがいます

深海へ
海のいちばん深いところは、海面から数キロにも達します。光のとどかない深海は、未知の世界です。海溝の底まで行った数少ない潜水艇は、なぞめいた生きものを発見しています。

深海魚

探検の時代
1400年代、ヨーロッパの人びとは船を使って、まだ行ったことのない、遠い場所へ旅しました。クリストファー・コロンブスがアメリカに到達したのは、1492年のことです。

船は帆に風を受けて進みます

世界を旅する
科学技術が進歩すると、探検に新しい道が開けます。最初の世界一周飛行は1924年、ガソリンで飛ぶ飛行機によっておこなわれました。「ソーラー・インパルス2（HB-SIB）」は2016年、太陽光を動力とする飛行機として、はじめて世界一周に成功しました。

ソーラー・インパルス2は、両翼の太陽電池で太陽光を動力に変えます

1961年、ユーリィ・ガガーリンは宇宙へ行った最初の人となりました

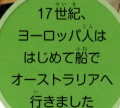

17世紀、ヨーロッパ人ははじめて船でオーストラリアへ行きました

宇宙を探検する
1957年、ソ連（ロシア）は世界ではじめて人工衛星の打ち上げに成功しました。1969年に、人類ははじめて月に着陸しました。それからは自動操縦の宇宙船を使い、太陽系の惑星や彗星を調査しています。

宇宙飛行士

宇宙飛行士は、宇宙で任務をはたすために、特別な訓練を受けます。今までに宇宙へ行ったことがある人は600人に満たず、そのうち月面を歩いたのはたった12人です。

つながるテーマ
探検家…p.66
宇宙…p.236
太陽系…p.237
月…p.241
宇宙飛行…p.259
探検のはなし…p.260-261

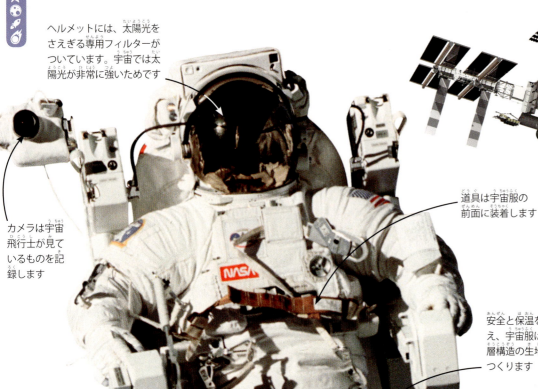

ヘルメットには、太陽光をさえぎる専用フィルターがついています。宇宙では太陽光が非常に強いためです

カメラは宇宙飛行士が見ているものを記録します

道具は宇宙服の前面に装着します

安全と保温を考え、宇宙服は重層構造の生地でつくります

呼吸するために酸素ボンベを背負います

ソーラーパネル

国際宇宙ステーション（ISS）
国際宇宙ステーションは、宇宙飛行士が滞在できる施設で、地球の400キロ上空にあります。同時に6人まで滞在できます。

はじめて宇宙へ行ったのはユーリィ・ガガーリンというソ連(ロシア)の宇宙探検家で、1961年のことでした

宇宙服
宇宙の温度は、とても高かったり低かったりします。宇宙飛行士は安全のために特別な服を着て、専用のヘルメット、手袋、ブーツ、酸素ボンベを身につけます。

宇宙飛行士になるには
宇宙飛行士になるための訓練は、何年もかかります。最新の技術を身につけ、健康な体を保てるよう、きびしくきたえられます。

宇宙空間にいることを想定しておこなう宇宙飛行士の水中訓練

人の体

人の体は、「器官」というものがたくさん集まってできています。器官にはそれぞれちがう役割があり、筋肉などに助けられながら、呼吸や消化、運動などのはたらきをします。

つながるテーマ
炭素の循環…p.90
サルのなかま…p.149
生物学…p.169
人の細胞…p.264
心臓…p.268
肺…p.269

器官のつながり
つながり合う器官を「系」といいます。人の体には呼吸器系、消化器系などがあって、それぞれが自分の仕事をしますが、ほかの器官といっしょにはたらくこともあります。

呼吸器系
肺は、体に新しい空気を送りこみ、よごれた空気を外に出します。血液に酸素を与えます。

神経系
痛みなどの信号は、神経を通って脳にとどきます。脳はそれに反応し、体の動きを指示します。

循環器系
心臓は血液を体じゅうにめぐらせ、酸素と栄養を送ります。

消化器系
胃と腸は食べものをとかして、体のエネルギーにします。

泌尿器系
腎臓は血液をきれいにし、体の中のいらない物を尿にします。ぼうこうは尿をためます。

皮ふと毛
皮ふには水を通さない層があり、雑菌と日光から体を守ります。毛は体の温度を保ちます。

筋肉系
体のすべての部分を動かします。心臓や肺を動かすのも筋肉です。

骨格系
体内の器官を守る骨組みです。体の動きも支えます。

体は何でできている？
人の体は、とても小さな「細胞」が集まってできています。細胞にふくまれるいろいろな成分は、体内でちがうはたらきをします。

カルシウムは筋肉を動かし、心臓の鼓動を正しくします。

体の4分の1は**炭素**。ダイヤモンドの中にもあるものです！

体内の**鉄分**の量はわずかです。鉄は血液を赤くします。

涙には**塩化ナトリウム**がふくまれます。食塩と似た成分です。

リンは骨を強くします。マッチはリンで燃えます。

体の半分以上は**水**でできています。水は血液や細胞の中にあります。

人の細胞

体は、「細胞」というとても小さいものでできています。細胞には、刺激（メッセージ）を伝えたり、食べものをエネルギーに変えたり、有害な細菌と戦ったりする大事なはたらきがあります。どの細胞も、それぞれちがう仕事をして、体を元気にします。

つながるテーマ
微生物…p.127
植物・動物の細胞…p.170
人の体…p.263
皮ふ…p.265
遺伝子…p.279
病気…p.281

細胞の中
液体に満たされた内側と、外の世界を分ける膜があり、まん中には核があります。

ミトコンドリア
とても小さいものですが、エネルギーをつくり出して、細胞を動かします。

細胞質
細胞の内側の核以外の部分で、生きるために必要な化学反応が起こる場でもあります。

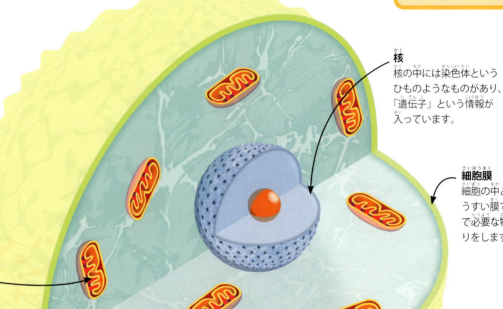

核
核の中には染色体というひものようなものがあり、「遺伝子」という情報が入っています。

細胞膜
細胞の中と外を分けるうすい膜です。中と外で必要な物質のやりとりをします。

人の体の細胞はおよそ **37兆2000億個** もあります！

いろいろな細胞
細胞にはいろいろな種類があり、それぞれのはたらきにぴったりの形や大きさをしています。細胞は、分かれてふえることもあります。

 赤血球は肺から酸素を受けとり、体じゅうに運びます。

 白血球は形を変えながら、ほかの細胞のあいだに入りこみ、有害な細菌を殺します。

神経細胞の長い軸は、電気的な刺激（メッセージ）を脳に運びます。

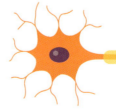 脂肪細胞はエネルギーをたくわえたり、出したりします。ぶつかったときの衝撃（ショック）から体を守ります。

 腸細胞には、食べものの栄養を取りこむひだがあります。

皮ふ

皮ふは、体の外側の層にある、のびちぢみする器官です。外から来る有害な物質が体の中に入りこまないようにしたり、水や日光から体を守って、ちょうどよい体温を保ちます。

つながるテーマ
植物・動物の細胞…p.170
人の体…p.263
人の細胞…p.264
心臓…p.268
触覚…p.276
遺伝子…p.279

皮ふの中身
皮ふの中は、いくつか層に分かれています。目に見える表皮の下には、いろいろなしくみがあります。

汗孔・毛穴
汗は、汗孔や毛穴という皮ふの小さな穴から出ます。

毛
皮ふの中の毛根を包みこむ「毛包」から細い毛がはえます。

表皮
目に見える外側の部分で、のびちぢみする層です。

真皮
この部分で汗と脂をつくり、皮ふの弾力を保ちます。

皮下組織
体を何かにぶつけたときの衝撃（ショック）をやわらげます。エネルギーをたくわえるはたらきもあります。

汗腺
汗を出して皮ふを冷やします。体があたたまると、いっそう汗が出ます。

神経
脳に信号を送り、さわった物の肌ざわり、温度、圧迫感（押した感じ）を伝えます。

血管
体じゅうに血液を運ぶ管です。広がると血液がたくさん流れ、体を冷やすことができます。

皮ふの色
皮ふの色は、表皮にある「メラニン」という化学物質で決まります。メラニンが多いと、皮ふは浅黒くなります。

皮ふは体の **いちばん大きい器官** です

骨格

骨格は基本的な枠組みをつくります。人の体の骨はすべて、ぴたりと骨格に組みこまれています。また、肺や心臓といった、体の中のやわらかい器官を守る囲いにもなります。

つながるテーマ
人の体…p.263
筋肉…p.267
心臓…p.268
肺…p.269
脳…p.271

人の骨
骨格は206本の骨でできています。骨は筋肉で動きます。

頭がい骨
きずつきやすい脳を守ります。

球関節
肩と足のつけ根にある関節で、ぐるりと回す動きが楽にできます。

蝶番関節で腕を上げ下げします

蝶番関節

とう骨

尺骨

鞍関節
親指をぐるりと動かせるようにします。

脊椎（背骨）
脊椎骨という約30個の骨からなります。

肋骨

上腕骨

骨盤

大腿骨

脛骨

関節と接する骨の先はかたくなっています

関節とは
骨と骨がつながるところを関節といいます。関節では、骨を上下左右に動かしたり、ぐるぐる回したりできます。関節には水分（体液）があって、動きをなめらかにします。

骨の中身
骨のまわりの層は、カルシウムというじょうぶな物質でできています。骨の中にある骨髄が、すべての器官に血液の細胞を与えています。

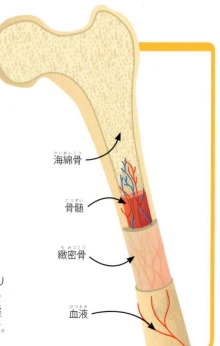

海綿骨

骨髄

緻密骨

血液

2種類の骨
1つの骨の中にも、2種類の骨があります。かたくしまった緻密骨は骨を強くし、守ります。海綿骨は骨を軽くするため、小さなあなだらけです。

人間の歯は骨よりもかたくできています

筋肉

筋肉は、体のさまざまな運動に関係しています。腕を曲げるときのように、意識して動かす筋肉もあれば、意識とは無関係に勝手に動く筋肉もあり、チームではたらきます。わらったりする顔の動きも、すべて筋肉によるものです。

つながるテーマ
- ゲームのはなし…p.40-41
- スポーツ…p.42
- 人の体…p.263
- 人の細胞…p.264
- 骨格…p.266
- 感情…p.277

筋肉系
筋肉の多くは骨とつながっていて、筋肉系をつくります。筋肉が骨を引っぱると、体が動きます。

- 上腕二頭筋
- 上腕三頭筋

筋肉は「腱」によって、骨とつながります

人体でいちばん大きな筋肉は、おしりにある「大臀筋」です

運動する筋肉
筋肉は、ちぢむことはできますが、みずからのびることはできません。腕を持ちあげるには、上腕二頭筋がちぢみ、上腕三頭筋がゆるみます。三頭筋がちぢむと二頭筋はゆるみ、腕はもとにもどります。

- おなかの筋肉は腹筋といいます
- 上もものの筋肉は四頭筋といいます

顔の筋肉
顔の筋肉で目や口を動かし、気持ちをあらわします。うれしいときは、ほほえんでうれしさを伝えます。

人は立ちあがるだけで筋肉を300個も使います

運動は大事
筋肉は、使えば使うほど大きく、強くなります。運動をすると、体は新しい筋肉の繊維をつくり、筋肉細胞の疲れを回復させます。

267

心臓

人の心臓は胸のほぼ中央にあり、おもに筋肉でできています。規則正しく収縮・拡張（のびちぢみ）をくりかえして、全身に血液（血）を送り出すポンプの役割をしています。心臓が止まれば、体は動かなくなります。

つながるテーマ
医学と薬…p.200
人の体…p.263
人の細胞…p.264
肺…p.269
脳…p.271
感情…p.277

心臓の中身
心臓は一日中休まず、ほぼ1秒ごとに血液をくみ出します。心臓の右側で血液を肺に送り、左側で肺以外の全身に送ります。

心房
心臓の上部両側に「心房」という2つの部屋があります。

弁
一方向だけに開く門のようなもので、血液はその方向に流れます。

血液
血液は細胞でできています。赤血球は酸素や二酸化炭素などを運び、白血球は病原菌を殺します。けがをしたときかさぶたができるのは、血小板のはたらきです。

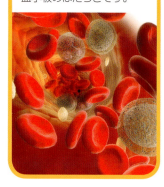

肺動脈は、酸素のなくなった血液を肺へ送ります

静脈
血液は静脈を通って、体から心臓にもどります。

動脈
血液は動脈を通って、心臓から体へ送り出されます。

心室
心臓の下部の両側に「心室」という2つの部屋があります。

血液の循環
酸素を多くふくんだ血液は、心臓から全身の器官や組織に運ばれます。心臓から全身に運ばれた血液は、酸素を与えるかわりに二酸化炭素を受け取って、ふたたび心臓にもどり、そのあと肺へ運ばれます。

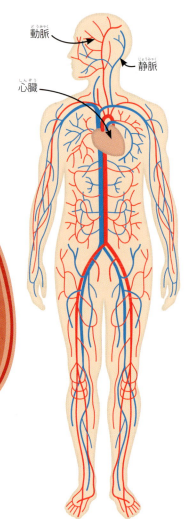

血管

肺

わたしたちが鼻や口から吸いこんだ空気は、気管を通って肺に入ります。空気中の酸素は、肺から血液中に取りこまれ、血液が酸素を全身に運ぶのです。

つながるテーマ
気体…p.185
音…p.198
人の体…p.263
骨格…p.266
心臓…p.268
脳…p.271

肺のしくみ
肺には筋肉がありません。肺に空気を取りこむときには、肋骨についている筋肉や横隔膜の動きによって、肺の中の空間が広がります。

鼻
空気は鼻と口を通って、体を出たり入ったりします。

気管
空気は気管を通って肺に入ります。

気管支
気管支は空気が通る2本の管で、気管と肺をつなぎます。

細気管支
空気はとても細い細気管支という管に入ります。どの管も肺胞という袋につながります。

横隔膜
横隔膜という筋肉を使って肺の形を変えることで、息を吸ったりはいたりできます。

肺胞は気管支の先についている小さな袋で、肺の中に数億個あるといわれています。血液に酸素を取りこんだり、二酸化炭素を体から受け取って、気管を通して体の外へ出したりします

肺胞

呼吸のしくみ
呼吸をするために、筋肉はいっしょに動きます。横隔膜の筋肉だけでなく、肋骨のまわりの筋肉も使われています。筋肉で、肺の形と大きさを変えているのです。

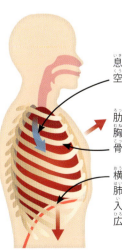

息を吸いこむと空気が肺に入ります
肋間筋が胸のまわりの骨格を広げます
横隔膜が下がり、肺に空気を引き入れます。肺は広がります

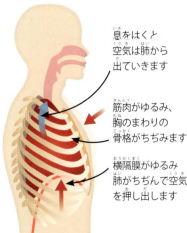

息をはくと空気は肺から出ていきます
筋肉がゆるみ、胸のまわりの骨格がちぢみます
横隔膜がゆるみ肺がちぢんで空気を押し出します

喉頭
喉頭はのどにあります。食べものが肺に入るのを防ぎ、入りそうになればせきをします。喉頭は、話したり歌ったりするときも使います。

消化

食べた物を体内で分解し、体に吸収しやすい状態にして、健康のために必要なエネルギーを取り出すしくみを「消化」といいます。消化管は1本の長い管で、口から始まり、食道や胃、腸などを通り、肛門で終わります。

つながるテーマ
「食」のはなし …p.106-107
食べもの…p.173
人の体…p.263
肺…p.269
味覚…p.274

食べもののゆくえ
飲みこまれた食べものは、食道を通って胃に入ります。そこから腸を通り、やがて体の外に押しだされます。

食道

胃
胃液が食べものをどろどろの状態にします。

小腸
胃を通ってどろどろになった食べものは、小腸へ運ばれ、吸収されやすい物質になり、小腸の壁から吸収されます。

食べすぎると、食べものを消化するまで **3日かかる** こともあります

消化器系

大腸
体にいらない部分は大腸にとどまり、うんち(便)となって押しだされるのを待ちます。

口の中
口の中で食べものを歯でかんで細かくし、だ液と混ぜて飲みこみます。歯にはそれぞれ、ちがうはたらきがあります。

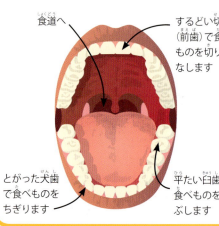

食道へ

するどい切歯(前歯)で食べものを切りはなします

とがった犬歯で食べものをちぎります

平たい臼歯で食べものをつぶします

脳（のう）

脳は全身をコントロールしています。考えたり、感じたり、体を動かすのも、すべて脳の仕事です。眠っているときも、はたらき続けます。脳は、生きものの体の中でいちばん複雑な器官です。

つながるテーマ
- ロボット…p.233
- 人の体…p.263
- 人の細胞…p.264
- 視覚…p.272
- 感情…p.277
- 眠り…p.280

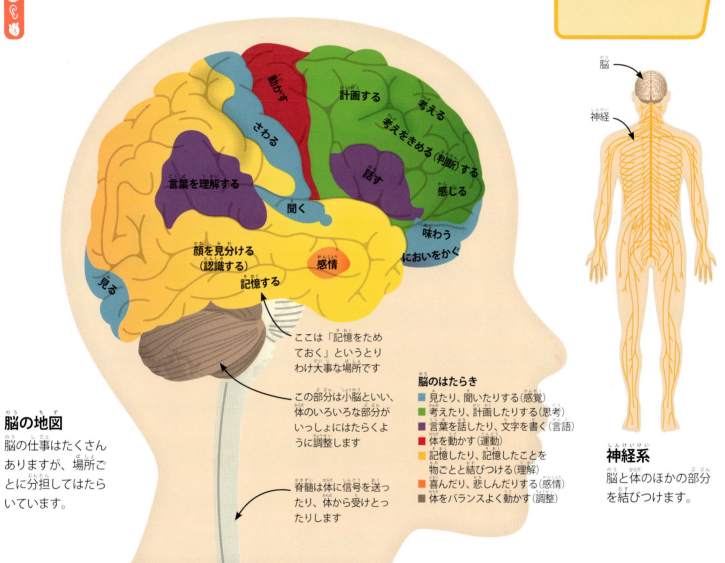

脳の地図
脳の仕事はたくさんありますが、場所ごとに分担してはたらいています。

脳のはたらき
- 見たり、聞いたりする（感覚）
- 考えたり、計画したりする（思考）
- 言葉を話したり、文字を書く（言語）
- 体を動かす（運動）
- 記憶したり、記憶したことを物ごとと結びつける（理解）
- 喜んだり、悲しんだりする（感情）
- 体をバランスよく動かす（調整）

ここは「記憶をためておく」というとりわけ大事な場所です

この部分は小脳といい、体のいろいろな部分がいっしょにはたらくように調整します

脊髄は体に信号を送ったり、体から受けとったりします

神経系
脳と体のほかの部分を結びつけます。

考える
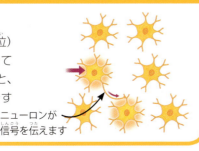
脳はニューロン（神経単位）という小さい細胞でできています。ものを考えると、小さな信号がこの細胞をすばやく通ります。

ニューロンが信号を伝えます

脳はいつもはたらいている

何も考えないときでも、脳ははたらいています。心臓を規則正しく動かし、血液を全身にめぐらせたり、呼吸をさせたりします。

視覚

視覚とは、目で物を見るときにはたらく感覚です。「物を見る」ということは、光が物に当たり、はねかえって目に入ってくることです。

つながるテーマ
植物・動物の細胞…p.170
光…p.193
人の細胞…p.264
筋肉…p.267
脳…p.271
聴覚…p.273
嗅覚…p.275

物の見えかた
目の奥にあるとても小さなセンサー（感じるしくみ）が、光を受けとって脳に信号を送り、画像を映します。

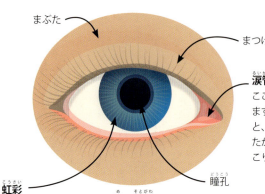

目の外側

涙管
ここで涙がつくられます。まばたきすると、涙とともにまぶたが眼球をなで、ほこりをぬぐいます。

虹彩
目のまん中の丸いあな（瞳孔）と、白目のあいだにある色のついた部分です。瞳孔の大きさを変えて、目に入る光の量を調節します。

めがね
近視や遠視になると、網膜にうまく光を集めることができず、ぼやけて見えることがあります。めがねのレンズは、目が焦点を結ぶ場所を変えてはっきり見えるように、水晶体のはたらきを助けます。

勉強するときだけめがねを使う人もいます

角膜
見える世界がゆがまないように、目に入ってくる光を曲げて調節します。

瞳孔
小さなあなで、光の入口です。暗いときは広がって光を入れ、まぶしいときはすぼんで入る光を減らします。

水晶体
目のうしろにある網膜に光を集め、はっきり見えるようにするレンズの役割をします。近くを見るときはぶあつくなり、遠くを見るときはうすくなります。

網膜
眼球のいちばん内側にある膜で、目に入った光を感じとり、物の色や形、明るさの情報を集めます。

眼球

視神経
目で集めた光の情報を脳に送ります。

筋肉

外から見えている眼球の大きさは、眼球全体の**6分の1**くらい

聴覚

聴覚は、耳が音を受けとるときにはたらく感覚です。音は空気を伝わり、振動として耳にとどきます。音は耳の奥まで入り、脳で音を聞き分けます。

つながるテーマ
- 音楽のはなし…p.24-25
- 音…p.198
- ラジオ…p.224
- コミュニケーション…p.232
- 人の体…p.263
- 脳…p.271

耳
外から見るよりも大きなつくりです。内耳も外耳も、頭にかくれているからです。耳に入った音は、1〜5の順で脳まで送られます。

耳の内部

耳の中のいちばん小さな骨は米つぶくらいの大きさです！

耳は音をすくい取るカップのような形です

外耳

1. 外耳道
音は空気をふるわせ、耳に伝わります。

2. 鼓膜
鼓膜は、外耳と内耳のあいだにあるうすい膜です。音をとらえ、内耳に伝えます。

3. 耳小骨
耳小骨というとても小さな3つの骨が、振動を伝えます。

中耳

内耳

4. 内耳
内耳の中は、リンパ液という体液で満たされています。振動がリンパ液に伝わって波になり、蝸牛にある小さな有毛細胞が、音としてとらえます。

うずをまいた部分を蝸牛といい、音をつかさどる細胞がならんでいます

5. 神経
音を電気的な信号に変え、脳に送ります。

かしこい脳
脳は耳からの信号を受けとります。音を聞いているのは「耳」ですが、その音が何の音なのか、何を意味しているのかは、脳のはたらきによって、わたしたちは理解することができます。

味覚

味覚は、あまい、苦い、すっぱいなどの、味の感覚です。舌の表面には、「味らい」という小さな細胞の集まりがあります。舌が少しざらざらとしているのは、そのためです。この細胞が刺激を受け、脳に情報が伝わることで、わたしたちは味を感じることができます。

つながるテーマ
果実と種…p.131
食べもの…p.173
色のはなし…p.174-175
消化…p.270
脳…p.271
嗅覚…p.275

味とにおい
舌で味わう味覚と、鼻でかぐ嗅覚を同時にはたらかせ、どんな味かを感じます。

苦い
オリーブやコーヒー豆、カカオ豆などには、苦みがあります。

すっぱい
レモンやライム、グレープフルーツは、すっぱい食べものです。食べものがいたんでいるときも、すっぱく感じることがあります。

しょっぱい
塩をひとふりすると、料理がおいしくなります。少しの塩は健康に必要ですが、取りすぎは体によくありません。

うまみ
しょうゆやパルメザンチーズには、うまみがあります。

あまい
はちみつやくだものがあまいのは、天然の糖分のおかげです。

味らい
口の中にある小さなでこぼこは、「味らい」というとても小さなセンサーです。人間には、およそ1万個の味らいがあります。

味らいは2週間ごとに新しくなります

嗅覚（きゅうかく）

嗅覚とは、においを感じるはたらきのことです。空中をただようとても小さい物が鼻に入ると、においとして感じとります。脳は、今までかいだにおいとくらべて、どんなにおいかを判断します。

つながるテーマ
- 人の体…p.263
- 骨格…p.266
- 筋肉…p.267
- 脳…p.271
- 聴覚…p.273
- 味覚…p.274

どうしてにおうのか

においを発生する物は、とても小さな分子を空中に飛ばします。その分子が、鼻の中の粘液（ねばねばした液体）とまざります。鼻のセンサーがそのにおいをとらえて、脳に信号として送ります。

ここで何のにおいか分析し、その情報を脳に送ります

においをとらえるセンサー細胞

脳は、どんなにおいかを判断して知らせます

粘液
粘液というねばねばした液体は、においとまざり、センサーの細胞がにおいをつきとめるのを手伝います。

鼻骨

鼻腔
おもに呼吸するための気道です。のどと口につながります。

人間の鼻は **1万種以上の においを** かぎ分けることができます！

においが鼻に入ります

舌には、味を見分けるセンサーがあります

味とにおい

嗅覚と味覚はつながっています。鼻をつまむと、食べものの味がわかりにくいことがありませんか？

触覚

触覚とは、物をさわったときに感じる感覚です。何かにふれると、皮ふのセンサーがはたらき、脳に情報を送ります。ふれた物がざらざらか、すべすべか、熱いか、冷たいかなどを伝えるのです。

つながるテーマ
温度…p.199
人の体…p.263
人の細胞…p.264
皮ふ…p.265
筋肉…p.267
脳…p.271

物にふれると…
皮ふには、神経細胞（ニューロン）という小さなセンサーがあります。ニューロンは、ふれた物の情報を集め、脳に電気信号として送ります。

かたいか、やわらかいか
ふれた物が「どれくらい押しもどしてくるか」で、物のかたさがわかります。

熱いか、冷たいか
熱いか、冷たいかを感じとります。熱すぎたら、そこからはなれるよう、皮ふが教えてくれます。

目の不自由な人は、紙につけた6つの小さな点（点字）に指でふれて、字を読んでいきます

すべすべか、ざらざらか
小さなでこぼこや手ざわりのちがいがわかります。

痛み
皮ふのニューロンは、きずにも気がつきます。切ったりやけどしたりすると、ニューロンは脳に伝え、脳は痛みとして感じます。

ぬれているか、かわいているか
ぬれているか、ねばねばしているか、かわいているかがわかります。

感情

感情とは、よろこびや悲しみ、好ききらいなど、自分が出会った物ごとに対して感じる心のはたらきのことです。感情は脳を通じて、顔や態度にあらわれます。

つながるテーマ
美術…p.12
言語…p.35
哲学…p.38
心臓…p.268
脳…p.271
味覚…p.274

うれしい
好きなことをしたり、物ごとがうまくいったりすると、心が満たされて、明るい気持ちになります。

大きらい
見たり聞いたり、かいだり味わったりしたものが「まったく好きではない」という強い感情です。

悲しい
悪いことやがっかりすることが起きると、悲しくなります。あまりに悲しいと、泣いてしまいます。

表情
うれしいや悲しいといった感情は、顔にあらわれることがあります。それが「表情」です

こわい
危ない目にあうと、こわいと感じます。心臓の鼓動が速くなり、そこから逃げ出そうと感じます。

怒る
何かを不公平だとか、まちがっていると考えたときの感情です。心臓がドキドキして、筋肉がこわばります。

ライフサイクル

人や動物は、この世に生まれ、育ち、おとなになります。自分たちの子どもをもつこともあります。人は、生まれてからおとなになるまでに、いろいろな段階を通りすぎます。

つながるテーマ
変態…p.161
植物・動物の細胞…p.170
人の体…p.263
人の細胞…p.264
骨格…p.266
遺伝子…p.279

赤ちゃん
とても小さく、ひとりでは食べることも話すこともできません。両親や世話をする人が必要です。

幼児
歩きかた、話しかたを学び、自分で食べることをおぼえます。乳歯という歯がはえますが、そのうちぬけて、おとなの歯にはえかわります。

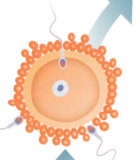

人の育ちかた
どんな人でも、始まりはたった1つの細胞です。成長するにつれて、赤ちゃんから子どもになり、やがておとなになります。

子ども
大きくなって、いろいろなことを知ります。まだおとなより小さく、学ぶことがたくさんあります。

精子と卵子
人の命は、父親の精子と母親の卵子が出会い、受精卵という1つの細胞ができることから始まり、母親の子宮の中で育ちます。

いちばん長生きした人は **122歳と164日** 生きました

おとな
体が成熟し、自分たちの子どもをもつこともできます。

中高生
心も体も、子どもからおとなへ変わっていきます。

おなかの赤ちゃん
赤ちゃんは母親の子宮で育ちます。医者は超音波診断で、その成長を確認します。12週めの赤ちゃんは、およそレモン1個の大きさです。

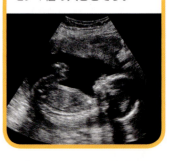

遺伝子

親の髪の色や背の高さといった形質（形や性質など）が子に伝わることを遺伝といいます。細胞の中には、生きものの形質を決める遺伝子があります。これはひとりひとりの体の設計図のようなものです。

つながるテーマ
ほ乳類…p.144
科学のはなし…p.166-167
進化…p.172
人の体…p.263
人の細胞…p.264
ライフサイクル…p.278

遺伝するもの
264ページの細胞の核の中には、染色体というひものようなものが入っています。そのひもの中に、遺伝子があります。

母親　　父親

人体にあるDNAをすべてほどくと、太陽まで200回以上往復できるくらいの長さになります！

- 髪はお父さんと同じ、まっすぐで明るい茶色です
- 顔の形は、お母さんの遺伝子をもらいました
- 目はお母さんと同じ茶色です
- 髪はお母さんと同じように、黒くてくせがあります
- 髪はお母さんに似てくせがあり、お父さんと同じ明るい茶色です
- 皮ふの色は、親のどちらかに似たり、中間の色だったりします

子ども1　　子ども2　　子ども3

クローン
クローンは、ある別の動物とそっくり同じ遺伝子をもちます。ヒツジのドリー（右）は、ほ乳類で最初につくられたクローンです。ドリーの遺伝子は、メスヒツジの1つの細胞から取られました。

DNAとは？
遺伝子は、DNAという長い化学物質でできています。ひとりひとりが、ちがうDNAをもちます。ただし、一卵性のふたごは同じDNAです。

DNAはねじれたはしごのようです

眠り

人は毎晩眠ります。眠りは体を休め、回復や成長させてくれるので、元気にくらすには、眠ることがとても大切です。また、眠っているあいだに、脳は五感（視覚、聴覚、味覚、嗅覚、触覚）で集めた情報を整理します。いらないものは消し、大事なことは記憶に残します。

つながるテーマ
「食」のはなし …p.106-107
冬眠…p.163
人の体…p.263
脳…p.271
病気…p.281

眠りのパターン

眠りには、いろいろな段階があります。毎晩眠りながら、このパターンをくりかえします。

午後8時　午後9時　午後10時　午後11時　午前0時　午前1時　午前2時　午前3時　午前4時　午前5時　午前6時　午前7時

■ **起きる**
目がさめると頭がはっきりして、周囲のことに気づきます。

■ **夢**
目をさます前に、夢を見ます。ひと晩に3つから7つの夢を見ます。

■ **軽い眠り**
呼吸がゆっくりになりますが、脳はまだはたらいていて、すぐに目がさめます。

■ **浅い眠り**
深く眠るときより体が動きます。

■ **深い眠り**
深い眠りは体を成長させ、筋肉や組織、骨を回復させます。

なぜ眠るの？

眠りは大切です。眠らないでいると、脳と体はだんだんはたらかなくなります。

 記憶を整理する
眠っているあいだに、脳はいらない情報を消し、大事な情報だけを残します。

 エネルギーをつくる
よく眠らないと、エネルギーが足りなくなり、あまい食べものがほしくなります。

 なおす・疲れをとる
たっぷり眠ると、体は早くなおり、疲れもとれます。

 育てる
深く眠っているときに、体は育ち、筋肉や骨を回復させます。

人生の3分の1は眠っています。一生で考えると、**30年も眠っている**ことになります！

病気

病原菌が体の中に入ると、病気になることがあります。病原菌は、空気中や食べものの中など、いたるところにいます。体はいろいろな方法で、病原菌が悪さをするのを止めようとします。

つながるテーマ
微生物…p.127
医学と薬…p.200
人の体…p.263
人の細胞…p.264
皮ふ…p.265
味覚…p.274

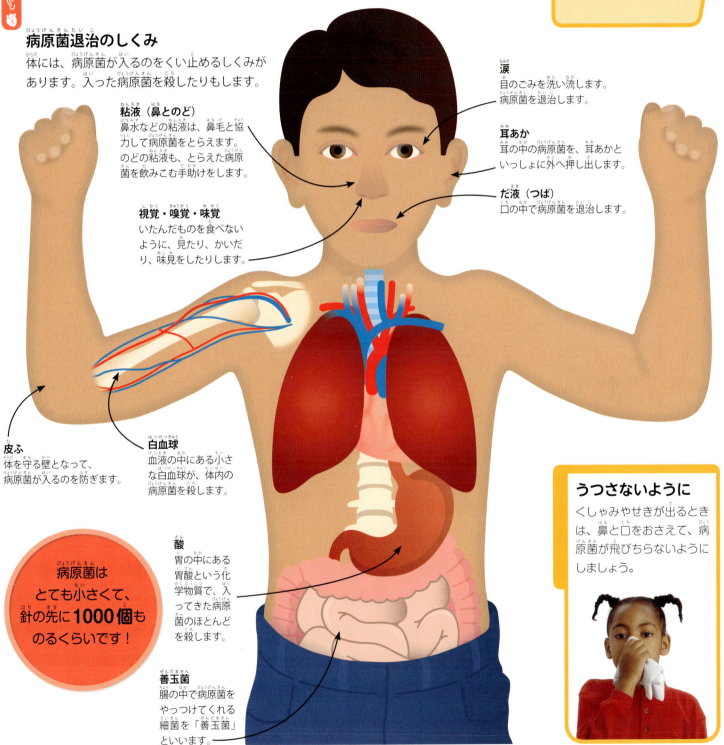

病原菌退治のしくみ
体には、病原菌が入るのをくい止めるしくみがあります。入った病原菌を殺したりもします。

粘液（鼻とのど）
鼻水などの粘液は、鼻毛と協力して病原菌をとらえます。のどの粘液も、とらえた病原菌を飲みこむ手助けをします。

視覚・嗅覚・味覚
いたんだものを食べないように、見たり、かいだり、味見をしたりします。

涙
目のごみを洗い流します。病原菌を退治します。

耳あか
耳の中の病原菌を、耳あかといっしょに外へ押し出します。

だ液（つば）
口の中で病原菌を退治します。

皮ふ
体を守る壁となって、病原菌が入るのを防ぎます。

白血球
血液の中にある小さな白血球が、体内の病原菌を殺します。

酸
胃の中にある胃酸という化学物質で、入ってきた病原菌のほとんどを殺します。

善玉菌
腸の中で病原菌をやっつけてくれる細菌を「善玉菌」といいます。

病原菌はとても小さくて、針の先に1000個ものるくらいです！

うつさないように
くしゃみやせきが出るときは、鼻と口をおさえて、病原菌が飛びちらないようにしましょう。

参考資料

ここには、いろいろなリストや図表、地図など、役に立つ情報がたっぷりつまっています。

世界の美術家

美術家とは、絵画や彫刻や工芸の作品を生みだす人のこと。大むかしの人びとも、洞窟壁画のようなかたちで作品をのこしています。多くの美術家が、新しいスタイルの美術作品を考えだしたり、絵の描きかたをくふうしてきました。

ジョット（1266ころ-1337）
イタリアの画家。写実的な絵（生き写しのようなリアルな絵）を描き始めた人です。ルネサンス様式の画風の始まりとされ、それ以前の絵画より写実的です。

ヤン・ファン・エイク（1390ころ-1441）
油絵の技法を確立したといわれる画家で、フランドル地方（今のベルギー）出身です。

レオナルド・ダ・ビンチ（1452-1519）
イタリアの画家、発明家、思想家。人物の自然な表情を描きました。『モナ・リザ』と『最後の晩餐』（壁画）が有名です。

ミケランジェロ・ブオナローティ（1475-1564）
イタリアの画家、彫刻家、建築家で詩人。ローマのシスティーナ礼拝堂の壮大な天井画、壁画の宗教画は、とりわけよく知られる作品です。

ラファエロ・サンティ（1483-1520）
宗教画や肖像画を描いたイタリアの画家。ダ・ビンチやミケランジェロに影響を受け、後世の美術に影響をあたえる作品をのこしました。

ティツィアーノ（1488ころ-1576）
イタリア、ベネチア出身の画家。神話をテーマにした作品や写実的な肖像画を描き、あざやかな色づかいで知られます。

ピーテル・パウル・ルーベンス（1577-1640）
今のベルギーに住んでいた画家、外交官。バロック様式の画家としてもっともよく知られています。バロック様式とは、ルネサンス様式のあとにあらわれた画法で、ドラマチックな場面や感情を中心に描きました。

クロード・ロラン（1600ころ-1682）
フランス人の風景画家で、おもにイタリアで活躍しました。ロランの風景画にはよく古代の遺跡が描きこまれ、その画風は庭園の造園術に影響をあたえています。

レンブラント（1606-1669）
オランダの画家。すぐれた技術によって、人の感情まで絵に描きこみました。自画像をたくさん描いたことでも知られています。

フランシスコ・デ・ゴヤ（1746-1828）
スペインの画家。スペインの宮廷画家になりましたが、悪夢の場面や戦争の恐怖を描いた作品もあります。

葛飾北斎（1760-1849）
日本の浮世絵師。日常の生活やなにげない景色を描きました。富士山のある風景画『富嶽三十六景』や『北斎漫画』などは、海外でも注目されています。

J・M・W・ターナー（1775-1851）
イギリスの風景画家。旅や海、歴史、文学などに興味を持ち、それを作品にあらわしました。のちには、霧や雨、雪に閉ざされたような風景を描くようになりました。

ジョン・コンスタブル（1776-1837）
イギリスの風景画家。いなかの日常的な風景を描くことで知られます。『干し草車』と『麦畑』はとくに有名です。

ウジェーヌ・ドラクロワ（1798-1863）
フランスのロマン派の画家。この時代は美術も書物も音楽もみな、感情に注目して作品をあらわしました。ドラクロワはドラマチックな題材を好んで慎重に描いたことが、独特の筆づかいから伝わってきます。

ポール・セザンヌ（1839-1906）
フランスの画家。ときに近代絵画の父とよばれます。おもに風景と静物（花やくだものなど）を描き、大きな色のかたまりで表現する手法を用いました。

クロード・モネ（1840-1926）
フランスの画家。印象派という作風を考えだし、「一瞬の時」がおよぼす効果をひとつのこらず伝えようとしました。

フィンセント・ファン・ゴッホ（1853-1890）
オランダの画家。あざやかな色彩とドラマチックな筆づかいの独特な作風で知られています。絵が有名になったのは亡くなってからです。

エドバルド・ムンク（1863-1944）
ノルウェーの画家。子ども時代はめぐまれず、多くの作品で恐れや不安を描いています。ムンクのもっとも有名な絵のひとつに『叫び』があります。

斉白石（1864-1957）
中国を代表する画家、書家。動物や植物など、さまざまなものを作品の題材にしました。

アンリ・マティス（1869-1954）
フランスの画家。明るい色を使った活気のある作品が多く、ときに抽象的な絵もありますが、たいていは単純化した線描でわかりやすいものを描きました。

パブロ・ピカソ（1881-1973）
スペインの芸術家で、20世紀のもっとも有名な画家。現代アートのさまざまな画風を取りいれて描きました。有名な『アビニョンの娘たち』に代表される「キュビズム」という手法は、同時代に活躍したジョルジュ・ブラックとともに発展させたものです。「キュビズム」は自然にある形をいったん解体し、いろいろな視点から再構成しようとする試みです。

エドワード・ホッパー（1882-1967）
アメリカの画家。ニューヨークの市街地や田園風景などを写実的な手法で描きました。

ディエゴ・リベラ（1886-1957）
メキシコの画家。色あざやかで動きに満ち、政治的なメッセージのこもった壁画で知られます。フリーダ・カーロ（下を参照）の夫です。

マーク・ロスコ（1903-1970）
アメリカの抽象画家。りんかくのはっきりしない長方形をぬりつぶした作品で知られます。

サルバドール・ダリ（1904-1989）
スペインの画家。シュルレアリスム（超現実主義）という流派に属します。夢のような、ありえない光景を、ちみつな写実的手法で描きだしました。

フリーダ・カーロ（1907-1954）
メキシコの画家で、自画像で知られます。子どものときの事故や病気の影響を受けて、山あり谷ありの人生を送りました。ディエゴ・リベラの妻です。

ジャクソン・ポロック（1912-1956）
アメリカの画家。キャンバス一面に絵の具をたらして描くドリッピングという手法で描かれた抽象的な作品は、「アクション・ペインティング」とよばれました。

アンディ・ウォーホル（1928-1987）
アメリカのポップアートの代表的存在です。スープ缶や有名人の顔など、日常で見かけるイメージを取りいれ、それをもとにした作品をつくりました。

アントニー・ゴームリー（1950- ）
イギリスの彫刻家。有名な『北の天使』は巨大な翼をはやした人型の彫刻で、イギリス、タインアンドウィア州の戸外に展示されています。

世界の作家

何千年もむかしから、人びとはさまざまなことを書き記してきました。そうした物語や詩は、本になったり演劇になっています。

ホメーロス（紀元前8世紀ころ）
伝説的な盲目の詩人。ギリシャのトロイア戦争の時代をうたった叙事詩『イーリアス』と『オデュッセイア』の作者とされます。

サッフォー（紀元前7世紀ころ）
ギリシャの女性詩人。情熱的な恋愛詩で知られます。作品の多くは失われ、今ものこる詩はわずかしかありません。

屈原（紀元前343ころ-紀元前278ころ）
古代中国の詩人、政治家で、もっとも知られた詩のひとつに『離騒』があります。

ウェルギリウス（紀元前70-紀元前19）
古代ローマの詩人で、ローマ建国の伝説的な物語の叙事詩『アエネーイス』の作者です。

イムルー・アルカイス（6世紀ころ）
アラブの詩人。作品は情熱的な感情に満ちて、アラブ詩の父ともよばれます。

ダンテ・アリギエーリ（1265-1321）
イタリアの詩人。地獄、煉獄（天国と地獄のあいだ）、天国をあらわした3部作の叙事詩『神曲』を書きました。

ジェフリー・チョーサー（1340ころ-1400）
イギリスの詩人。巡礼者たち（聖地をお参りするために旅をする人）を語り手としたゆかいな物語『カンタベリー物語』の作者です。

ミゲル・デ・セルバンテス（1547-1616）
スペインの作家。自分を伝説の騎士と思いこんだ男の冒険をつづった『ドン・キホーテ』は、世界文学史上の傑作といわれます。

ウィリアム・シェイクスピア（1564-1616）
イギリスの劇作家で詩人。『ハムレット』『マクベス』『ロミオとジュリエット』『真夏の夜の夢』など、多くの名高い劇作品があります。

モリエール（1622-1673）
フランス古典劇を代表する劇作家、俳優です。本名はジャン＝バティスト・ポクランといいます。

松尾芭蕉（1644-1694）
日本の江戸時代前期の俳人。全国各地を旅してつづった『野ざらし紀行』『奥の細道』などに多くの名句と紀行文をのこしました。

ヴォルテール（1694-1778）
フランスの作家、思想家。本名はフランソワ＝マリー・アルエ。古い考えかたをおもしろおかしく批判する文章を書きました。

ヨハン・ヴォルフガング・フォン・ゲーテ（1749-1832）
ドイツの作家、詩人、思想家。作品の分野ははば広く、長編詩劇『ファウスト』を死ぬ直前に書きあげました。

ロバート・バーンズ（1759-1796）
イギリスのスコットランドを代表する国民的詩人。『ほたるの光』をはじめとする多くのスコットランド民謡の歌詞を書き改めて本にしたことでも知られます。

ウィリアム・ワーズワース（1770-1850）
イギリスの詩人で、自然を発想のみなもととする詩を書きました。

サー・ウォルター・スコット（1771-1832）
スコットランドの作家、詩人。歴史小説の創始者ともいわれ、『アイヴァンホー』『古老』『ミドロジアンの心臓』などの作品があります。

ジェーン・オースティン（1775-1817）
イギリスの作家。『エマ』『高慢と偏見』など、ユーモアのある知的な小説は今でも人気があります。

ハンス・クリスチャン・アンデルセン（1805-1875）
デンマークの童話作家。『みにくいアヒルの子』『人魚姫』『雪の女王』などの物語がよく知られています。

チャールズ・ディケンズ（1812-1870）
イギリスの作家。『オリバー・ツイスト』『デイヴィッド・コパフィールド』『二都物語』が有名です。

シャーロット・ブロンテ（1816-1855）
イギリスの作家。『ジェイン・エア』という小説が有名です。2人の妹、エミリー（1818-1848）とアン（1820-1849）もよく知られた作家で、エミリーは『嵐が丘』の作者です。

シャルル・ボードレール（1821-1867）
フランスの詩人。都会のくらしや悲しみを題材に詩を書きました。のちの詩人に大きな影響をあたえています。代表作に散文詩「パリの憂鬱」があります。

レフ・トルストイ（1828-1910）
ロシアの作家で、『アンナ・カレーニナ』『戦争と平和』は名高い作品です。

エミリー・ディキンスン（1830-1886）
アメリカの詩人で、深い感情をあらわした私的な詩を書きました。よく知られるようになったのは亡くなってからです。

ルイス・キャロル（1832-1898）
イギリスの作家、数学者。本名はチャールズ・ラトウィッジ・ドジスン。『不思議の国のアリス』『鏡の国のアリス』の作者です。

マーク・トウェイン（1835-1910）
アメリカの作家。サミュエル・ラングホーン・クレメンズが本名です。多くの作品を書き、代表作は『トム・ソーヤーの冒険』『ハックルベリー・フィンの冒険』です。

オスカー・ワイルド（1854-1900）
イギリスの作家で、『真面目が肝心』という劇や、唯一の小説『ドリアン・グレイの肖像』があります。

ラビンドラナート・タゴール（1861-1941）
インドの詩人、小説家、思想家。おもにベンガル語で作品を書きました。1913年にノーベル文学賞を受賞しています。これはアジア人で初のノーベル賞でした。

H・G・ウェルズ（1866-1946）
イギリスの作家、評論家。『タイム・マシン』『宇宙戦争』などのSF小説を書きました。

ジェイムズ・ジョイス（1882-1941）
アイルランドの作家。『ユリシーズ』や『フィネガンズ・ウェイク』などの小説で知られます。

バージニア・ウルフ（1882-1941）
イギリスの小説家。作品の中で登場人物の「意識の流れ」が移り変わっていくようすを描き、現代小説に影響をあたえました。

T・S・エリオット（1888-1965）
イギリスへ移り住んだアメリカの詩人。ユーモラスなネコの詩は、ミュージカル『キャッツ』のもとになりました。1948年にノーベル文学賞を受賞しています。代表作は『荒地』です。

アーネスト・ヘミングウェイ（1899-1961）
アメリカの作家。『武器よさらば』『誰がために鐘は鳴る』は自身の戦争体験をもとに書かれました。1954年にノーベル文学賞を受けています。

ジョージ・オーウェル（1903-1950）
イギリスの小説家。『動物農場』『1984年』などの政治を風刺した小説が有名です。

ガブリエル・ガルシア＝マルケス（1927-2014）
コロンビアの作家で、『百年の孤独』『コレラの時代の愛』などの小説をスペイン語で書きました。1982年にノーベル文学賞を受けています。

ウォーレ・ショインカ（1934- ）
ナイジェリアの劇作家、詩人、小説家。アフリカの政治問題、社会問題を題材とする作品を書きました。1986年にノーベル文学賞を受賞。

J・K・ローリング（1965- ）
イギリスの作家。魔法使いの少年の成長を書いた『ハリー・ポッター』シリーズで大きな成功をおさめました。

世界の文字

世界には、いろいろな文字があります。1文字が1音をもつひとそろいの記号をアルファベットいいます。

古代ギリシャの文字
24文字あり、大文字と小文字があります。ローマ字やロシア文字のもとになりました。

古代ギリシャ文字

Αα	Ββ	Γγ	Δδ	Εε	Ζζ	Ηη	Θθ
アルファ	ベータ	ガンマ	デルタ	イプシロン（エプシロン）	ゼータ	イータ	シータ
Ιι	Κκ	Λλ	Μμ	Νν	Ξξ	Οο	Ππ
イオタ	カッパ	ラムダ	ミュー	ニュー	クシー	オミクロン	パイ
Ρρ	Σσς	Ττ	Υυ	Φφ	Χχ	Ψψ	Ωω
ロー	シグマ	タウ	ウプシロン（イプシロン）	ファイ	カイ	プサイ	オメガ

ローマ字
ヨーロッパやアメリカなど、多くの国で使われています。

ローマ字（ラテン文字）

Aa	Bb	Cc	Dd	Ee	Ff	Gg	Hh	Ii	Jj	Kk	Ll	Mm
Nn	Oo	Pp	Qq	Rr	Ss	Tt	Uu	Vv	Ww	Xx	Yy	Zz

アラビア語の文字
28文字のアルファベットです。右から左に読んでいき、大文字、小文字の区別はありません。

アラビア文字

ا ب ت ث ج ح خ د ذ ر ز س ش ص

ض ط ظ ع غ ف ق ك ل م ن ه و ي

中国語の文字
中国語は、1文字ずつ個別の意味をあらわせる「簡体字」を使って書きます。

中国の漢字（簡体字）

女	男	子	头	手	脚	日	月
女（おんな）	男（おとこ）	子（こ）	頭（あたま）	手（て）	足（脚）（あし）	太陽（たいよう）	月（つき）
土	水	火	金	木	山	云	龙
土（つち）	水（みず）	火（ひ）	金（きん）	木（き）	山（やま）	雲（くも）	竜（りゅう）
狗	猫	马	鸟	北	南	大	小
犬（いぬ）	猫（ねこ）	馬（うま）	鳥（とり）	北（きた）	南（みなみ）	大（おお(きい)）	小（ちい(さい)）
刀	叉	辣	冷	春天	夏天	秋天	冬天
刀（ナイフ）	日本の漢字にはない（フォーク）	辛（からい）	冷（つめたい）	春（はる）	夏（なつ）	秋（あき）	冬（ふゆ）

284

世界の科学者

科学者は、数千年も前から、さまざまな分野で重要な発明や発見をしてきました。宇宙についての大いなる疑問に答えようと、研究は今も続いています。

アリストテレス（紀元前384-紀元前322）
古代ギリシャの哲学者、科学者。物理学については古い考えかたでしたが、生物学者としてはすぐれており、動物について多くの事実をはじめて明らかにしました。

サモス島のアリスタルコス（紀元前310ころ-紀元前230ころ）
ギリシャの天文学者。それまで考えられていたように太陽が地球のまわりを回っているのではなく、地球が太陽のまわりを回っていると、最初にとなえた人です。コペルニクスはずっとあとに同じことに気づきました。

張衡（78-139）
中国の科学者、数学者。500キロメートルはなれた場所の地震を感知する機械を考えだしました。

ガレノス（129ころ-200ころ）
ギリシャの医者で、人の体の細部を研究しました。ガレノスの考えの多くはのちに誤りとわかりましたが、ガレノスが医学について書いた本は、1300年以上も信用されてきました。

イブン・ハイサム（965ころ-1039ころ）
アラビア人の数学者、天文学者、物理学者。アルハゼンともよばれます。おそらく中世ではもっともすぐれた科学者で、おもに光学と視覚についての著作をのこしました。

ニコラウス・コペルニクス（1473-1543）
ポーランドの天文学者。地球は同じ場所にとどまらず地軸を中心に1日に1回、回っていることと、太陽でなく地球が1年に1回、太陽のまわりを回ることを明らかにしました。

ガリレオ・ガリレイ（1564-1642）
イタリアの物理学者、天文学者。はじめて望遠鏡を使って星を観察し、さまざまな発見をしました。木星に衛星が2つ以上あるのを見つけたのはガリレオです。

ヨハネス・ケプラー（1571-1630）
ドイツの天文学者。地球とそのほかの惑星が太陽のまわりを回っている、というコペルニクスのとなえた説を発展させ、その軌道が円ではなく、だ円形であることを明らかにしました。

ウィリアム・ハーベイ（1578-1657）
イギリスの医者。心臓は血液をくみ出して体全体に行きわたらせ、動脈を通ってめぐった血液が静脈を通って心臓へもどる、ということを発見しました。

アイザック・ニュートン（1642-1727）
イギリスの物理学者、数学者。引力（重力）についてはじめて解きあかした人です。物理学で有名な「運動の3法則」――物がどのように動くか、物どうしがたがいにどう関わるかについての法則を見つけました。

カール・フォン・リンネ（1707-1778）
スウェーデンの生物学者。生きものにラテン語で名前をつけ、分類するという考えを取りいれました。たとえば、人は「ホモ・サピエンス」とよばれます。

ジェームズ・ハットン（1726-1797）
イギリス、スコットランドの地質学者。地球にある岩は、とても長いあいだにゆっくりと変化してできたものだ、ということを明らかにしました。

アントワーヌ・ラボアジエ（1743-1794）
フランスの化学者で、「近代化学の父」とよばれます。化学元素の考えを取りいれ、気体の酸素に名前をつけました。

アレッサンドロ・ボルタ（1745-1827）
イタリアの物理学者。1800年に電池を発明し、電気の流れから電力をはじめてつくりだしました。電気の単位「ボルト」は、ボルタの名前からつけられました。

マイケル・ファラデー（1791-1867）
イギリスの物理学者、化学者。磁石を動かすと導線に電流が流れることを明らかにし、その発見を説明する電磁場の理論を組みたてました。

チャールズ・ダーウィン（1809-1882）
イギリスの生物学者。1859年に『種の起源』という本を書き、「生きものの新しい種は、自然による淘汰で弱い種が消えていくことから進化をとげる」と論じました。

エイダ・ラブレス（1815-1852）
イギリスの数学者。世界初のコンピューター・プログラマーとして、発明家、チャールズ・バベッジの考えた機械式計算機（コンピューター）のためにプログラムを組みたてましたが、実際につくられることはありませんでした。

グレゴール・メンデル（1822-1884）
オーストリアの科学教師で司祭。植物についての実験を注意深くおこない、花の色や豆の形などの特徴がどのように次の世代に受けつがれるかを明らかにしました。

ルイ・パスツール（1822-1895）
フランスの化学者で、ごく小さい生きものが腐敗や腐食を引きおこすことをつきとめました。また、免疫をあたえれば病気を防げることも証明しました。

ドミトリ・メンデーレフ（1834-1907）
ロシアの化学者。はじめて「元素周期表」をつくりました。これは、元素を原子の大きさの順に、また似た性質をもつかどうかによって並べたものです。

マリー・キュリー（1867-1934）
ポーランド出身のフランスの物理学者。夫のピエールとともに放射線を研究し、放射線を出す元素、ラジウムとポロニウムを発見しました。ノーベル賞を1903年と1911年の2度にわたって受賞しています。

アーネスト・ラザフォード（1871-1937）
ニュージーランド出身のイギリスの物理学者。すべての原子の中心にはごく小さい核が1つあり、それがほぼ原子の質量（重さ）となることをつきとめました。1908年にノーベル化学賞を受賞しています。

アルベルト・アインシュタイン（1879-1955）
ドイツ生まれの物理学者。相対性理論をとなえ、物質とエネルギーはたがいに置きかわることができると論じました。これは有名なアインシュタインの方程式――E（エネルギー）＝M（物質の質量）×C^2（光速度の2乗）――であらわされます。1921年にノーベル物理学賞を受賞しました。

アルフレート・ウェーゲナー（1880-1930）
ドイツの気象学者。地球にある大陸は年月をかけてゆっくり動いている、という説をとなえました（大陸移動説）。

ニールス・ボーア（1885-1962）
デンマークの物理学者。アーネスト・ラザフォードのとなえた理論を進めて、原子のまわりの軌道を電子が回ることをつけ加えました。1922年にノーベル物理学賞を受賞しています。

ドロシー・ホジキン（1910-1994）
イギリスの化学者で、インシュリンのような、体内にある複雑な分子構造の発見方法を明らかにしました。1964年にノーベル化学賞を受けました。

アラン・チューリング（1912-1954）
イギリスの数学者。コンピューター科学の基礎をきずきました。第二次世界大戦のさなかにドイツの軍事用暗号の解読に協力し、のちには一般の人も使える最初の実用的なコンピューターの開発に取り組みました。

フランシス・クリック（1916-2004）/ジェームズ・ワトソン（1928- ）
クリック（イギリスの物理学者、生物学者）とワトソン（アメリカの生物学者）は共同で、1953年にDNAの二重らせん構造を発見しました。もう1人の科学者と3人で、1962年にノーベル生理学・医学賞を受賞しています。

ロザリンド・フランクリン（1920-1958）
イギリスの化学者。フランシス・クリックとジェームズ・ワトソンがDNAのらせん構造を見つける際に役立った証拠の多くを見つけた人です。

リン・マーギュリス（1938-2011）
アメリカの生物学者。動植物の複雑な細胞も、もとは細菌ほどの小さい細胞が体内で次々と育ってきたものであるという説をとなえました。

スティーブン・ホーキング（1942-2018）
イギリスの物理学者で、ブラックホールのなりたちや、宇宙の始まり、時間の性質について明らかにしました。

生命の樹（生物分岐図）

この図は、種のちがう生きものどうしが、どのくらい近い関係にあるかを示しています。枝分かれするようすを見ると、たとえば、サメは両生類があらわれる前に進化した種だとわかります。

地球には**1000万種**の生きものがすんでいるといわれます

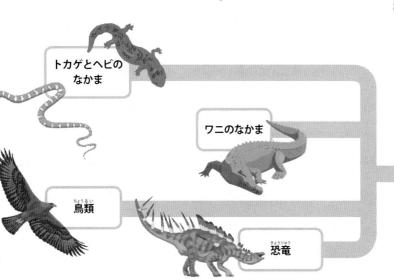

- 命のはじまり
  - 細菌
  - 菌類（カビ、キノコなど）
  - 植物
  - 動物
    - 海綿動物
    - クラゲ
    - 軟体動物
    - 回虫
    - ミミズ
    - 節足動物
    - 脊椎動物
      - ヒトデ
      - サメ
      - 下あごのない魚（ヤツメウナギなど）
      - 硬骨魚（大半の魚類）
      - 両生類
      - トカゲとヘビのなかま
      - ワニのなかま
      - カメのなかま
      - 鳥類
      - 恐竜
      - ほ乳類

かけ算

下の表を使うと、1から20までの2つの数のかけ算の答えが簡単に見つかります。

いちばん上の行から2を見つけます。その列を下りていくと、3の行とぶつかります

3×2の答えを出すには、左はしの列から3を見つけます

3の行と2の列がぶつかったところに、3×2の答えがあります。答えは6です

同じ数をかけ算することを、「2乗する」といいます。たとえば、「1の2乗」、つまり1×1の答えは1です

	1	2	3	4	5	6	7	8	9	10	11	12	13	14	15	16	17	18	19	20
1	1	2	3	4	5	6	7	8	9	10	11	12	13	14	15	16	17	18	19	20
2	2	4	6	8	10	12	14	16	18	20	22	24	26	28	30	32	34	36	38	40
3	3	6	9	12	15	18	21	24	27	30	33	36	39	42	45	48	51	54	57	60
4	4	8	12	16	20	24	28	32	36	40	44	48	52	56	60	64	68	72	76	80
5	5	10	15	20	25	30	35	40	45	50	55	60	65	70	75	80	85	90	95	100
6	6	12	18	24	30	36	42	48	54	60	66	72	78	84	90	96	102	108	114	120
7	7	14	21	28	35	42	49	56	63	70	77	84	91	98	105	112	119	126	133	140
8	8	16	24	32	40	48	56	64	72	80	88	96	104	112	120	128	136	144	152	160
9	9	18	27	36	45	54	63	72	81	90	99	108	117	126	135	144	153	162	171	180
10	10	20	30	40	50	60	70	80	90	100	110	120	130	140	150	160	170	180	190	200
11	11	22	33	44	55	66	77	88	99	110	121	132	143	154	165	176	187	198	209	220
12	12	24	36	48	60	72	84	96	108	120	132	144	156	168	180	192	204	216	228	240
13	13	26	39	52	65	78	91	104	117	130	143	156	169	182	195	208	221	234	247	260
14	14	28	42	56	70	84	98	112	126	140	154	168	182	196	210	224	238	252	266	280
15	15	30	45	60	75	90	105	120	135	150	165	180	195	210	225	240	255	270	285	300
16	16	32	48	64	80	96	112	128	144	160	176	192	208	224	240	256	272	288	304	320
17	17	34	51	68	85	102	119	136	153	170	187	204	221	238	255	272	289	306	323	340
18	18	36	54	72	90	108	126	144	162	180	198	216	234	252	270	288	306	324	342	360
19	19	38	57	76	95	114	133	152	171	190	209	228	247	266	285	304	323	342	361	380
20	20	40	60	80	100	120	140	160	180	200	220	240	260	280	300	320	340	360	380	400

平面の形

平面（2次元）の形は、いくつかの辺で形づくられています。三角形には3本の直線の辺があり、四角形には4本の直線の辺があります。

記号の説明
- ◠ 角度が等しい
- ◠◠ 角度が等しい
- ∟ 直角
- = 辺が等しい
- − 辺が等しい

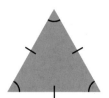

正三角形
3辺の長さと3つの角度が、それぞれ等しい三角形です。

不等辺三角形
3辺の長さも3つの角度も異なる三角形です。

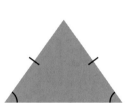

二等辺三角形
2辺の長さと2つの角度がそれぞれ等しい三角形です。

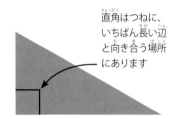

直角三角形
直角が1つありますが、ほかの2つの角度も3辺の長さもまちまちな三角形です。

直角はつねに、いちばん長い辺と向き合う場所にあります

正方形
4辺の長さが等しく、4つの角度がすべて直角の四角形です。

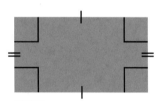

長方形
長さの等しい2組の辺と、4つの直角がある四角形です。

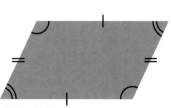

平行四辺形
等しい長さの2辺が2組と、等しい角度が2組ある四角形です。

ひし形
4辺の長さが等しく、2組の角度が等しい四角形です。

立体の形

立体（3次元）の形は、いくつかの面で形づくられています。

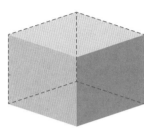

立方体
長さの等しい12本の辺と、面積の等しい6つの面があります。

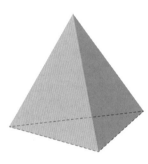

角すい
三角形や四角形の底面をもつ形です。左の図は三角すいで、4つの面と6本の辺があります。

円すい
2つの面でできています。頂点は、円（底面）の中心の真上にあります。

円柱
3つの面でできています。2つの円は、たがいに向き合っています。

時間

時間の単位は、時、分、秒に分かれています。1時間は60分、1分は60秒です。

時計の文字盤は12に分かれています。1日は24時間です

時針は何時かを示す針です

分針は時針より長く、1時間の中で何分過ぎたかを示す針です

どちらの針も、文字盤の右側を下り、左側を上がります。針の回る方向を「時計回り」といいます

〜時ちょうど
分針が12をさすとき、ちょうど時針がさした時間になります。この図は8時ちょうどです。

〜時半
分針が6をさすと、1時間の半分（30分）が過ぎたことになります。この図は2時半（2時30分）です。

〜時過ぎ
分針が12ちょうどよりも右側にあるとき、「〜時過ぎ」ということがあります。この図は4時過ぎ（4時5分）です。

10分前
分針が文字盤の左側にあるとき、「〜分前」ということがあります。この図は5時10分前（4時50分）です。

15分前
分針が9をさすときは15分前です。この図は7時15分前（6時45分）です。

惑星

太陽系には8つの惑星があり、それぞれ特徴があります。この表でくらべてください。日にちや時間は地球の時間をもとにしています。

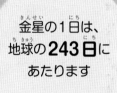

金星の1日は、地球の**243日**にあたります

惑星の名前	太陽からの距離	大きさ（直径）	太陽を回る周期（公転）	1日の長さ（自転）	衛星の数
水星	5791万キロメートル	4880キロメートル	88日	59日	0個
金星	1億820万キロメートル	1万2104キロメートル	225日	243日	0個
地球	1億4960万キロメートル	1万2756キロメートル	1年	24時間	1個（月）
火星	2億2794万キロメートル	6792キロメートル	1年と322日	25時間	2個
木星	7億7830万キロメートル	14万2984キロメートル	11年と315日	10時間	少なくとも69個
土星	14億2939万キロメートル	12万536キロメートル	29年と167日	11時間	少なくとも63個
天王星	28億7503万キロメートル	5万1118キロメートル	84年と8日	17時間	少なくとも27個
海王星	45億445万キロメートル	4万9528キロメートル	164年と283日	16時間	少なくとも14個

日本のノーベル賞受賞者 (2018年6月現在)

ノーベル賞とは、物理学、化学、生理学・医学、文学、平和、経済学の分野において、偉大な発明や取り組みをした人に贈られる世界的な賞です。毎年10月ころに受賞者が決まります。

湯川秀樹 ゆかわ・ひでき (1907～1981)
1949年 物理学賞
原子の中心にある「原子核」という粒子は、「陽子」と「中性子」という小さな粒子の集まりでできています。湯川氏は、「陽子」と「中性子」を結びつける「中間子」の存在を1934年に予想し、1947年にその理論が証明され、日本人ではじめてノーベル賞を受賞しました。

朝永振一郎 ともなが・しんいちろう (1906～1979)
1965年 物理学賞
アインシュタインの研究に興味をもち、「量子力学」の研究に打ちこみました。「くりこみ理論」とよばれる新しい理論を導き出して、当時の量子力学が抱えていた大きな矛盾を解消し、物理学の新しい分野の発展に貢献しました。

川端康成 かわばた・やすなり (1899～1972)
1968年 文学賞
大学卒業後、横光利一らとともに「文藝時代」を創刊し、新感覚派の代表作家として活躍しました。日本ではじめての文学賞受賞者です。代表作に『伊豆の踊子』、『雪国』などがあります。

江崎玲於奈 えさき・れおな (1925～)
1973年 物理学賞
電子や素粒子といった極微小の世界でのみ起きる「トンネル効果」を応用して、「エサキダイオード」を発明し、半導体物理学の分野に大きく貢献しました。

佐藤栄作 さとう・えいさく (1901～1975)
1974年 平和賞
第61・62・63代内閣総理大臣などを担当した山口県出身の政治家です。首相時代に沖縄返還を実現し、「核兵器をもたず、つくらず、もちこませず」という、非核三原則をとなえました。

福井謙一 ふくい・けんいち (1918～1998)
1981年 化学賞
物質が化学反応を起こすときの電子の役割を説明した理論、「フロンティア軌道理論」を発表しました。量子力学の考えかたを応用したこの理論は、化学反応のほとんどを説明できる画期的なもので、日本人初の化学賞を受賞しました。

利根川進 とねがわ・すすむ (1939～)
1987年 生理学・医学賞
抗体が遺伝子の組みかえによってつくられていて、その組み合わせの数だけ抗体をつくり出すことができるということを明らかにしました。ほ乳類の免疫のしくみをはじめて遺伝子レベルで解明した功績で受賞しました。

大江健三郎 おおえ・けんざぶろう (1935～)
1994年 文学賞
『奇妙な仕事』で脚光を浴び、学生時代から作家として活躍しました。豊かな想像力と独特の文体で新しい文学の旗手として認められ、その作品は数々の外国語にも翻訳されています。代表作に『個人的な体験』『万延元年のフットボール』などがあります。

白川英樹 しらかわ・ひでき (1936～)
2000年 化学賞
電気を通すプラスチックの実現に成功し、プラスチック素材の研究に大きな影響を与えました。現在では、太陽電池やコンデンサー、タッチパネルのような感圧スイッチなど、さまざまな場所で使われています。

野依良治 のより・りょうじ (1938～)
2001年 化学賞
「BINAP（バイナップ）」という、左右が非対称の物質をつくり分けることのできる触媒を完成させ、「不斉合成」とよばれる手法を開発しました。医薬品などを安全に大量生産することを可能にしました。（※触媒…化学反応が起こるとき、それ自体は変化しないで、ほかの物質の化学変化に影響を与える物質）

小柴昌俊 こしば・まさとし (1926～)
2002年 物理学賞
巨大な水槽のような「カミオカンデ」という名前の観測装置を考案して、世界ではじめて太陽系の外からやってきた素粒子（ニュートリノ）をとらえ、新しい研究分野への貢献を果たしました。（※素粒子…原子の中にあり、物質をつくるいちばん基本的な要素。ニュートリノは素粒子の一種）

田中耕一 たなか・こういち (1959～)
2002年 化学賞
タンパク質（生体高分子）をこわさないでイオン化させる「ソフトレーザー脱離法」を完成させました。この手法を用いてタンパク質の質量（重さ）を計る装置を開発し、遺伝子や医療の研究でたいへんよく用いられています。

南部陽一郎 なんぶ・よういちろう (1921～2015、アメリカ国籍)
益川敏英 ますかわ・としひで (1940～)
小林誠 こばやし・まこと (1944～)
2008年 物理学賞
あらゆる物質の基本的要素である「素粒子」の研究をおこないました。南部氏の研究と小林氏・益川氏の共同研究は、種類はちがうものの、素粒子物理学における「CP対称性の破れ」をあつかい、その後の素粒子物理学の発展に貢献しました。

下村脩 しもむら・おさむ (1928～)
2008年 化学賞
オワンクラゲが光るしくみを解明しているときに、緑色に光るタンパク質（GFP）を発見しました。このGFP遺伝子を使った蛍光マーカーは、医学や生物学の実験に応用されています。

根岸英一 ねぎし・えいいち (1935～)
鈴木章 すずき・あきら (1930～)
2010年 化学賞
医薬品やテレビの液晶などに使われる物質を合成する化学反応の手法を開発しました。根岸氏はパラジウムという金属を用いて炭素と炭素をつなげる方法をはじめて発見し、鈴木氏がより安全な有機ホウ素化合物を用いることで幅広い分野への応用を可能にしたのです。

山中伸弥 やまなか・しんや (1962～)
2012年 生理学・医学賞
世界ではじめてiPS細胞（骨や臓器、血液など、体のどの細胞にも変化できる細胞）をマウスの皮膚細胞からつくり出すことに成功しました。今後、再生医療をはじめとするさまざまな医療への貢献が期待されています。

赤﨑勇　あかさき・いさむ（1929～）
天野浩　あまの・ひろし（1960～）
中村修二　なかむら・しゅうじ（1954～、アメリカ国籍）
2014年 物理学賞
赤﨑氏、天野氏は、20世紀中につくるのは困難とされていた青色発光ダイオード（LED）の技術を開発しました。中村氏は、青色発光ダイオードの実用化に世界ではじめて成功しました。

梶田隆章　かじた・たかあき（1959～）
2015年 物理学賞
大学院時代に、2002年のノーベル物理学賞の受賞者である小柴昌俊氏に師事しました。素粒子のひとつであるニュートリノに質量があることを実証した功績が、受賞の理由です。

大村智　おおむら・さとし（1935～）
2015年 生理学・医学賞
1974年に静岡県の土の中にいた微生物から新種の菌を発見し、当時アメリカの製薬会社にいたウィリアム・キャンベル氏とともに、寄生虫に効く薬を開発。アフリカなどの熱帯地方に広がっていた感染症の治療に大きく貢献しました。

大隅良典　おおすみ・よしのり（1945～）
2016年 生理学・医学賞
細胞内でタンパク質をリサイクルする「オートファジー（自食作用）」のはたらきに関する研究により受賞しました。この原理を利用すれば、アルツハイマー病やパーキンソン病、がんなどの治療にも応用できるとして注目されています。

カズオ・イシグロ（1954～、イギリス国籍）
2017年 文学賞
出身地である長崎を舞台にした『遠い山なみの光』でデビューしました。幼少期にイギリスへ渡ったので執筆は英語ですが、作品によって文体を変え、独特の表現を用いています。代表作に『日の名残り』、『わたしを離さないで』などがあります。

世界のおもな宗教

宗教とは、神や仏を信じ、その教えを守ろうという考えかたです。神は1人である場合も、たくさんいる場合もあります。世界にはさまざまな宗教があり、世界各地で信仰されています。

イスラム教
610年ころ、アッラー（神）の真実の言葉が預言者ムハンマドを通して明らかにされ、コーラン（クルアーン）という聖典にその教えが書き記されていると信じる宗教です。イスラムの教えを守る人びとをムスリムといいます。

カオダイ教
ベトナムで1926年に始まった近代的な宗教で、平和と非武装を信条とします。

キリスト教
およそ2000年前にパレスチナで道を説いたイエス・キリストが、神の子でありながら人びとを罪（まちがったおこない）から救うために地上へ降りたと信じる宗教です。

シク教
北インドで1500年ころに広まった宗教で、ちがう宗教どうしが認めあうことをすすめます。シク教の信者はただ1人の神を信じ、男性は古くから伝わるターバンで、切らないままのばした髪をおおいます。

シャーマニズム
小さな共同体の中で古くから伝わる信仰のことです。シャーマンとは霊の世界と特別な方法で交わる人で、よく夢の中で交信したりし、その地域にくらす人びとの助けとなります。

ジャイナ教
古代インドで始まり、人と動物を傷つけないことをとくに大切にする宗教です。

儒教
古代中国で始まった宗教的な哲学で、およそ紀元前500年ころに生きた哲学者、孔子の教えにもとづく宗教です。

神道
日本に古くから伝わる宗教で、この世のあらゆるところにすまう「神」（八百万の神）の存在を信じます。

ゾロアスター教
ペルシャ（今のイラク）で始まった古い宗教で、善と悪とが永遠に戦うという考えかたが特徴です。今では信者の少ない宗教です。

道教
古代中国で始まった宗教・哲学で、宇宙にある自然の力を受けいれ、それに従うという信仰をもちます。

バハーイー教
19世紀にイランで起こり、全人類の平和と統一をなしとげようという教えです。

ヒンドゥー教
古代インドで広まった信仰で、あらゆる人は生まれて死に、また生まれ変わるという命のくりかえしを信じる宗教です。さまざまな神や女神がいるのが特徴です。

仏教
紀元前500年ころ、のちにブッダ（悟りをひらいた人の意）とよばれるインドの王子によって開かれました。欲望と苦しみにとらわれないようにするため、魂が正しい道を求めることが必要であると説きました。

ユダヤ教
ただ1人の神ヤハウェを信仰するユダヤ民族の宗教です。紀元前4世紀ころから起こり、世界でもっとも古い宗教のひとつです。キリスト教とイスラム教にはユダヤ教の影響が見られます。

世界地図

地球の表面のおよそ3分の1を占める陸地は、大きく7つに分かれます。これらは大陸とよばれ、大陸はさらに、国という小さい地域に分かれます。

地図中の（ア）、（イ）などの文字は、ある国の領土であることを示しています。

- （ア）アメリカ合衆国の領土
- （イ）イギリスの領土
- （デ）デンマークの領土
- （ノ）ノルウェーの領土
- （フ）フランスの領土
- （ロ）ロシア連邦の領土

ヨーロッパの地図

ここには、世界地図にのせられなかったヨーロッパの国々を細かく記します。

用語集

天の川銀河
私たちの住む銀河。銀河系ともいう。

いしゆみ
むかしの戦争で使われた、岩をうちだして遠くまで飛ばす武器。

緯線
赤道に平行に引いた想像上の線。ある場所が、地球上のどのくらい北にあるか、また南にあるかを示す。

遺伝
皮ふの色や髪の色などの特徴が、親から子へ受けつがれること。遺伝の現象を引きおこす物質を遺伝子という。

隕石
流星が燃えつきずに、惑星や月の表面に落ちてきたもの。

インターネット
世界規模で情報通信ができる、コンピューターのネットワーク。

引力
2つの物体がたがいに引き合う見えない力。

宇宙探査機
天体やその周辺の宇宙空間を調べて情報を地球に送るように設計されている機械。

宇宙飛行士
宇宙船を操縦して宇宙飛行をしたり、宇宙で作業したりする訓練を受けた人。

衛星
惑星や小惑星のまわりを回る天体。月は地球の衛星。

栄養
生きものの成長や活動に必要なエネルギー源。人は食べものから栄養をとる。

液化
気体や固体が液体になること。窓ガラスの冷えた表面に水のつぶがつくのは、液化現象のひとつ。

液体
形が流動的で、どんな容器にもおさまる、水や油のような物質。

エックス線
電磁波の一種で、体内の骨や器官の影を映しだすのに使われる。医者はエックス線撮影装置で撮った画像を見て、体内の損傷や病気を診断する。

エネルギー
電気や熱など、力のみなもとになるもの。

えら
魚類や一部の両生類がもつ器官で、水中での呼吸を助ける。

オーケストラ
バイオリンなどの弦楽器や、フルートやクラリネットなどの管楽器、そして打楽器などをいっしょに演奏すること。またはその集団。

外交官
ほかの国との関係を保ち、何かを交渉したり、協議したりする人。

外骨格
節足動物など、体の内部に骨格をもたない動物にみられる、体の外側のかたい殻や甲。

回遊、わたり
動物が、エサを求めたり子を産み育てるために、すむ場所を移動すること。毎年決まった動きをする。

回路
電流が電源から出て、ふたたび電源に戻るまでの道すじのこと。電気が通る、輪になった道すじのこと。

化学
化学物質やその作用を学ぶ学問。

化学物質
元素と元素が結びついてできたもの。身のまわりにあるほとんどすべてが、化学物質でできている。

核
惑星や恒星、月の中心の部分。原子や細胞の中心部分は「原子核」、「細胞核」という。

影
光線が形ある物にさえぎられたときにできる暗い部分。

火山
マグマとよばれる、地下でとけている岩石が、地表をやぶりでて、山の形になったもの。火山が噴火すると、溶岩、灰、岩、ガスなどを爆発的にふきだすことがある。

化石
大むかしの恐竜や動物、植物の死がいが岩石の中に残ったもの。

化石燃料
何百万年も前に死んだ動物や植物が、地下で変化してできた燃料。石炭や石油など。

花粉
種子植物のおしべの先から出ている粉。

環境
生きものがくらすまわりの状況のこと。

監獄
刑事施設である「刑務所」や「拘置所」の古いいいかたで、懲役や禁固などの刑をいいわたされた人を閉じこめておくところ。

岩石
地殻やマントルをつくっている、とても固い物質。いろいろな鉱物の集合でできていて、そのできかたによって火成岩、堆積岩、変成岩に大きく分けられる。

関節
ひざやひじのように、骨と骨がつなぎ合わさる部分。

干ばつ
雨のほとんど降らない時期が続くこと。

記憶
起きたことをおぼえておくこと。

機械
エネルギーを使って動き、ある目的の仕事をおこなう装置。

幾何学
図形や空間の性質をあつかう数学の分野のひとつ。

器官
体の組織の中で、決まった役割をもつ部分。たとえば、心臓は血液を循環させるはたらきをする。

紀元後
西暦紀元1年と、それよりあとの年のこと。

紀元前
西暦紀元1年より前の年のこと。

気候
ある地域の平均的な天気や気温のようす。

気体
空気のように、決まった形をもたず、どんな空間にも入りこめる物質。またはその状態。

軌道（天文）
天体が移動する道すじ。

凝固
液体が固体になること。

恐竜
数千万年前に生きていた、は虫類のなかま。非常に体が大きいものもいた。

魚類
脊椎動物の1つのグループで、変温動物。水中にすみ、たいていはうろこがある。

銀河
恒星やガス、ちりが重力によって集まり大集団となった巨大な天体。

菌類
キノコやカビのように、死んだ動植物を細かくしてエサにする生きもののグループ。

クレーター
惑星など天体の表面にある、おわん型に深くえぐれたくぼみ。

経線
北極と南極を通り、赤道と直角に交わる線。ある場所が、地球上のどのくらい東にあるか、また西にあるかを示す。

血液の循環
血液が体をめぐる道すじのこと。血液は心臓から動脈を通って全身をめぐり、静脈を通って心臓にもどる。

原子
物質を構成するもっとも小さい単位の粒子。

元素
物質を構成する基本的な成分。金、酸素、ヘリウムなど、全部でおよそ100種類の元素があり、これらをまとめてならべたものを周期表という。

建築家
どのような建物を建てるかを考え、設計図を描く人。

顕微鏡
物をレンズで拡大して観察する器具。とても小さな物を見るとき使う。

恒温動物
体温をほぼ一定に保つ動物。

航海
海を越えていく旅。

公害、環境汚染
大気汚染や水質汚濁によって、環境や人びとの生活におよぶ害のこと。原因は、工場から出る有害な廃棄物や、日常生活のゴミなどさまざまである。

光合成
緑色植物が日光を利用して栄養をつくること。

鉱山
石炭、鉄などの天然資源や、ダイヤモンド、ルビーなど宝石の原石がもともと地中にあって、それらをほりだす場所。

工場
機械などを使って、製品をつくるところ。

恒星
太陽のように、みずから熱や光を放っている天体。

皇帝
帝国を支配する人。

光年
天体の距離を表すときに使う単位。光が1年間に進む距離が1光年で、およそ9兆4600億キロメートル。

コード
文字で書かれた指令や言語。コンピューターのプログラミングで使われる。

固体
物質の状態のひとつで、しっかりした形をもち、体積が一定で、外から力を加えても簡単には変形しない状態。

混合物
2種類以上の物質が混ざり合ったもの。

コンピューター
プログラムにしたがい、すごい速さでむずかしい計算をし、データを処理する機械。

細菌
地球上のあらゆるところ、食べものの中、土の中、人の体の中にも生息する微生物。

再生可能エネルギー
太陽光や風力、地熱のように、資源がなくなるおそれがなく、ずっと使いつづけることができるエネルギーのこと。

裁判所
裁判官が法律にもとづいて、争いごとを解決したり、犯罪があったかどうかを判断する場所。

材料、原料
物をつくったり、建てたりするときに使うもの。天然の材料や人工の材料がある。

さなぎ
チョウやがなどの昆虫が幼虫から成虫になる前のすがた。体がかた

い殻でおおわれ、目立たない保護色をしていることも多い。

砂漠
雨が少なく、とても乾いた地域。熱い地域にも寒い地域にもある。

サンゴ虫
海にすむごく小さい動物で、かたい外骨格をつみ重ね、大きなサンゴ礁をつくりあげる。

寺院、神殿
神や仏をまつったり、おがんだりする場所。

子宮
動物の赤ちゃんが育つところ。

地震
地球の表面がゆれること。地殻のプレートが動いたり、火山の活動によって引きおこされる。

地すべり
丘や山の斜面で、その表面の一部が大量の土砂として突然動くこと。

実験
理論や仮説を実際に試して確かめること。

磁場
磁石や電流によってつくられる、磁力がはたらく空間。

社会
ある文化を共有している人びとの集まり。家族や学校、企業のように小さな集団もあれば、都市や国といった大きな集団まで、社会にはいろいろな大きさ、性質がある。

写本
手で書き写した本や詩、そのほかの記録文書。

種
動物や植物を分類するときのひとつの単位。同じ種の生きものがつがいとなって、子を産み育てる。

周期表
元素をならべて表にしたもの。

受粉
おしべの花粉が、昆虫や風などに

よって別の花へと運ばれ、めしべの柱頭につくこと。

鍾乳石
鍾乳洞の天井から、水滴が落ちるときにできるもの。つららのような形をしていて、炭酸カルシウムからできている。日本では、岩手県の龍泉洞や、高知県の龍河洞などが有名。

商人
物を売り買いする仕事にたずさわる人。国をまたいで売り買いをする商人もいる。

蒸発、気化
液体が気体に変わる現象。

小惑星
おもに火星や木星のあいだにあり、太陽のまわりを回っている小さな天体。

小惑星帯
太陽系の火星と木星のあいだにあり、多くの小惑星が浮かぶ地帯。

食（天文学）
宇宙空間で、ある天体が別の天体の影に入ること。日食、月食など。

触角
昆虫やエビなどの頭の先にある器官。まわりのようすを感じとることができる。

磁力
磁石と磁石が、たがいに引き合ったり、しりぞけ合うときの力。

進化
生きものが何世代もかけて、環境に適したものに変化していくこと。

信仰
神や仏などを信じて敬い、その教えを大切にすること。

人工の〜
人によってつくられ、自然界にはもともと存在しないもの。

浸食
風雨や水の流れによって、岩がしだいにすり減ること。

針葉樹
針のように細くとがった葉をもつ。

1年じゅう葉を落とさない常緑樹が多い。

彗星
太陽のまわりを回る、氷やちりでできた天体。彗星からのびる尾は、太陽に近づくにつれて大きく長くなる。

生産者（生物学）
光合成をおこなう緑色植物のように、自分の栄養を自分でつくりだし、動物に食べられる生きもの。

生息環境
動物や植物がくらす場所、すみか。

聖典
その宗教の基本的な教えが記された書物。

政府
国の政治をおこなう機関。

征服
ある国が別の国を支配したり占領したりすること。

生物学
生きものと、それをとりまく環境を学ぶ学問。

世代
同じくらいの年ごろの人たち。たとえば、兄弟姉妹は同じ世代、親は1つ上の世代という。

絶縁体
熱や電気を通しにくい物質。

絶滅
ある種の動物や植物が死に絶え、地球上にまったくいなくなること。

絶滅の危機
動物や植物の種が絶えてしまう危険な状況にあること。

選挙
国や地域を代表する人を決めるために、人びとが投票によって選ぶこと。

先史時代
文字で書いた記録がない、とても古い時代。

草原地帯
一面の草に、ところどころ低い木がはえる広大な土地。

草食動物
植物を主食とする動物。

送信する
電波などを通じて、情報をある場所から別の場所へ送ること。

ソフトウェア
コンピューターでいろいろな作業をするためのプログラム。

タービン
蒸気やガスなどがもつエネルギーを、発電などに使われる動力に変換する機械のこと。ガスタービン、蒸気タービン、水車などがある。

大気
地球をとりまく厚い空気の層。

帯水層
地下水を十分にふくんでいる地層。

代数
文字を使って、数や量をあらわす数学の分野のひとつ。

台風、ハリケーン
もうれつな暴風雨。風がとくに強く、大きな被害をもたらすこともある。

太陽系
太陽と、太陽のまわりを回る天体の集団。

大陸
地球上の広大な陸地。世界には、アジア大陸、ヨーロッパ大陸、アフリカ大陸、北アメリカ大陸、南アメリカ大陸、オセアニア、南極大陸という、7つの大陸がある。

盾
攻撃から身を守るための道具。

探検家
未知の場所へ行き、そこに何があるかを調べる人。

力
物を押したり引いたりすることで生まれるもの。力は物を動かしたり、動きを速くしたりおそくしたり、方向を変えたりできる。

地軸
地球の北極と南極を結ぶ直線。地球はこの軸を中心にして1日1回転する。

抽象（美術）
美術作品をつくるとき、実際に見えたとおりに写しとるのでなく、少しだけ似せたり、作者の感じたことを自由に表現したもの。

鳥類
脊椎動物の一種。くちばしと羽毛があり、多くの鳥は飛ぶことができる。かたい殻をもつ卵を産んで、子をふやす。

津波
地震によって引きおこされる巨大な波。

帝国
皇帝が治めている国家。

適応
動物や植物が、生きる環境に合わせて自分を変化させること。

テクノロジー
科学技術のこと。コンピューターのような機械や装置など、自然にはないものをつくりだす技術。

哲学
人や世界について、あらゆるものごとの本質を追究する学問。

電化製品
テレビやトースターのように、電気を使って動く機械。

電気
エネルギーの一種。かみなりは自然に生まれる電気。

伝導体
熱や電気を伝えやすい物質。

天文学
宇宙について学ぶ学問。

冬眠
動物が冬のあいだ食事や運動をやめて、眠ったような状態でいること。

独裁者
ひとりですべての権力をにぎる支配者。

内戦
同じ国に住む人どうしがおこなう戦争のこと。

なだれ
降りつもった大量の雪が突然、山の斜面をくずれ落ちること。

ナビゲーション
ある場所から別の場所へ行く道すじを見つける方法。

軟骨
動物の体内にある、やわらかくて弾力性のある骨。人間の鼻や耳、サメの骨格などを形づくる。

肉食動物
ほかの動物の肉を食べる動物。

熱帯
気候区分のひとつ。おもに赤道付近で、年間をとおして気温の高い地帯のことをさす。

燃料
燃やすことで熱として利用したり、爆発させたときのエネルギーを動力に変えたりできる物質。

農作物
農業によってつくられる植物。

ノーベル賞
科学や芸術などいろいろな分野で、とくにすぐれた業績をあげた人に、毎年贈られる賞。

ハードウェア
キーボードやディスプレイ（画面）など、コンピューター本体の機械や装置のこと。

肺
呼吸するための器官。体内に酸素を取り込み、二酸化炭素を出すはたらきをする。

は虫類
脊椎動物の一種で、変温動物。うろこ状の皮ふをもち、卵を産む。

犯罪（はんざい）
法律に反するおこない。

反射（はんしゃ）
光や音が何かの表面に当たってはね返って進むこと。または、動物がなんらかの刺激を受けたときに、無意識に起こす反応のこと。

繁殖（はんしょく）
動物や植物が生まれてふえること。

光（ひかり）
エネルギーの一種。光のおかげで、人や動物は物を見ることができ、植物は栄養をつくりだすことができる。

氷河（ひょうが）
積もった雪が氷のかたまりになり、重力によって非常にゆっくりと流動するもの。

病原菌（びょうげんきん）
病気を引きおこすもとになる細菌のこと。

平等（びょうどう）
すべての人びとが等しい権利をもっていること。

ひれ
水中にすむ動物の体から出ている平たい器官。泳いだり、体のバランスを保つために使われる。

（動物の）品種（ひんしゅ）
ペットや家畜の種類のこと。たとえば、パグは犬の品種のひとつ。

ふ化（ふか）
動物が卵からかえること。

ふっとう
水などの液体が煮えたつこと。

物理学（ぶつりがく）
物体がどう動き、どう影響し合うかを学ぶ学問。

ブラックホール
宇宙にある目に見えない物体。中心の引力がとても強く、すべての光や物質をすいこんでしまうといわれている。

プレート
大きくてゆっくりと動く、地球の地殻とマントルの一部。

プログラム
コンピューターが作業をこなすために必要な一連の指示。

噴火（ふんか）
火山の火口から溶岩や火山ガスなどがふき出ること。

文化（ぶんか）
ある地域や国に住む人びとの生きかたや考えかた、慣習など。

分解者（ぶんかいしゃ）
死がいやふんを細かくして、栄養をつくりだす生きもの。菌類が代表的。

文明（ぶんめい）
人びとの知識や技術が発達し、文化が豊かである状態のこと。

変温動物（へんおんどうぶつ）
まわりの空気や水の温度によって、体温が上がったり下がったりする動物。

変態（へんたい）
カエルなど、ある種の動物が子どもからおとなになるとき、体を別の形に変えること。

望遠鏡（ぼうえんきょう）
遠くにあるものを観察するために使う道具。

宝石（ほうせき）
装飾品などに使われる、美しくて貴重な鉱物。

抱卵（ほうらん）
卵をかえすために、親鳥が卵をだいてあたためること。

捕食者（ほしょくしゃ）
生きものが、ほかの生きものをとらえて食べること。食べられる立場の生きもののことを被食者という。

ほ乳類（ほにゅうるい）
ヒトやウマやイルカなど脊椎動物のグループのひとつで、母乳で子を育てる。

マグマ
地球の内部にある、熱くとけた岩。地球の表面に出たものは溶岩という。

摩擦（まさつ）
2つの物体の表面が、たがいにこすれたりすべったりするとき、その運動をさまたげる向きにはたらく力。

マントル
惑星や月の、核と地殻のあいだにある、厚みのある熱い岩石の層。

湖（みずうみ）
陸に囲まれた、池や沼よりも大きな水域。

民主主義（みんしゅしゅぎ）
国民が主権者となり、おもに選挙によって代表者を選んで政治をおこなうという考えかた。

無脊椎動物（むせきついどうぶつ）
脊椎（背骨）のない動物。

群れ（むれ）
動物の集団。

メモリ
コンピューターのデータを記憶する装置。

モニュメント
人物やできごとを記念するための像や塔などの建造物。

野生動物（やせいどうぶつ）
自然のまま、野山に生まれ育った動物。

融解（ゆうかい）
固体が熱せられて、とけて液体になること。

有毒（ゆうどく）
さわったり食べたりすると、病気になったり死んだりするおそれがあるもの。

輸入（ゆにゅう）
外国から商品や技術を買い入れたり、思想や文化を取り入れること。

溶液（ようえき）
液体に、ほかの物質が完全にとけきってできた混合物。食塩水のように、物質（食塩）が水にとけている場合は水溶液という。

溶岩（ようがん）
マグマが熱くとけた状態で火口からふきだしたもの。また、それが冷えてかたまってできた岩。

よろい、甲冑（かっちゅう）
体を守るかたいおおい。

落葉樹（らくようじゅ）
秋から冬のあいだに葉をいっせいに落とし、春にまた葉をつける木のグループ。

リサイクル
古いものを新しくして、ふたたび利用すること。

粒子（りゅうし）
物質を構成するとても小さい粒。

流星（りゅうせい）
ごく小さな天体が、ものすごいスピードで地球の大気圏に入ったときに発光する現象。

両生類（りょうせいるい）
脊椎動物のグループのひとつ。生まれてすぐは水中でえら呼吸し、おとなになると肺で呼吸して陸上でも生活するようになる。

霊長類（れいちょうるい）
ほ乳類の一種で、サルや人のなかま。

礼拝（れいはい）
神仏などに祈ること。仏教では、「らいはい」と読む。

ロボット
コンピューターによって、さまざまな作業をこなすようにプログラムされた機械。

惑星（わくせい）
恒星のまわりを回る天体。地球や火星は、太陽のまわりを回る惑星。

索引
さくいん

太字はくわしく取り上げたページです

あ

アカエイ 138
赤ちゃん 144, 278
秋 121
アジア 115
アシダカグモ 136
アシナシイモリ 140
アステカ 56
アニメーション映画 22
アニング, メアリー 167
アフリカ 114, 260
アボリジニ 116
アホロートル 140
アマゾン熱帯雨林 112, 155
アムンセン, ロアール 117
雨 93, 96, 100, 102, 121
アメリカ(合衆国) 27, 29, 111
　奴隷 68
　南北戦争 75
アメリカ西部 67
アメリカ先住民 65, 67
あやつり人形 18
アラビア語 35, 284
アリ 135, 152, 159
アリストテレス 166
アルキメデス 204
アルファベット 14, 284
アルミニウム 180
アレチネズミ 146
アレルギー 107
暗黒物質 236, 251
アンデス山脈 82, 112, 123
アンテナ 224
アンドロメダ銀河 252
アンモナイト 126, 172

い

胃 270, 281
イード 55
イオ 244
医学 200
いかだ 212
生きもの 93, 122, 240, 254, 286
イギリス(連合王国) 29
イグルー 47
医者 34, 200
イスタンブール 71
イスラム教 20, 36, 39, 55, 71
緯線 201
痛み 276
市場 34
遺伝 279

遺伝子 279
移動する動物 162
イヌ 146-147, **148**, 172
イモリ 140
医療機器 200
医療用ロボット 233
イルカ 144
色 **174-175**
インカ 57, 112
印刷 15
隕石 117, 181, **249**
インターネット 231, 232
インド 16, 29, 33, 36, **52**, 115

う

ウイルス 127, 169, 200
ウェアラブル機器 232
ウェブサイト 231
ウォータースポーツ 95
浮く 178
ウサギ 147
うずまき銀河 251, 252
歌 24
宇宙 235, **236**, 255
　天の川銀河 236, **252**
　隕石 249
　宇宙食 107
　宇宙のロボット 233
　宇宙飛行 259
　宇宙飛行士 **262**
　宇宙へ行ったイヌ 147
　恒星 253
　小惑星 243
　彗星 250
　星座 256
　だ円銀河 251
　天文学 257
　不規則銀河 251
　ブラックホール 255
　→惑星も参照
宇宙船 87, 259, 261
　アポロ宇宙船 241
　火星探査車 242
　カッシーニ 245
　月面車 213
　国際宇宙ステーション(ISS) 262
　人工衛星 **234**
　スペースシャトル 259
　探査機 238, 259
　ボイジャー2号 246
宇宙のはじまり 235
宇宙飛行士 240, 241, 259, **262**
宇宙服 262
ウナギ 138

海 99
　海岸 156
　海面の高さ 123
　火山 79
　サンゴ礁 153
　潮の満ち引き 124
　生息環境 150
　先史時代の生きもの 126
　探検 261
　水の循環 93
ウルル(エアーズ・ロック) 116
うろこ 138
運動 267
　エネルギー 196
　筋肉 267
　摩擦 191

え

絵 12, 44, 87
映画 17, 21, **22**
英語 14, 35
衛星 238, 244, 245, 247
栄養 173
エウロパ 244
液体 **184**, 186, 207
液胞 170
エコな乗りもの 212
エコロジー(生態学) 169
エジソン, トーマス 168, 219
エジプト **49**, 114, 146, 166, 181, 228
エックス線 167, 188, 200
エッフェル塔 113
エニグマ暗号機 229
エネルギー 103, **196-197**
　化石燃料 91
　食べもの 158, **173**
　電気 194
絵の具 174
絵文字 14
えら 94, 138
円 205
遠近法 62
演劇 18
エンジニア 215
エンジン 209, 212, **222**
猿人 43
エンドウマメ 131
鉛筆 14

お

横隔膜 269
オウム 142
オオカミ 148
オーケストラ 26
オーロラ 254, 258
お金 31
押す力 189

オスマン帝国 71
オセアニア 116
オタマジャクシ 161
音 198, 273
おとぎ話 17
おとな 278
音の高さ 198
おの 44, 218
お話 16-17
織りもの 13, 33
オリンピック 41, 50
音楽 **24-25**, 26, 63
温度 199
音波 198
音量 198

か

海王星 237, **247**, 289
海岸 156
外気圏 258
海賊 64
回転対称 206
回路 195
ガウディ, アントニオ 47
カエル 112, 137, 140, 152, 161, 163
顔 267, 277
ガガーリン, ユーリィ 258, 261, 262
科学 **166-167**, 168
　化学 176
　古代インド 52
　古代ギリシャ 204
　生物学 169
　物理学 188
　ルネサンス **62**, 166
化学 168, **176**
化学エンジニア 215
科学者 34, 168, 285
化学変化(化学反応) 176
角(かく) 205
核 76, 170, 176, 179, 264
楽譜 25
角膜 272
かげ 193
がけ 81
かけ算 287
化合物 176, 187
火山
　地球 76, 77, **79**, 80
　惑星 239, 242, 248
火山岩 80
花糸 130
数 **202**, 203
風 100, 102, 247
火星 237, **242**, 259, 289
火成岩 84
化石 **89**, 125, 126, 167, 172
化石燃料 **91**, 123, 196
形 205
　対称 206

298

体積 204
　平面と立体 288
カタツムリ 134
価値 31
楽器 23, 24–25, 26
学校 36–37
カッシーニ 245
葛飾北斎 12
滑車 221
ガニメデ 244
花粉 130
カマキリ 134
髪 279
神 39, 50, 57, 58, 65, 247
かみなり 102, 194, 199
カメ 141, 153
カメラ 21
仮面（マスク） 18, 56, 86–87
花木蘭 19
火薬 75
ガラス 13, 104, 217
狩り 44
カリスト 244
ガリレイ, ガリレオ 257
ガリレオ衛星 244
カルシウム 180
カルデラ 79
カロン 248
川 81, 83, 93, 95, **96**, 97
カワウソ 159
漢（王朝） 53
カンガルー 144
環境 92, 95, 104, 212
環境汚染 164
環形動物 134
看護師 34
感情 **277**
岩石 **84**, 183
　宇宙の岩石 249
　金属 181
　侵食 81
岩石輪廻 **80**
関節 266
汗腺 265
環太平洋火山帯 77
干ばつ 97, 103

き

木 82, **129**, 152, 154
キーウィ 116
キーボード 227
記憶 280
機械 70, **221**
器械体操 42
気管 269
器官のつながり 263
貴金属・レアメタル **88**
気候の変動 **103**
騎士 **61**, 74
季節 121
北アメリカ 111
気体 **185**, 186
キツネ 148
キツネザル 114, 149
軌道 237
　人工衛星 201, 234
　太陽 122
　月 241
キノコ **132**
木彫り 13
着物 33
客船 211
嗅覚 274, **275**
球技 40–41, 58
宮廷 32–33
宮殿 46
凝固（かたまる） 186
凝縮 186
恐竜 89, 111, **125**, 126
極 192
極地 150
きょくひ動物 134
魚類 94, 133, 137, **138**, 261
　サメ **139**
　卵 **143**
　養殖 105
霧 100
ギリシャ 36, 41, **50**, 74, 204, 229
　医学 **200**
　演劇 **18**
　哲学 **38**
　文字 284
キリスト教 39
キリル文字 14
キリン 114, 151, 172
金（きん） 15, **86–87**, 88, 180
銀 88
銀河 235, 236, **251**, 252
金管楽器 26
金魚 138
銀行 31
金星 237, **239**, 289
金属 86, 104, **181**, 243
　貴金属 **88**
筋肉 263, **267**
菌類 132, 169

く

茎 128, 131, 171
くさび 221
くさび形文字 14, 45
草ぶき 46
薬 34, **200**, 219
くだもの 105, 173
口 270, 274
クック, ジェームズ 66
国 108, 292
クマ 163

組みたてライン 220
雲 93, 100, **101**
クモ 134, **136**, 147
クラウド 231
クラシック音楽 24
グリス, フアン 12
クリスマス 54
グリニッジ標準時 119
グリフォン 19
クレーター 249
グレートバリアリーフ 153
クレーン 217
クレヨン 14
クローン 279
黒ひげ 64
君主制 27

け

毛あな 265
警察 28
芸術 62, 63
芸術家 282
経線 201
携帯電話 14, 21, 201, 225, 232
ゲーム 40–41, 232
劇場 18
けた（数字） 202
血液 268, 269
血液の循環 268
血管 265
月面車 213
ケプラー16b 237
弦楽器 23, 26
現金自動預払機 221
言語 35, 228
　コンピューター言語 230
原子 176, **179**, 180, 188, 235
原子核 176, 179, 290
原子核物理学 188
原始人 43, 126, 260
原色 175
建設 217
元素 176, **180**
建築 47
鍵盤楽器 23
顕微鏡 127
憲法 27

こ

硬貨 31, 87
公害 **92**
甲殻類 134
工芸 13, 57
工芸品 65
光合成 **171**
虹彩 272
鉱山 86, 91, 181
工場 34, 70, **220**, 233

香辛料貿易 30, 66, 260
洪水 103
恒星 252, **253**
抗生物質 166, 219
鉱石 **84**, 85
甲虫 135
喉頭 269
コウモリ 83, 163
コード **228–229**
ゴールデンゲートブリッジ 216
五感 280
　嗅覚 **275**
　視覚 **272**
　触覚 **276**
　聴覚 **273**
　味覚 **274**
呼吸 263, 269
国際宇宙ステーション（ISS） 233, 258, 262
穀物 105
コケ 128
固体 **183**, 186
古代文明
　アステカ 56
　アメリカ先住民 **65**
　インカ 57
　古代インド **52**
　古代エジプト **49**
　古代ギリシャ **50**
　古代中国 **53**
　古代ローマ **51**
　マヤ 58
骨格 137, 263, **266**
子ども 70, 73, 278
ごみ 92, 95, 104
コミュニケーション 228, 232
米 53, 115
コロニー 159
コロンブス, クリストファー 66, 260–261
混合物 **187**
コンスタンティノープル 71
昆虫（虫） 107, 130, 134, **135**, 136
コンテナ船 211
コンピューター 188, 219, **227**, 233
　インターネット **231**, 232
　回路基板 195
コンピューターゲーム 41, 227

さ

サーバー（ウェブサイト） 231
細気管支 269
細菌 127, 166, 169, 170, 264, 281
再生可能エネルギー 197
裁判所 28
細胞 170, **264**
財宝 64
細胞質 170, 264
細胞膜 170, 264

魚 →魚類を参照
砂岩 80
サソリ 134
作家 283
サッカー 41, 42
さなぎ 161
砂漠 93, 114, 150, **152**
サバンナ 151
サボテン 152
サメ **139**
サリー 33
サル **149**, 151
酸 281
サンアンドレアス断層 78
三角形 205, 206, 288
産業革命 **70**, 197
サンゴ礁 **153**
サンショウウオ 140
酸素 90, 94, 171, 176, 179, 185, 268
　呼吸 269

し

詩 17
寺院 56, 58
ジェットエンジン 222
ジェットコースター 196
潮 **124**
紫外線 84
視覚 **272**
時間 207, 223, 289
指揮者 26
シク教 39
仕事 **34**
時差ボケ 119
磁石 **192**
死者の日 54
地震 77, **78**
視神経 272
沈む 178
自然選択 172
舌 145, 274, 275
シダ 128
室温 199
実験 166
自転車 181, **208**, 212
自動車 **209**, 213, 220, 222
自動車競技 209
磁場 76, 110, 192
子房 130
脂肪細胞 264
シマウマ 151, 159
ジャイアンツ・コーズウェー 113
写真 **21**
写真メール 232
シャボン玉 185
車輪 212, 215, 218
　自転車 208
　自動車 209
　ショベルローダー 221

周期表 180
獣脚類 125
宗教 **39**, 54–55, 291
従者 61
自由の女神の像 111
重力 189, **190**
ジュエリー 85, 86
樹皮 129
シュモクザメ 139
手話 35
循環器系 263
準惑星 248
消化 263, **270**
蒸気機関 **70**, 197, 210, 218–219, 222
将軍 63
蒸散 93
小数 203
小説 17
状態の変化 183, 184, **186**
鍾乳石 83
蒸発 186, 187
静脈 268
常緑樹 129
小惑星 86, **243**, 249
ショートメール 232
職業 34
食虫植物 128
食道 270
植物 **128**, 169
　果実と種 131
　木 129
　光合成 171
　細胞 170
　食物連鎖 158, 197
　生息環境 150
　花 130
植物学 169
食物連鎖 **158**, 197
触覚 **276**
ショベルローダー 221
磁力 189, 192
城 46, **60**
シロアリの塚 151, 160
進化 43, **172**
深海層 99
新幹線 210
シンクホール 83
神経 264, 271, 273
神経系 263, 271
人口 108
人工衛星 201, 226, 231, **234**
信号旗 29
侵食 **81**
心臓 **268**
神殿 50
振動 198
真皮 265
ジンベイザメ 139
針葉樹 128, 150, 154

森林 126, 150, **154**, 155, 164
人類生物学 169
神話 **19**, 50, 247

す

巣 136, 160
水晶体 272
彗星 249, **250**
水星 237, **238**, 289
水素 94, 176
スイッチ 195
水道橋 51
水力発電 94
数学(算数)
　かけ算 287
　数 202
　形 205
　対称 206
　体積 204
　分数 203
　物をはかる 207
スーツ 33
スカイダイビング 258
スキー 42, 191
過ぎ越しの祭り 55
スクラッチ(プログラミング言語) 230
スケッチ 12, 167
スコット, ロバート 117
スズ 45
ステップ 151
ストーンヘンジ 44
ストリートダンス 20
スパゲティ化 255
スペイン語 35
スポーツ 40–41, **42**, 95, 208
スマートフォン(スマホ) 225, 231
住まい **46–47**
　動物のすみか 160
　ほら穴 83
スレート 80

せ

星座 **256**
生産者 158
精子 278
青色超巨星 253
整数 202
成層火山 79
成層圏 258
生息環境 **150**
静電気 194
青銅器時代 **45**
政府 27
生物学 168, **169**
生物の保護 **164**, 165
正方形 205, 288
生命の木(生物分岐図) 286

世界 **108**
　地図 292–293
石筍 83
赤色巨星 253
セキセイインコ 147
石炭 91
脊椎動物 133, **137**, 286
石油 91
絶縁体 177, 182
石器時代 **44**, 126
赤血球 264
背骨 137
先史時代 **126**
戦車 73
潜水艇 211
先生 34
戦争 72, 73, **74–75**, 229
線対称 206
善と悪 38

そ

ゾウ 52, 114, 144
草原地帯 150, **151**
草食動物 144, 158
ソンドン洞 83

た

ダ・ガマ, バスコ 66, 260
ダーウィン, チャールズ 172
タージ・マハル 52, 115
第一次消費者 158
第一次世界大戦 **72**
大学 37
大気圏 242, 244, 247, 249, **258**
大航海時代 66
第三次消費者 158
対称 206
代数 202
体積 **204**
堆積岩 80, 84
大赤斑 244
タイタン 245
第二次消費者 158
第二次世界大戦 33, **73**
大名 63
ダイモス 242
ダイヤモンド 85
太陽 120, 193, 197, 237, 250, 253, **254**
　日食 120
太陽エネルギー 103, 188, 197, 261
太陽系 235, 236, **237**, 252, 254
　→惑星も参照
太陽フレア(太陽面爆発) 254
大陸 108, 122–123, 292
対流圏 258
大量生産 220
多雨林 150, **155**

だ液 281
多角形 205
打楽器 23, 26
ダチョウ 143
タツノオトシゴ 138
竜巻 102
建物 **217**
種 130, **131**
食べもの **106-107**, 173
　栄養 173
　消化 **270**
　植物の栄養 171
　農業 105
　味覚 274
食べる **106-107**
卵 142, **143**, 161
ダム 93, 96
タランチュラ 136
探検 59, **260-261**
探検家 **66**, 260-261
単孔類 143
ダンス **20**
炭水化物 173
炭素 **90**, 179, 182
断層 78
たんぱく質 107, 173

ち

チーター 144
チームスポーツ 42
チェス 40
地殻 76, 78
地下鉄 210
力 **189**
　磁石 **192**
　重力 **190**
　浮力 **178**
　摩擦力 **191**
地球 236, 237, **240**, 289
　変わりゆく地球 **122-123**
　季節 **121**
　自転 120
　磁場 76, 110, 192
　重力 **190**
　大気圏 **258**
　地球の中身 **76**
　地球の表面 **77**
　月の軌道 241
　天気 100
地図 **109**, 201
　世界地図 292-293
窒素 185
地表 77, 123
中央同盟国 72
中間圏 258
中高生 278
中国 14, 16, 26, 29, 75, 115
　古代中国 19, **53**
　春節(旧正月) 54-55

中国語 35, 284
注射 200
中世 15, 61, 74, 200
柱頭 130
チューリング, アラン 229
チョウ 135, 161, 162
腸 264, 270
聴覚 **273**
潮間帯 124
超高層ビル 217
彫刻 12
超新星 253
超特急 210
鳥類 133, 137, **142**, 152
　移動、わたり 162
　巣 160
　卵 143
　飛べない鳥 116
チリダニ 127
チンパンジー 149

つ

通貨 31
月 167, 190, 238, **241**
　月面車 213
　潮の満ち引き 124
　月への着陸 241, 261
津波 78
角竜類 125
つり合う力 189
つり橋 216
ツンドラ(凍土帯) 150

て

ティラノサウルス 125
鄭和 66
ディワーリ 55
手おの 44, 218
デジタル時計 223
デジタルラジオ 224
鉄 48, 76, 249
哲学 **38**
鉄器時代 **48**
デッサン 12
鉄道　→列車を参照
テレビ **226**
テレビゲーム 227
電化製品 104
天気 **100**, 101, 102, 121, 188, 234
電気 94, 188, **194**
　回路 195
　絶縁体 177, 182
　発電所 91
電気自動車 209
電球 168, 195
電源 195
点字 276
電子 176, 179

電子マネー 31
電子メール(Eメール) 232
伝説 19
天然ガス 91
天王星 237, **246**, 247, 289
電波 224, 225
電報 232
デンマーク 29
天文学 166-167, **257**
電話 **225**, 232

と

ドイツ 29, 73
糖 173
銅 45
陶器, 陶芸 13, 50, 71
東京 108
道具
　石器時代 44
　鉄器時代 48
　道具を使うサル 149
　はじめての道具 43
　勉強の道具 37
　物をはかる 207
洞窟の家 46
洞窟の壁画 12, 44
瞳孔 272
動物
　移動, わたり, 回遊 **162**
　色 174
　家族 159
　魚類 138
　昆虫 135
　細胞 170
　食物連鎖 158
　進化 **172**
　神話 19
　すみか 83, **160**
　生息環境 **150**
　生物の保護 **164**
　生命の木(生物分岐図) 286
　脊椎動物 **137**
　鳥類 142
　動物園 **165**
　動物学 169
　冬眠 **163**
　農業 105
　は虫類 **141**
　分類 **133**
　ペット **145**, **146-147**
　変態 161
　ほ乳類 **144**
　無脊椎動物 **134**
　両生類 **140**
動物園 **165**
動物学 169
動脈 268
冬眠 **163**
トーガ 32

トータティス 243
ドガ, エドガー 12
トカゲ 137, 141, 152
ドキュメンタリー(記録映画) 22
独裁制 27
時計 207, **223**
都市 108
土星 237, **245**, 289
土木エンジニア 215
トラ 137
鳥　→鳥類を参照
トリケラトプス 125
トリトン 247
トルコ共和国 71
奴隷 **68**
トロイア戦争 74

な

内戦 75
ナイル川 49, 114
長さ 207
鳴き鳥 142
なだれ 81
夏 121
ナビゲーション 109, 110, **201**
波 78
涙 272, 281
南極 **117**, 157
軟骨 137
軟体動物 134

に

肉食動物 144, 158
二酸化炭素 90, 103, 171, 185
虹 174
二次色 175
日光 171
日食 120
荷馬車 212
日本 29, 33
　江戸時代 **63**
　城 60
乳製品 173
ニュートン, アイザック 190
ニューロン(神経細胞) 271, 276

ね

根 128, 131, 132, 171
ネコ **145**, 146-147
ネコ科動物 145
ねじ 221
熱
　伝わりやすさ 177
　摩擦 191
熱圏 258
眠り 163, **280**
粘液 275, 281

の

脳　184, **271**, 273, 275, 276, 277, 280
農業　34, **105**, 107
飲みもの　173, 220
乗りもの　212–213
　宇宙飛行　259
　自転車　208
　自動車　209
　船　211
　列車　210
ノンフィクション　15

は

葉　128, 129, 131, 154, 171, 175, 206
歯　270
ハードディスクドライブ　227
肺　269
バイキング　**59**
陪審員　28
俳優　18
ハウスボート　47
ハエトリグサ　128
ハエトリグモ　136
はかり　207
白色光　193
歯車　223
橋　216
馬車　212
馬上やり試合　61
バス　36
バスティーユ　69
旗　29, 64
ハタオリドリ　160
バチカン市国　108
は虫類　133, 137, **141**, 143
白血球　264, 281
薄光層（透光層）　99
バッタ　135
バッテリー　227
発電所　91
ハッブル, エドウィン　252
ハッブル宇宙望遠鏡　234, 258
発明　53, 168, **218–219**
花　128, **130**
鼻　269, 275, 281
花びら　130
パナマ運河　111
羽　142
バビロニア　28
バビロン　109
ハムスター　146
パリ　108
ハリー・ポッター　15
ハリケーン　102
春　121
パルテノン神殿　50
バレエ　20

ハレー彗星　250
版画　12
パンゲア　122
反射　193
パンダ　115
ハンムラビ王　28
万里の長城　53

ひ

火　43, 107
ビーズ細工　13
ビーバー　160
ヒエログリフ　49, 228
光　193
ピクセル　226
引く力　189
ひげ　145
飛行機　62, **214**, 219, 258
　エンジン　222
　空の旅　213
　第二次世界大戦　73
　太陽電池　261
美術　**12**, 71
微生物　**127**, 169
ひだ　132
ビッグバン　235
ビデオ通話　232
人型ロボット　233
日時計　119, 223
ヒト族　43
ヒトデ　134, 206
人の体　263
　遺伝子　279
　エネルギー　196
　感覚（五感）　272, 273, 274, 275, 276
　感情　277
　筋肉　267
　骨格　266
　細胞　264
　消化　270
　心臓　268
　成分　263
　体温　199
　炭素　90
　脳　271
　肺　269
　皮ふ　265
　病気　281
　水　94–95, 184, 263
　ライフサイクル　278
泌尿器系　263
皮ふ　263, **265**, 276, 279, 281
ヒポクラテス　200
ヒマラヤ　77
ヒョウ　145
氷河　81, 83, **98**
氷河時代　123, 126
病気　200, **281**

標準時間帯　119
表情　277
平等　38
表皮　265
ピラミッド　49, 56, 58, 114
昼　120
ヒル　200
ヒルフォート　48
ひれ　138
ヒンディー語　14, 35
ヒンドゥー教　39, 55

ふ

ファラオ（王）　49, 114
ファン・ゴッホ, フィンセント　12
フィクション　15
フィルム　21
ブースター（補助推進ロケット）　259
風船　185
風力タービン　194, 197
フォーミュラ1（F1）　209
フォボス　242
武器　→戦争を参照
服　**32–33**, 175
武士　63
舞台　18
ふたご　279
仏教　39
物質　**177**
　元素　180
　状態の変化　183, 184, **186**
　プラスチック　182
物体　188
物理学　168, **188**
船　211
　海賊船　64
　外輪船　111
　空母　73
　奴隷船　68
　バイキング船　59
　むかしの船　212
負の数　202
冬　42, 121
ブラキオサウルス　125
プラスチック　92, 104, **182**, 219
プラチナ　88
ブラックホール　255
プランクトン　127
フランス革命　69
ふりこ　223
プリズム　193
浮力　**178**
ブルーモスク　71
ブルジュ・ハリファ　217
プレート　78
プレーリー　151
フレミング, アレクサンダー　166
プロキシマ・ケンタウリ星　253

プログラミング　228, **230**
プロセッサー（コンピューター）　227
フロビッシャー, M　66
プロミネンス　254
噴火　79
分解者　158
分子　176, 179
分子（分数）　203
分数　**203**
噴石丘　79
分母　203
ベアード, ジョン・ロジー　226

へ

平面　205
ペット　145, **146–147**, 148
ベニテングタケ　132
ヘビ　141, 146, 151, 152
ヘリウム　180, 185
ヘリコプター　214
ベリリウム　88
ペルジーノ　62
ペン　14
弁（心臓）　268
ペンギン　117, 137, 142, 157, 159
変成岩　80, 84
変態　**161**

ほ

ボイジャー2号　246
ホイヘンス, クリスティアーン　223
方位磁石　**110**, 166, 201
貿易（交易）　30, 66, 260
望遠鏡　257
方角　110
胞子　132
宝石の原石　**85**
放送　226
暴風雨　**102**, 103
法律　28
ホオジロザメ　139
ボードゲーム　40
ホームスクーリング　37
ポーランド　73
北極　47, **118**, **157**
ホッキョクグマ　118, 157
ポップス　24
母乳　144
ほ乳類　133, 137, 143, **144**
骨　43, 137, 266, 273
ほら穴　46, **83**
ボリウッド　20
ほろ馬車隊　67
本　**15**, 17, 87

ま

迷子石　98

マグマ 76, 79, 80
マザーボード（電子回路基板） 227
摩擦力 189, **191**
マゼラン, フェルディナンド 66
マチュ・ピチュ 57, 112
マッターホルン 82
祭り **54–55**
マドラサ 36
マヤ 58
マリー・アントワネット 69
マンモス 123, 126

み

ミーアキャット 151, 158
ミイラ 49
味覚 **274**, 275
三日月湖 97
幹 129
ミシシッピ川 111
ミシン 221
水 93, **94–95**, 96, 176, 184
　生きもの 93, 240
　浮く力 **178**
　エネルギー 103, 197
　公害 92
　こおる 199
　状態の変化 186
　ふっとうする 199
湖 96, **97**, 98
店 34
ミトコンドリア 170, 264
南アメリカ **112**
ミノカサゴ 138
ミノタウロス 19
耳 198, 273, 281
ミュージカル映画 22
民主主義 27

む

ムガル帝国 52
無光層 99
無脊椎動物 133, **134**
群れ 159

め

目 145, 272, 279
冥王星 **248**
めがね 272
女神 50
メキシコ 54
メソポタミア 95
メラニン 265

も

猛きん類 142
網膜 272

モールス符号 228
木星 237, **244**, 289
文字 **14**
　アラビア 284
　古代ギリシャ 284
　青銅器時代 45
　中国 53, 284
　ラテン 284
モスク 71
木管楽器 26
モット・アンド・ベイリー 60
物をはかる **207**
　温度 199
　体積 204
モルモット 147
紋章 61

や

野菜 105, 173
山 77, **82**, 98, 122, 123
ヤマネ 163
ヤマネコ 145

ゆ

融解（とける） 186
有権者 27
有光層 99
有袋類 144
輸出品 30
ユダヤ教 39
ユダヤ人 55, 73
輸入品 30
夢 280

よ

溶岩 76, 79, 183
陽子 176, 179
幼虫 161
羊皮紙 15
葉緑体 170
ヨーロッパ 72, 73, **113**, 292
ヨット 211
夜 120

ら

雷雨 102
ライオン 145, 151, 158
ライト兄弟 219
ライフサイクル **278**
ラクダ 152
落葉樹 129, 150, 154
ラケットスポーツ 40
ラジオ **224**
ラテン語 35, 284
ラテンダンス 20

り

力学 188
陸上競技 42
リサイクル **104**, 164, 182
立体 204, 205, 288
リモコン 224
竜（龍） 19, **54–55**
竜脚類 125
流行（ファッション） **32–33**, 175
粒子 176, 179, 180
　液体 **184**
　気体 **185**
　固体 **183**
漁 164
両生類 133, 137, **140**, 143
料理 106–107
リンゴ 131

る

ルイ16世 69
類人猿 149
ルネサンス **62**, 166

れ

霊長類 149
レオナルド・ダ・ビンチ 62, 167
列車 67, **210**, 222
レントゲン, ヴィルヘルム 167

ろ

ローマ 12, 32, 35, 36, **51**
ろ過 187
ロケット号 210, 218–219
ロシア 108
ロック 24
ロボット 220, 221, 227, **233**

わ

環（惑星） 245, 246
惑星 261, 289
　海王星 **247**
　火星 **242**
　金星 **239**
　準惑星 248
　小惑星 **243**
　水星 **238**
　太陽系 **237**
　地球 236, **240**
　天王星 **246**
　土星 **245**
　木星 **244**
　惑星の種類 237
ワニ 141

数字・英字

3Dプリンター 47, 215
DNA（デオキシリボ核酸） 229, 279
GPS（全地球測位システム） 201, 234
RAM（メモリー） 227
SF映画 22
T型フォード 213
UFO（未確認飛行物体） 101
USBポート 227
U字型の谷 98
Wi-Fi（ワイファイ） 231

謝辞

The publisher would like to thank the following people for their help in the production of this book:
Patrick Cuthbertson for reviewing the earliest history pages, Dr Manuel Breuer for reviewing the evolution page, and Patrick Thompson, University of Strathclyde, for reviewing the pages on cells, chemistry, and genes. Stratford-upon-Avon Butterfly Farm www.butterflyfarm.co.uk for allowing us to photograph their butterflies and mini beasts, and ZSL Whipsnade Zoo for allowing us to photograph their animals. Caroline Hunt for proofreading and Helen Peters for the index. Additional editorial: Richard Beatty, Katy Lennon, Andrea Mills, Victoria Pyke, Charles Raspin, Olivia Stanford, David Summers. Additional design: Sunita Gahir, Emma Hobson, Clare Joyce, Katie Knutton, Hoa Luc, Ian Midson, Ala Uddin. Illustrators: Mark Clifton, Dan Crisp, Molly Lattin, Daniel Long, Maltings Partnership, Bettina Myklebust Stovne, Mohd Zishan. Photographer: Richard Leeny

Picture credits

The publisher would like to thank the following for their kind permission to reproduce their photographs:

12 Alamy Stock Photo: Painting (c). Bridgeman Images: Christie's Images (cb). **13 Dorling Kindersley:** American Museum of Natural History (bl); Durham University Oriental Museum (c); University of Pennsylvania Museum of Archaeology and Anthropology (cra, br). **15 Alamy Stock Photo:** A. T. Willett (clb); Art Directors & TRIP (cb). **Dorling Kindersley:** By permission of The British Library (bl, c). **PENGUIN and the Penguin logo are trademarks of Penguin Books Ltd:** (cb/Penguin Book Cover). **16 Alamy Stock Photo:** JeffG (c); The Granger Collection (cr). **17 Alamy Stock Photo:** Ivy Close Images (tl); Matthias Scholz (crb). **18 Alamy Stock Photo:** Interfoto (br). **19 Alamy Stock Photo:** KC Hunter (r). **20 Alamy Stock Photo:** Bernardo Galmarini (cb/Tango). **21 123RF.com:** Yanlev (cb). **22 Alamy Stock Photo:** 50th Street Films / Courtesy Everett Collection (bc); AF archive (ca, clb, br); Pictorial Press Ltd (ca/The Eagle Huntress); United Archives GmbH (cra). **23 123RF.com:** Noam Armonn (bl); Sandra Van Der Steen (cl). **24 Getty Images:** Hiroyuki Ito (cl). **25 Dorling Kindersley:** Statens Historiska Museum, Stockholm (tc); National Music Museum (ca). **26 Dorling Kindersley:** Southbank Enterprises (bc). **Alamy Stock Photo:** A. Astes (bl). **Dorling Kindersley:** Dave King / Science Museum, London (ca). **Dreamstime.com:** Wavebreakmedia Ltd (cr). **Getty Images:** James Looker / PhotoPlus Magazine (clb). **27 Alamy Stock Photo:** D. Hurst (br). **28 akg-images:** Erich Lessing (br). **123RF.com:** Yueh-Hung Shih (br). **31 123RF.com:** Blaj Gabriel / justmeyo (br); Matt Trommer / Eintracht (cb/Euro). **Dorling Kindersley:** Stephen Oliver (clb); University of Pennsylvania Museum of Archaeology and Anthropology (c, cb/Egyptian silver coin); The University of Aberdeen (c/Silver coin, clb/Gold coin). Dreamstime.com: Andreylobachev (bc/Japanese coin); Miragik (cb/One Indian Rupee); Asafta (cb/1 danish kroner, bl, bc). **33 Dorling Kindersley:** Peter Anderson (cr). **36 Dreamstime.com:** Koscusko (ca). **Getty Images:** DEA PICTURE LIBRARY / De Agostini (clb). **37 123RF.com:** Chris Elwell (cla). **Dorling Kindersley:** Blists Hill and Jackfield Tile Museum, Ironbridge, Shropshire (crb). **Dreamstime.com:** Volodymyr Kyrylyuk (tc). **39 123RF.com:** Ievgenii Fesenko (crb). **Dorling Kindersley:** Museum of the Order of St John, London (cb). **40-41 Dorling Kindersley:** Stephen Oliver (cb). **Fotolia:** Gudellaphoto (c). **41 Dreamstime.com:** Grosremy (tr). **Getty Images:** Burazin / Photographer's Choice RF (cl). **42 Dreamstime.com:** Ilja Mašík (br). **Getty Images:** Photographer's Choice RF / Burazin (bl).**43 Dorling Kindersley:** Royal Pavilion & Museums, Brighton & Hove (crb, br). **Dreamstime.com:** Thomas Barrat (clb). **44 Alamy Stock Photo:** Hemis (bl). **Dorling Kindersley:** Museum of London (cla). **45 Alamy Stock Photo:** Reiner Elsen (b). **Dorling Kindersley:** Durham University Oriental Museum (cr); Royal Pavilion & Museums, Brighton & Hove (c); Museum of London (cra). **46 123RF.com:** Fedor Selivanov / swisshippo (cra). **Dreamstime.com:** Libor Piška (bl). **47 123RF.com:** Luciano Mortula / masterlu (r). **NASA:** (tl). **48 Alamy Stock Photo:** Alena Brozova (cb); Skyscan Photolibrary (crb). **Dorling Kindersley:** Museum of London (cl). **Getty Images:** VisitBritain / Britain on View (crb/Ironbridge). NASA: JPL / DLR (bc/Europa, fbr); NASA / JPL / University of Arizona (bc); JPL (br). **49 Dorling Kindersley:** The Trustees of the British Museum (br). **50 Alamy Stock Photo:** Lanmas (br). **Dorling Kindersley:** The Trustees of the British Museum (cr). **Getty Images:** Independent Picture Service / UIG (cl). **51 Alamy Stock Photo:** Jam World Images (bc).
52 Dorling Kindersley: Durham University Oriental Museum (clb). **Getty Images:** Universal History Archive / UIG (r). **53 123RF.com:** Liu Feng / long10000 (b). **Dorling Kindersley:** University of Pennsylvania Museum of Archaeology and Anthropology (ca). **Getty Images:** Danita Delimont (bc). **54-55 Dreamstime.com:** Hungchungchih. **55 Dreamstime.com:** Jeremy Richards (tc); Muslim Kapasi (br). **56 Dorling Kindersley:** CONACULTA-INAH-MEX (ca). **57 Alamy Stock Photo:** Deco (cra). **Dorling Kindersley:** University of Pennsylvania Museum of Archaeology and Anthropology (br).
58 Dorling Kindersley: CONACULTA-INAH-MEX (c). **61 Dorling Kindersley:** Board of Trustees of the Royal Armouries (c). **62 123RF.com:** Sborisov (ca). **Alamy Stock Photo:** Heritage Image Partnership Ltd (c). **63 Dorling Kindersley:** Board of Trustees of the Royal Armouries (c); Durham University Oriental Museum (clb). **64 Alamy Stock Photo:** Science History Images (br). **Dorling Kindersley:** Andrew Kerr (bl). **65 Alamy Stock Photo:** Granger Historical Picture Archive (clb). **Dorling Kindersley:** American Museum of Natural History (cl, br). **66 123RF.com:** sabphoto (c). **Dorling Kindersley:** Holts Gems (bc). **68 Alamy Stock Photo:** Chronicle (clb); North Wind Picture Archives (c). **69 Fotolia:** Dario Sabljak (cla/Frame). **Getty Images:** Bettmann (ca); Leemage / Corbis (b); Fine Art Images / Heritage Images (cla). **70 Getty Images:** Bettmann (crb). **71 Dorling Kindersley:** Durham University Oriental Museum (bl). **Getty Images:** DEA / A. Dagli Orti (cl). **72 Getty Images:** Hulton Archive (cr). **73 Dorling Kindersley:** Fleet Air Arm Museum, Richard Stewart (crb/USS Hornet); RAF Museum, Cosford (cra); The Tank Museum (crb). **Getty Images:** Keystone-France (cl). **74 Dorling Kindersley:** CONACULTA-INAH-MEX (c); Vikings of Middle England (cla). **74-75 Dorling Kindersley:** Royal Armouries, Leeds (c). **75 Dorling Kindersley:** Jacob Termansen and Pia Marie Molbech / Peter Keim(cra); **75 Bridgeman Images:** Wyllie, William Lionel (1851-1931) (tc). **77 123RF.com:** Ammit (bc). **78 Alamy Stock Photo:** Kevin Schafer (bc). **79 Alamy Stock Photo:** Greg Vaughn (l).
80 123RF.com: Miroslava Holasova / Moksha (cra). **Dreamstime.com:** Mkojot (crb). **82 Alamy Stock Photo:** Funky Stock - Paul Williams (b). **iStockphoto.com:** Bkamprath (cr). **83 123RF.com:** Suranga Weeratunga (bc). **Alamy Stock Photo:** Aurora Photos (br). **84 Dorling Kindersley:** Colin Keates / Natural History Museum, London (fbl, bl). **85 Dorling Kindersley:** Holts Gems (cra, c, cl, fcl, cr, fclb, clb, cb/Iolite, fcrb/Emerald, crb, br); Natural History Museum (ca, ca/Ruby); Natural History Museum, London (c/Ruby, clb/Corundum); Holts (bc). **86 Dorling Kindersley:** Natural History Museum, London (c). **86-87 Dorling Kindersley:** Tap Service Archaeological Receipts Fund, Hellenic Republic Ministry Of Culture. **87 Dorling Kindersley:** Andy Crawford (c); University of Pennsylvania Museum of Archaeology and Anthropology (tr); Andy Crawford / Bob Gathany (crb). **88 123RF.com:** Anatol Adutskevich (fcr). **Alamy Stock Photo:** Einar Muoni (clb); Westend61 GmbH (cb); Ikonacolor (cb/Ring); Olekcii Mach (crb). **Dorling Kindersley:** Bolton Library and Museum Services (cla); University of Pennsylvania Museum of Archaeology and Anthropology (cla); Natural History Museum, London (cb/Platinum); Royal International Air Tattoo 2011 (br). **iStockphoto.com:** AlexandrMoroz (cb/Watch); Sergeevspb (cl); AlexStepanov (cr). **89 Dorling Kindersley:** Andy Crawford / State Museum of Nature, Stuttgart (c). **91 123RF.com:** Chuyu (br). **Alamy Stock Photo:** WidStock (cra). **92 123RF.com:** Witthaya Phonsawat (c). **Dreamstime.com:** R. Gino Santa Maria / Shutterfree, Llc (ca); Toa5 (cb). **iStockphoto.com:** Marcelo Horn (bc). **Science Photo Library:** Planetary Visions Ltd (br). **94 123RF.com:** skylightpictures (bl). **94-95 NASA:** NOAA GOES Project, Dennis Chesters. **95 Dorling Kindersley:** Museum of London (cla, ca, cra). **97 Dreamstime.com:** Dexigner (br). **Getty Images:** De Agostini (l). **98 Alamy Stock Photo:** Julian Cartwright (cb/Crib Goch). **Dreamstime.com:** Whiskybottle (crb). **Getty Images:** Geography Photos / Universal Images Group (cb); Mint Images - Frans Lanting (c). **99 Getty Images:** Ralph White (br). **100 123RF.com:** Jaroslav Machacek (ca); Nattachart Jerdnapapunt (c); Pere Sanz (cb). **102 Corbis:** Warren Faidley (cra, crb). **NASA:** (l). **103 123RF.com:** smileus (br). **Alamy Stock Photo:** FEMA (bl). **iStockphoto.com:** yocamon (c). **123RF.com:** Weerapat Kiatdumrong (br). **Dreamstime.com:** Empire331 (cl); Photka (cra, cr); Stihl024 (bl). **105 Dreamstime.com:** Christian Delbert (b); Orientaly (ca); Yali Shi (cb).
106 Dreamstime.com: Vtupinamba (c). **108 NASA:** (br). **101 Alamy Stock Photo:** Galen Rowell / Mountain Light (br). **109 Alamy Stock Photo:** Heritage Image Partnership Ltd (bl); Wavebreakmedia Ltd VFA1503 (br). **110 Dreamstime.com:** Chalermphon Kumchai / iPhone is a trademark of Apple Inc., registered in the U.S. and other countries (br). **113 Alamy Stock Photo:** Rod McLean (bl). **114 Alamy Stock Photo:** Robertharding (br). **Fotolia:** StarJumper (bl). **115 Dorling Kindersley:** Peter Cook (bl). **Fotolia:** Eric Isselee (br). **116 Dorling Kindersley:** Terry Carter (br). **117 Alamy Stock Photo:** Classic Image (bc). Getty Images: Frank Krahmer / Photographer's Choice RF (br). **118 123RF.com:** Eric Isselee (bc). **Alamy Stock Photo:** Zoonar GmbH (bl). **119 Dreamstime.com:** Aleksandar Hubenov (bc). **120 Dorling Kindersley:** NASA (br). **Science Photo Library:** Pekka Parviainen (clb). **121 Alamy Stock Photo:** Reuters (crb). **Getty Images:** Gary Vestal (cl, c, c/Black oak tree, cr). **123 123RF.com:** Nikolai Grigoriev / ,grynold (br). **124 Alamy Stock Photo:** Christopher Nicholson (cr); Ian G Dagnall (cl). **125 Dorling Kindersley:** Andy Crawford / Senckenberg Nature Museum (cl). **126 Dorling Kindersley:** Hunterian Museum University of Glasgow (bc). **iStockphoto.com:** Elnavegante (clb); LauraDin (cla); Lisa5201 (cr). **127 Alamy Stock Photo:** Cultura RM (cl). **Getty Images:** Science Photo Library - Steve Gschmeissner (bc). **Science Photo Library:** National Institutes of Health (cr). **129 123RF.com:** Sergii Kolesnyk (c). **130 123RF.com:** Praphan Jampala (bl). **Getty Images:** Photodisc / Frank Krahmer (fbr). **131 123RF.com:** Maria Dryfhout (crb/Weed). **Dreamstime.com:** Flynt (cr); Linnette Engler (crb).
132 Alamy Stock Photo: NatureOnline (br). **133 123RF.com:** David Ronald Head (cra); Oxana Brigadirova / larus (bc); Pakhnyushchyy (bc/Raccoon). **Dorling Kindersley:** Twan Leenders (cla); Linda Pitkin (cr). **iStockphoto.com:** Mamarama (cl). **134 Dorling Kindersley:** Liberty's Owl, Raptor and Reptile Centre, Hampshire, UK (clb). **138 Alamy Stock Photo:** Juniors Bildarchiv GmbH (crb). **139 Alamy Stock Photo:** Mark Conlin (br). **Dorling Kindersley:** Brian Pitkin (cb). **140 Dorling Kindersley:** Twan Leenders (ca). **141 Dorling Kindersley:** Jerry Young (cr). **142 Dorling Kindersley:** Alan Murphy (cra). **144 123RF.com:** smileus (bl). **145 Alamy Stock Photo:** AfriPics.com (br). **146 Dorling Kindersley:** University of Pennsylvania Museum of Archaeology and Anthropology (bl). **147 123RF.com:** Anatolii Tsekhmister / tsekhmister (bl). **Alamy Stock Photo:** ITAR-TASS Photo Agency (tr). **Dreamstime.com:** Laura Cobb (crb). **Fotolia:** xstockerx (cb). **148 Dorling Kindersley:** Jerry Young (clb, cb). **Getty Images:** Karl-Josef Hildenbrand / AFP (br). **149 Getty Images:** DLILLC / Corbis / VCG (br). **150 123RF.com:** Dmitry Maslov (cra). **Alamy Stock Photo:** Design Pics Inc (cla). **Dreamstime.com:** Fenkie Sumolang (crb); Himanshu Saraf (ca); Salparadis (clb); Maciej Czekajewski (cb). **iStockphoto.com:** Coleong (cl); Lujing (cb/China). **158 Alamy Stock Photo:** Zoonar GmbH (bc/Eagle). **Dorling Kindersley:** Greg and Yvonne Dean (ca, crb); Jerry Young (fcrb). **Dreamstime.com:** Michael Sheehan (cra, bc). **159 Alamy Stock Photo:** FLPA (b). **Dreamstime.com:** Wrangel (cb). **Getty Images:** Frank Krahmer (ca). **iStockphoto.com:** Kenneth Canning (c). **160 123RF.com:** Nancy Botes (cl/Weaver). **Dreamstime.com:** Friedemeier (cl); Patrice Correia (clb). **161 Dreamstime.com:** Isselee (clb). **162 123RF.com:** Alberto Loyo (cb); Roy Longmuir / Brochman (crb); Sergey Krasnoshchokov (bc). **Corbis:** Don Hammond / Design Pics (c). **163 123RF.com:** Remus Cucu (cra). **Alamy Stock Photo:** Design Pics Inc (bl). **Dorling Kindersley:** Tim Shepard, Oxford Scientific Films (c). **164 123RF.com:** Jagga (bc). **Dorling Kindersley:** Royal Armouries, Leeds (cr). **Getty Images:** Toby Roxburgh / Nature Picture Library (bc/Sprats). **Dreamstime.com:** Carlosphotos (cb); Milanvachal (cla). **Getty Images:** Ken Welsh / Design Pics (ca/Religious Dance); Werner Lang (ca). **165 123RF.com:** M R Fakhrurrozi (b); Peter Titmuss (c). **166 Dorling Kindersley:** The Science Museum, London (bc). **166-167 Alamy Stock Photo:** Reuters (t). **167 Alamy Stock Photo:** Granger Historical Picture Archive (tr); The Natural History Museum (b). **168 Dorling Kindersley:** The Science Museum, London (bc). **169 Dorling Kindersley:** Neil Fletcher (ca); David J. Patterson (cb). **Getty Images:** Joseph Sohm - Visions of America / Photodisc (cr).
170 Getty Images: Juan Gartner (cr). **171 123RF.com:** Alfio Scisetti (clb). **Dreamstime.com:** Phanuwatn (br); Scriptx (bc). **172 Dreamstime.com:** Isselee (bc). **173 123RF.com:** Jose Manuel Gelpi Diaz / gelpi (br). **174 Corbis:** (cl). **Dreamstime.com:** Jiang Chi Guan (b). **174-175 123RF.com:** Gino Santa Maria / ginosphotos. **175 Dorling Kindersley:** Banbury Museum (bc). **Getty Images:** DeAgostini (cr); Fine Art Images / Heritage Images (crb). **176 123RF.com:** Artem Mykhaylichenko / artcasta (bc); Zhang YuanGeng (bl). **Dorling Kindersley:** RGB Research Limited (cr, cr/Gold, fcr). **177 123RF.com:** Aliaksei Skreidzeleu (br); PhotosIndia.com LLC (cl). **Dreamstime.com:** Marco Ciannarella (cr). **178 Alamy Stock Photo:** (ca). Dreamstime.com: Lidian Neeleman (bl); Vinicius Tupinamba (c). **179 Dorling Kindersley:** Natural History Museum, London (cb). **180 Dorling Kindersley:** Holts Gems (cr); RGB Research Limited (clb). **Getty Images:** Christopher Cooper (bc). **181 Dorling Kindersley:** Holts Gems (crb). **Dreamstime.com:** Rudy Umans (c); Somyot Pattana (cb). **182 123RF.com:** citadelle (cr). **Alamy Stock Photo:** Anton Starikov (bc). **183 123RF.com:** Sergii Kolesnyk (cr). **Dreamstime.com:** Elena Elisseeva (crb); Maxwell De Araujo Rodrigues (crb/Blacksmith). **184 Dreamstime.com:** Maresol (br). **185 Dreamstime.com:** Ulkass (cra). **187 Dorling Kindersley:** Natural History Museum, London (br). **188 123RF.com:** Baloncici (ca/Heart rate monitor); Stanislav Khomutovsky (clb/Atom). **Dorling Kindersley:** Science Museum, London (crb). **Dreamstime.com:** Giovanni Gagliardi (clb); Staphy (ca). **Getty Images:** mds0 (bc). **190 Dreamstime.com:** Budda (c). **193 123RF.com:** Peter Hermes Furian (c); Gunnar Pippel / gunnar3000 (cr). **Dreamstime.com:** Zepherwind (br). **194 123RF.com:** jezper (clb); Pornkamol Sirimongkolpanich (c). **196 Dreamstime.com:** Tassaphon Vongkittipong (cb). **197 123RF.com:** tebnad (b). **Dorling Kindersley:** The Science Museum, London (tc). **199 123RF.com:** only4denn (cra); Steven Coling (cl). **Alamy Stock Photo:** D. Hurst (crb). **Dreamstime.com:** Petro (bc). **200 123RF.com:** Laurent Davoust (bc). **Depositphotos Inc:** Spaces (br). **Dorling Kindersley:** The Science Museum, London (cl). **Science Photo Library:** Jean-Loup Charmet (cr). **204 Alamy Stock Photo:** Science History Images (br). **207 Alamy Stock Photo:** Science History Images (bl). **Fotolia:** dundanim (br). **208 Dreamstime.com:** Mark Eaton (br). **210 123RF.com:** Steve AllenUK (clb). **Alamy Stock Photo:** JTB MEDIA CREATION, Inc. (c). **Dorling Kindersley:** The National Railway Museum, York / Science Museum Group (clb/Aerolite). **Dreamstime.com:** Uatp1 (br). **211 iStockphoto.com:** Narvikk (c). **Science Photo Library:** Alexis Rosenfeld (br). **212 Dorling Kindersley:** University of Pennsylvania Museum of Archaeology and Anthropology (clb). **212-213 123RF.com:** Iakov Filimonov. **213 Alamy Stock Photo:** Pictorial Press Ltd (tr). **Dorling Kindersley:** R. Florio (tl). **214 Dorling Kindersley:** Royal Airforce Museum, London (cl). **iStockphoto.com:** RobHowarth (c). **215 123RF.com:** quangpraha (cla); Songsak Paname (bl). **Alamy Stock Photo:** Mopic (br); Olaf Doering (cra). **Dorling Kindersley:** The Science Museum, London (fbl). **iStockphoto.com:** anyaivanova (cl). **216 Dreamstime.com:** Len Green (crb); Mariusz Prusaczyk (cb). **217 123RF.com:** Pavel Losevsky (br). **Alamy Stock Photo:** Mark Phillips (b). **218 Dorling Kindersley:** The Science Museum, London (clb). **218-219 Dorling Kindersley:** The National Railway Museum, York / Science Museum Group. **219 123RF.com:** cobalt (br). **Dorling Kindersley:** The Shuttleworth Collection, Bedfordshire (t). **220 Alamy Stock Photo:** dpa picture alliance (br); Westend61 GmbH (bc); Jim West (bc/Citrus). **221 ROBOVOLC Project:** (br). **222 Alamy Stock Photo:** Stephen Dorey ABIPP (clb). **Dreamstime.com:** Tr3gi (crb). **224 123RF.com:** Citadelle (cl). **Dreamstime.com:** Alexxl66 (bc). **225 Dorling Kindersley:** The Science Museum, London (cb). **226 Dorling Kindersley:** Glasgow City Council (Museums) (bc). **227 123RF.com:** Antonio Gravante (cb/Traffic light); cristi180884 (cla); golubovy (cb). **iStockphoto.com:** 3alexd (br); Alexandra Draghici (c); eskymaks (cra); cnythzl (cb/Playstation). **228 Dorling Kindersley:** The Trustees of the British Museum (cla). **229 Alamy Stock Photo:** Prisma Archivo (cra). **Dorling Kindersley:** Imperial War Museum, London (l). **230 123RF.com:** Norman Kin Hang Chan (cr). **232 123RF.com:** Liliia Rudchenko (c). **Dorling Kindersley:** The Science Museum, London (bc). **Getty Images:** Andrew Burton (br). **233 123RF.com:** Vereshchagin Dmitry (br). **Getty Images:** ABK (cl). **NASA:** (bl). **234 Alamy Stock Photo:** Phil Degginger (cb). **Dorling Kindersley:** Andy Crawford (crb). **Getty Images:** Erik Simonsen (c). **NASA:** (clb). **236 NASA:** ESA and the HST Frontier Fields team (STScI) / Judy Schmidt (cr); JPL-Caltech (c); NOAA / GOES Project (clb); Reto Stöckli, NASA Earth Observatory, based on Quickbird data copyright Digitalglobe (bl). **237 NASA:** JPL-Caltech / T. Pyle (br).
238 Alamy Stock Photo: Konstantin Shaklein (clb). **NASA:** Johns Hopkins University Applied Physics Laboratory / Carnegie Institution of Washington (c, bc). **239 NASA:** (br); JPL (cl). **240 NASA:** (br). **241 NASA:** (cr); JPL-Caltech (br). **242 NASA:** JPL-Caltech / University of Arizona (fbr, br). **243 NASA:** (crb). **245 NASA:** JPL / University of Arizona / University of Idaho (bl). **246 NASA:** (bl). **247 NASA:** (br). **248 NASA:** (bc/Makemake, br, fbr); JHUAPL / SwRI (cl, cr, br/Pluto); JPL-Caltech / UCLA / MPS / DLR / IDA (bc). **249 Dorling Kindersley:** Colin Keates / Natural History Museum, London (ca, cla). **Getty Images:** Raquel Lonas / Moment Open (b). **250 Alamy Stock Photo:** Granger, NYC / Granger Historical Picture Archive (bl). **Daniel Schechter:** (c).
67 Alamy Stock Photo: Granger Historical Picture Archive (c); Rick Pisio\RWP Photography (br). **Getty Images:** Print Collector (bl). **251 ESA / Hubble:** NASA (bc). **NASA:** ESA, Hubble Heritage Team (STScI / AURA) (br); JPL-Caltech / ESA / Harvard-Smithsonian CfA (c). **252 ESO:** José Francisco Salgado (josefrancisco.org) (br). **NASA:** JPL-Caltech (c).**253 ESA / Hubble:** NASA (bc). **NASA:** JPL-Caltech / STScI / CXC / SAO (br). **254 123RF.com:** Stanislav Moroz (bl). **NASA:** JPL-Caltech / ESA (br). **255 NASA:** JPL-Caltech (bl). **259 NASA:** (crb); Sandra Joseph and Kevin O'Connell (l); JPL-Caltech (c). **260 Alamy Stock Photo:** Pictorial Press Ltd (bl). **Getty Images:** Photodisc / Alex Cao (clb). **260-261 Dorling Kindersley:** National Maritime Museum, London. **261 Alamy Stock Photo:** Aviation Visuals (c); ITAR-TASS Photo Agency (br).
262 NASA: (c, br). **263 Dorling Kindersley:** Natural History Museum, London (cl). **276 Alamy Stock Photo:** D. Hurst (cr). **279 Alamy Stock Photo:** Colin McPherson (bc). **278 123RF.com:** czardases (br). **286 Dorling Kindersley:** Dan Crisp (bc)

Cover images: Front: **123RF.com:** Gino Santa Maria / ginosphotos (1:1), jezper (3:6); **Alamy Stock Photo:** Deco (5:3); **Dorling Kindersley:** (2:4), Bryan Bowles (4:2), Holts Gems (4:5), Rob Reichenfeld (1:3), Royal Armouries, Leeds (9:5), The National Railway Museum (1:7), The National Railway Museum, York / Science Museum Group (9:1), The University of Aberdeen (6:3); **Dreamstime.com:** Maciek905 (3:2); **NASA:** (2:3), JPL-Caltech (6:2), (1:8), JPL-Caltech / ESA / Harvard-Smithsonian CfA (5:1); Back: **123RF.com:** Gino Santa Maria / ginosphotos (1:1), jezper (3:6); **Alamy Stock Photo:** Deco (5:3); **Dorling Kindersley:** (2:4), Bryan Bowles (4:2), Holts Gems (4:5), Rob Reichenfeld (1:3), Royal Armouries, Leeds (9:5), The National Railway Museum (1:7), The National Railway Museum, York / Science Museum Group (9:1), The University of Aberdeen (6:3); **Dreamstime.com:** Maciek905 (3:2); NASA: (2:3), JPL-Caltech (1:8), JPL-Caltech / ESA / Harvard-Smithsonian CfA (5:1); Spine: 123RF.com: Gino Santa Maria / ginosphotos (1); **Dorling Kindersley:** Rob Reichenfeld (3).

Key: a=above; c=centre; b=below; l=left; r=right; t=top.

All other images © Dorling Kindersley
For further information see: www.dkimages.com